电子测量仪器与应用

（第4版）

李明生　丁向荣　主　编
闫华莉　参　编

電子工業出版社
Publishing House of Electronics Industry
北京·BEIJING

内容简介

本书主要由5个项目11个任务组成。项目一是典型电信号的产生及显示，包含典型电信号的产生、电信号的显示两个任务；项目二是电信号的波形参数测量，包含用模拟示波器测量电信号波形参数、用数字示波器测量电信号波形参数两个任务；项目三是电信号参数测量，包含电压测量、频率与时间测量两个任务；项目四是电子元器件测量，包含电子元件测量、电子器件测量两个任务，项目五是频率特性测量和频谱分析，包含线性系统的频率特性测量、谐波失真度测量、信号频谱分析三个任务。

本书引入电子装接工岗位和五级、四级、三级电子装接工考核标准。结合职业教育的特点和学生的基础水平，内容深入浅出，图文并茂，表达清晰，便于自学。

本书可作为职业学校电子与信息技术、电子技术应用等专业课程的教材，也可作为岗位技能培训用书或相关技术人员的参考用书。

图书在版编目（CIP）数据

电子测量仪器与应用 / 李明生，丁向荣主编．—4版．—北京：电子工业出版社，2017.10

ISBN 978-7-121-32876-3

Ⅰ．①电… Ⅱ．①李… ②丁… Ⅲ．①电子测量设备—职业教育—教材 Ⅳ．①TM93

中国版本图书馆CIP数据核字（2017）第247714号

策划编辑：蒲　玥
责任编辑：蒲　玥
印　　刷：北京盛通数码印刷有限公司
装　　订：北京盛通数码印刷有限公司
出版发行：电子工业出版社
　　　　　北京市海淀区万寿路173信箱　邮编　100036
开　　本：787×1 092　1/16　印张：14.5　字数：371千字
版　　次：2000年3月第1版
　　　　　2017年10月第4版
印　　次：2025年1月第14次印刷
定　　价：35.00元

凡所购买电子工业出版社图书有缺损问题，请向购买书店调换。若书店售缺，请与本社发行部联系，联系及邮购电话：（010）88254888，88258888。

质量投诉请发邮件至 zlts@phei.com.cn，盗版侵权举报请发邮件至 dbqq@phei.com.cn。

本书咨询联系方式：（010）88254485，puyue@phei.com.cn。

第 4 版前言

PREFACE

《电子测量仪器与应用》自第 3 版问世至今已经有 6 年之久。6 年来，随着电子测量技术的发展，电子测量仪器经历了由模拟仪器发展到数字仪器的过程。根据教育部有关职业院校教学改革的规定，为体现职业教育特色，培养应用型人才，促进职业技术教育专业教材建设，通过项目化的模式来组织教材，为职业院校实现项目化教学提供教材支持。教材编写过程中充分考虑当前的学情，遵循“知识面广、够用为度，重在应用技能”的人才培养理念，参照国家五级、四级电子设备装接工关于技能鉴定的考核标准组织编写，课、证融通，重点培养电子技术专业初学者对电子测量仪器的基本操作技能和工程应用能力，通过图例牵引，以电子测量仪器实物的图片整体呈现与局部关键部位放大相结合的展示形式，按步骤介绍常用电子测量仪器的使用方法，整个学习过程围绕真实仪器面板操作，并针对常见的错误操作和故障现象进行深入分析。

本书共包含 5 个项目。项目一是典型电信号的产生及显示（建议 14 学时），包含典型电信号的产生、电信号的显示两个任务；项目二是电信号的波形测量（建议 18 学时），包含用模拟示波器测量电信号波形参数、用数字示波器测量电信号波形参数两个任务；项目三是电信号参数测量（建议 12 学时），包含电压测量、频率与时间测量两个任务；项目四是电子元器件测量（建议 8 学时），包含电子元件测量、电子器件测量两个任务；项目五是频率特性测量和频谱分析（建议 8 学时），包含线性系统的频率特性测量、谐波失真度测量、信号频谱分析三个任务。

本书具有以下特点：

（1）项目引领任务驱动。充分考虑到当前职业院校的项目化教学改革，每个任务对应的总结和习题是对知识点和技能点的强调和检验，从内容和组织形式上支持项目化教学的开展。

（2）与岗位和职业技能鉴定标准无缝对接。引入电子装接工岗位和五级、四级电子装接工考核标准，实现教学内容与考核内容的对接，考核标准与企业、行业标准的一致。

（3）所选典型设备和测量内容与中职升学对口单独招生技能考核的设备要求一致。

（4）考虑当前学情特点。关注职业教育的特点和学生的基础水平，内容上力争深入浅出，图文并茂，表达清晰，并力求按专业实践的规律和初学者的认识规律编写。

（5）习题环节形式多样。习题环节有选择、判断、填空、问题等题型，并附有答案，便于学生课后巩固所学的基础知识，也利于教师对学生基础知识掌握情况进行考核。

（6）每个项目通过项目背景展开，提升了学习者的学习兴趣。

本书由淮安信息职业技术学院李明生、丁向荣主编，江苏省扬州技师学院闫华莉参与编写。其中，丁向荣编写绪论、项目一～项目四；闫华莉编写项目五；全书由李明生统稿。

本书在编写过程中参考了相关图书和单位的产品技术资料，在此向有关作者和单位表示感谢。

由于编者学识和水平有限，不当和错误之处在所难免，敬请批评指正。为了方便教师教学，本书还配有电子教学参考资料包（包括教学指南、电子教案、习题答案），请有此需要的教师登录华信教育资源网（www.hxedu.com.cn）免费注册后再进行下载，有问题请在网站留言板留言或与电子工业出版社联系（E-mail:hxedu@phei.com.cn）。

编　者

2017 年 8 月

目　录

CONTENTS

绪　论

测量是人类对客观事物取得数值的认识过程。在这一过程中，人们借助于专门的设备，依据一定的理论，通过实验的方法，求出以所用测量单位来表示的被测量的量值或确定一些量值的依从关系。通常，测量结果的量值由两部分组成：数值（大小及符号）和相应的单位名称。没有单位的量值是没有物理意义的。

一、电子测量的意义、内容和特点

1. 电子测量的意义

随着测量学的发展和无线电电子学的应用，诞生了以电子技术为手段的测量，即电子测量。如用数字万用表测电压、频谱分析仪监测卫星信号、红外温度计测体温等。它是测量学一个很重要的分支，是测量技术中最先进的技术之一。目前，电子测量不仅因为其应用广泛而成为现代科学技术中不可缺少的手段，同时也是一门发展迅速、对现代科学技术的发展起着重大推动作用的独立学科。从某种意义上说，近代科学技术的水平是由电子测量的水平来保证和体现的。电子测量的水平，是衡量一个国家科学技术水平的重要标志之一。

2. 电子测量的内容

本课程中电子测量的内容是指对电子学领域内电参量的测量，主要有以下几点。

（1）基本电量的测量，如电流、电压、功率等的测量。在此基础上，电子测量的内容可扩展至其他量的测量。例如，阻抗、频率、时间、相位、电场强度、磁场及相关量等。

（2）电路、元器件参数的测量与特性曲线显示，如电子线路整机的特性测量与特性曲线显示（伏安特性、频率特性等）或电气设备常用各种元器件（例如，电阻、电感、电容、晶体管、集成电路等）的参数测量与特性曲线显示。

（3）电信号特性的测量，如频率、波形、周期、时间、相位、谐波失真度、调幅度及逻辑状态等的测量。

（4）电子设备性能指标测量，如各种电子设备的性能指标（设备的灵敏度、增益、带宽、信噪比等）测量。

另外，通过传感器，可将很多非电量如温度、压力、流量、位移等转换成电信号后进行测量。

3. 电子测量的特点

几乎所有的学科都需要应用电子测量技术。同其他的测量相比，电子测量具有以下几个突出的优点。

1）测量频率范围宽

电子测量既可测量直流电量，又可以测量交流电量，其频率范围可以覆盖整个电磁频谱，可达 10^{-6}～10^{12}Hz。但应注意，在不同的频率范围内，即使测量同一种电量，所需要采用的测量方法和使用的测量仪器也往往不同。

2）仪器量程宽

量程是仪器所能测量各种参数的范围。电子测量仪器具有相当宽广的量程。例如，一台数字电压表可以测出从纳伏（nV）级至千伏（kV）级的电压，其量程达12个数量级；一台用于测量频率的电子计数器，其量程可达17个数量级。

3）测量准确度高

电子测量的准确度比其他测量方法高得多，特别是对频率和时间的测量，误差可减小到 10^{-15} 量级，是目前人类在测量准确度方面达到的最高指标。电子测量的准确度高，是它在现代科学技术领域得到广泛应用的重要原因之一。

4）测量速度快

由于电子测量是通过电磁波的传播和电子运动来进行的，因而可以实现测量过程的高速度，这是其他测量所不能比拟的。只有测量的高速度，才能测出快速变化的物理量。例如，原子核的裂变过程、导弹的发射速度、人造卫星的运行参数等的测量，都需要高速度的电子测量。

5）易于实现遥测

电子测量的一个突出优点是可以通过各种类型的传感器实现遥测。例如，对于遥远距离或环境恶劣的、人体不便于接触或无法达到的区域（如深海、地下、核反应堆内、人造卫星等），可通过传感器或通过电磁波、光、辐射等方式进行测量。

6）易于实现测量自动化和测量仪器微机化

由于大规模集成电路和微型计算机的应用，使电子测量出现了崭新的局面，例如，在测量中能实现程控、自动量程转换、自动校准、自动诊断故障和自动修复，对于测量结果可以自动记录、自动进行数据运算、分析和处理。目前已出现了许多类型带微处理器的自动化示波器、数字频率计、数字式电压表，以及受计算机控制的自动化集成电路测试仪、自动网络分析仪和其他自动测试系统。

二、电子测量方法的分类

1. 按测量方式分类

1）直接测量

直接从电子仪器或仪表上读出测量结果的方法称为直接测量。例如，电压表测量电路中的电压，用通用电子计数器测频率，都属于直接测量。

2）间接测量

对一个与被测量有确定函数关系的物理量进行直接测量，然后通过代表该函数关系的公式、曲线或表格，求出被测量值的方法，称为间接测量。例如，要测量已知电阻 R 上消耗的功率，先测量加在 R 两端的电压 U，然后再根据公式 $P=\frac{U^2}{R}$ 求出功率 P 之值。

3）组合测量

在某些测量中，被测量与几个未知量有关，测量一次无法得出完整的结果，则可改变测量条件进行多次测量，然后按被测量与未知量之间的函数关系组成联立方程，求解，得出有关未知量。此种测量方法称为组合测量，它是一种兼用直接测量与间接测量的方法。例如，在 0～650℃温度区间内，工业用铂热电阻（W_{100}=1.387～1.390）的电阻（R_t）与温度（t）的关系近似为 $R_t=R_0(1+At+Bt^2)$，其中，R_0 为元件在 0℃时的电阻值。测量电阻温度系数 A、B 和初始阻值过程 R_0 中，可直接测量 R_0 值。测出三组不同温度下的 R_t 后，可由联立方程求解 A、B。

上面介绍的三种方法中，直接测量的优点是测量过程简单迅速，在工程技术中采用得比较广泛。间接测量多用于科学实验，在生产及工程技术中应用较少，只有当被测量不便于直接测量时才采用。至于组合测量，是一种特殊的精密测量方法，适用于科学实验及一些特殊的场合。

2. 按被测信号的性质分类

1）时域测量

时域测量是测量被测对象在不同时间的特性，这时把被测信号看成是一个时间的函数。例如，使用示波器显示被测信号的瞬时波形，测量它的幅度、宽度、上升和下降沿等参数。时域测量还包括一些周期性信号的稳态参量的测量，如正弦交流电压，虽然它的瞬时值会随时间变化，但是交流电压的振幅值和有效值是稳态值，可用指针式仪表测量。

2）频域测量

频域测量是测量被测对象在不同频率时的特性。这时把被测对象看成是一个频率的函数。信号通过非线性电路会产生新的频率分量，能用频谱分析仪进行分析。放大器的幅频特性，可用频率特性图示仪予以显示。放大器对不同频率的信号会产生不同的相移，可使用相位计测量放大器的相频特性。

3）数据域测量

数据域测量是对数字系统逻辑特性进行的测量。利用逻辑分析仪能够分析离散信号组成的数据流，可以观察多个输入通道的并行数据，也可以观察一个通道的串行数据。

4）随机测量

随机测量是利用噪声信号源进行动态测量，如各类噪声、干扰信号等。这是一种比较新的测量技术。

三、电子测量仪器的基本知识

电子测量仪器是利用电子元器件和线路技术组成的装置，用以测量各种电磁参量或产生供测量用的电信号或能源。

电子测量仪器一般分为专用仪器和通用仪器两大类，本课程主要讨论后者。通用仪器是为了测量某一个或某一些基本电参量而设计的，它能用于各种电子测量。通用仪器按照功能，可作如下分类。

1）信号发生器

信号发生器主要用来提供各种测量所需的信号。根据用途的不同，有各种波形、各种频率和各种功率的信号发生器。如调频调幅信号发生器、脉冲信号发生器、扫频信号发生器、函数发生器等。图1所示为函数任意波形发生器。

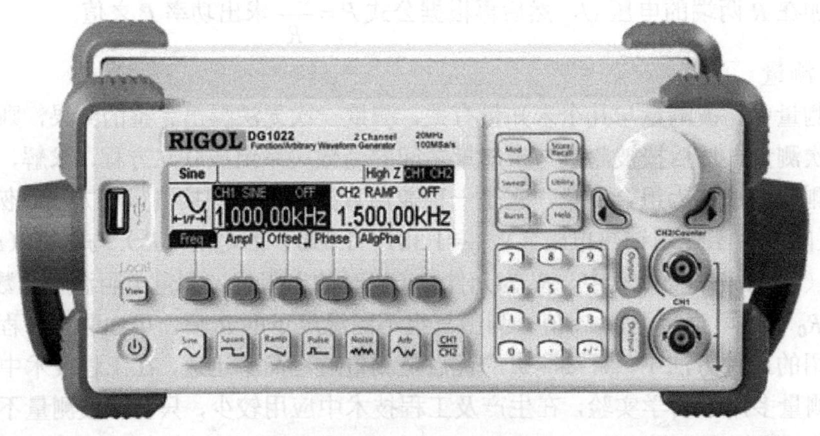

图1　函数任意波形发生器

2）电平测量仪器

电平测量仪器主要用于测量电信号的电压、电流、电平。如电流表、电压表、电平表、多用表等。图2所示为数字式电压表。

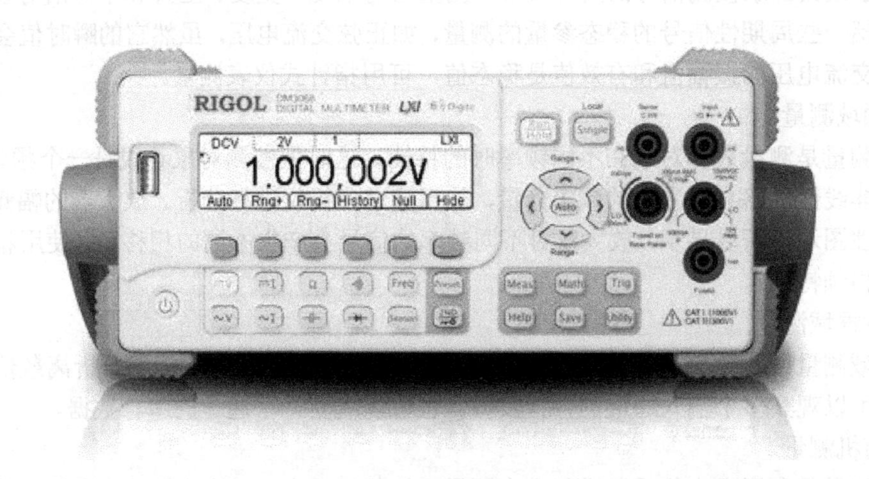

图2　数字式电压表

3）信号分析仪器

信号分析仪器主要用来观测、分析和记录各种电量的变化。如各种示波器、波形分析仪和频谱分析仪等。图3所示为模拟示波器，图4所示为数字存储示波器。

4）频率、时间和相位测量仪器

频率、时间和相位测量仪器主要用来测量电信号的频率、时间间隔和相位差。这类仪器有各种频率计、相位计、波长表，以及各种时间、频率标准等。图5所示为频率计。

5）网络特性测量仪

网络特性测量仪有阻抗测试仪、频率特性测试仪及网络分析仪等，主要用来测量电气网络的各种特性。这些特性主要指频率特性、阻抗特性、功率特性等。图6所示为频谱分析仪。

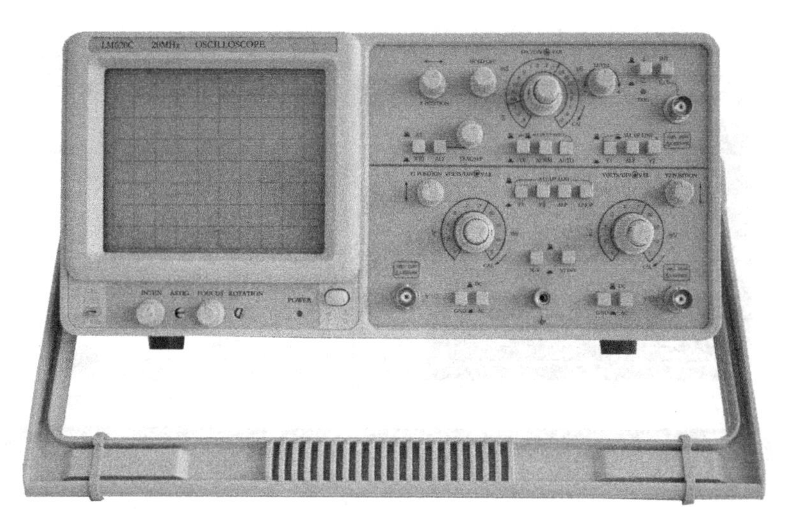

图 3　模拟示波器

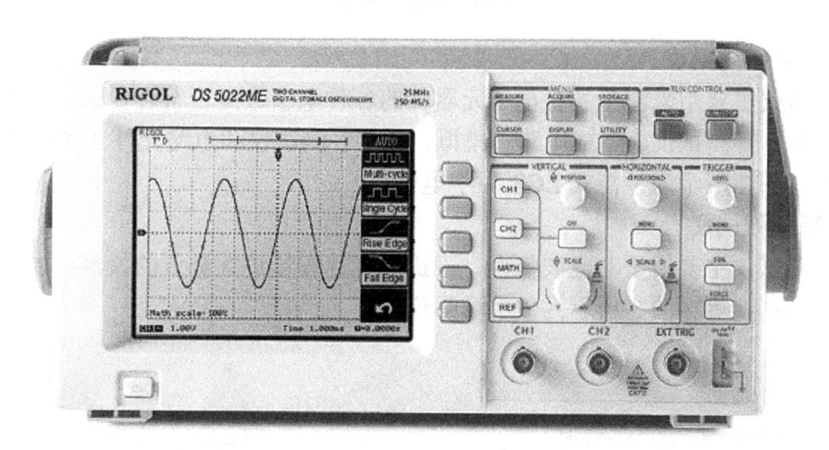

图 4　数字存储示波器

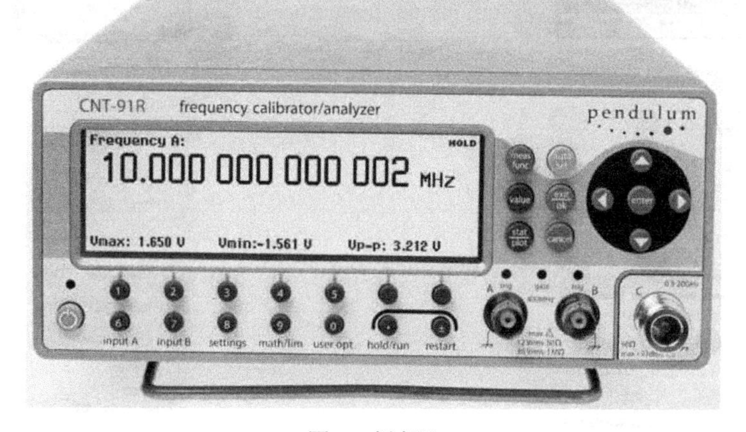

图 5　频率计

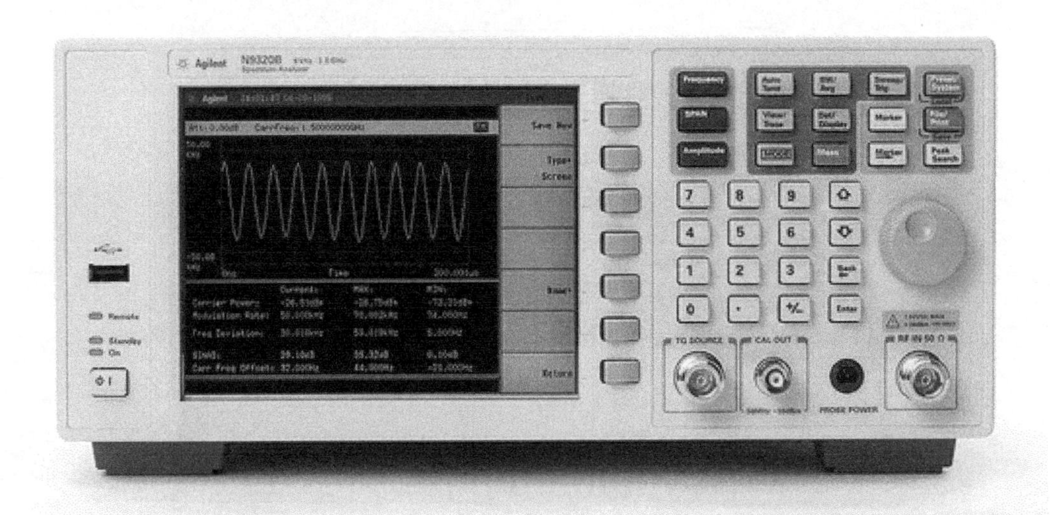

图 6　频谱分析仪

6）电子元器件测试仪

元器件测试仪主要用来测量各种电子元器件的各种电参数是否符合要求。根据测试对象的不同，可分为晶体管测试仪、集成电路（模拟、数字）测试仪和电路元件（如电阻、电感、电容）测试仪等。图 7 所示为手持式 LCR 数字电桥。

7）电波特性测试仪

电波特性测试仪主要用于对电波传播、干扰强度等参量进行测量的仪器。如测试接收机、场强仪、干扰测试仪等。图 8 所示为数字场强仪。

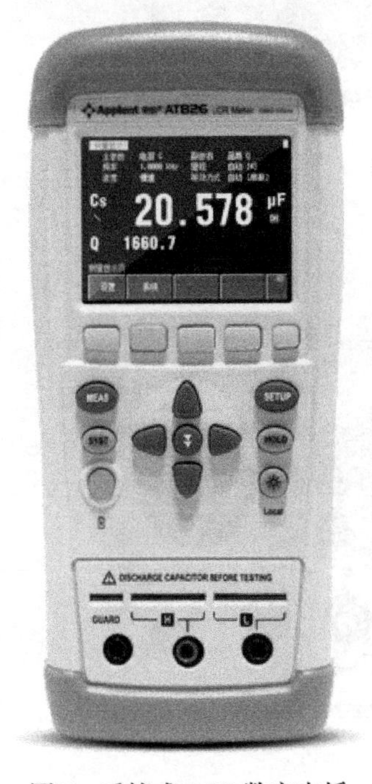

图 7　手持式 LCR 数字电桥

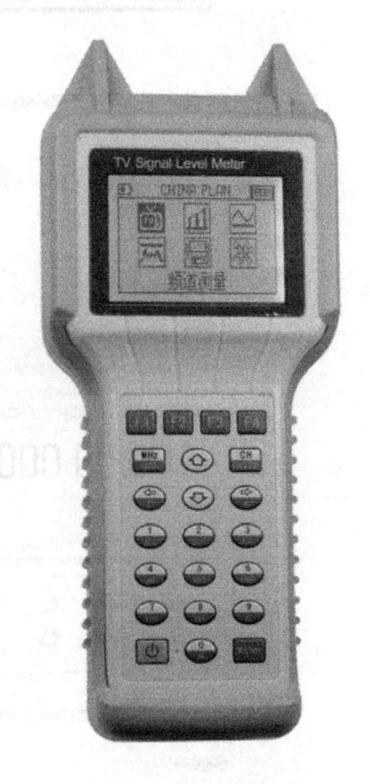

图 8　数字场强仪

8）逻辑分析仪

逻辑分析仪是专门用于分析数字系统的数据域测量仪器。利用它对数字逻辑电路和系统在实时运行过程中的数据流或事件进行记录和显示，并通过各种控制功能实现对数字系统的软、硬件故障分析和诊断。面向微处理器的逻辑分析仪，则用于对微处理器及微型计算机的调试和维护。图 9 所示为逻辑分析仪。

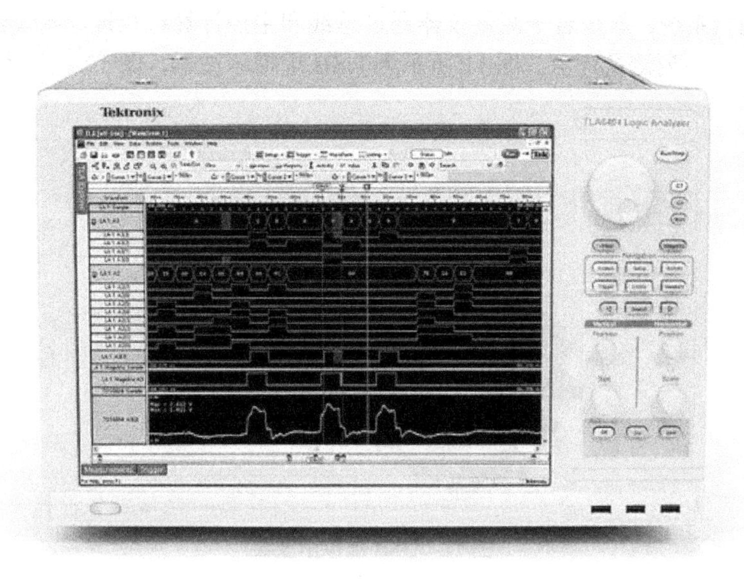

图 9　逻辑分析仪

9）辅助仪器

辅助仪器主要用于配合上述各种仪器对信号进行放大、检波、隔离、衰减，以便使这些仪器更充分地发挥作用。各种交直流放大器、选频放大器、检波器、衰减器、记录器及交直流稳压电源等均属于辅助仪器。图 10 所示为可编程直流稳压电源。

图 10　可编程直流稳压电源

10）基于（based on）计算机的仪器

基于（based on）计算机的仪器是上述各种仪器和微计算机相结合的产物，可分为智能仪器和虚拟仪器两类。

智能仪器是在仪器内加入微计算机芯片，对仪器的工作过程进行控制，使其具有一定智能，自动完成某些工作。

虚拟仪器是在计算机上配备一定的软硬件，使其具有仪器的功能。虚拟仪器的功能主要由软件来定义，因此对于同一个硬件设备，可通过编制不同的软件，使其实现不同的功能。

由于智能仪器和虚拟仪器和计算机紧密相连，这使得它们可以很容易地构成自动测试系统。所谓自动测试系统，就是若干测量仪器通过总线和主控计算机相连，各仪器在主控计算机统一指挥下完成一系列测量任务。图11所示为USB虚拟示波器，图12所示为蓝牙/USB数据记录仪。

图11　USB虚拟示波器

图12　蓝牙/USB数据记录仪

智能仪器和虚拟仪器还可以和网络相连接，形成所谓的网络化仪器。网络化仪器的最大优点是可以实现远程控制和资源共享。

典型电信号的产生及显示

1.1　项目背景

信号源又称信号发生器，它能够产生不同频率、不同幅度、规则或不规则波形的电信号，是电子测量中最常用的仪器之一。信号发生器使用广泛，常用在试验、测量、校准和维修等领域。

由于电信号无法被人类感官直接感知，但在应用时候又必须对它们有所了解，即掌握电信号的相关参数，例如，随时间变化的波形形状、电压、频率、周期等。因此需要设计一种仪器（示波器），它能够将电信号按特定规律显示出来，以便对其进行参数测量。

如何真实显示和直接观测电信号，首先需要解决的问题是如何将电信号转化成为人类眼睛可感知的图像；其次显示的图像必须稳定清晰，便于观测。本项目中将介绍示波测量的基本原理，通用示波器和数字存储示波器的结构组成，逐步分析如何利用示波器解决上述问题。

1.2　任务一：典型电信号的产生

任务目标

- 了解信号发生器的分类，知道信号发生器的用途、种类；
- 能画出低频信号发生器、高频信号发生器的组成框图，了解其工作原理，并注意其使用要点；
- 理解典型的函数信号发生器的工作原理，能读懂其组成框图；
- 能正确使用函数信号发生器，使其输出符合要求的信号。

1.2.1 测量知识：信号发生器基础知识

一、信号发生器的用途及种类

1. 信号发生器的用途

归纳起来，信号源有如下三方面的用途。

（1）激励源。即作为某些电气设备的激励信号，如激励扬声器发出声音等。

（2）信号仿真。当研究一个电气设备在某种实际环境下所受的影响时，需要施加与实际环境相同特性的信号，如高频干扰信号等。

（3）校准源。用于对一般信号源或其他测量仪器进行校准，如校验自动化仪表时需要标准直流电压、电流信号源。

2. 信号发生器的种类

信号发生器按其用途可分为通用信号发生器和专用信号发生器，见表 1.2.1。按输出波形又可分为正弦信号发生器和非正弦信号发生器。

表 1.2.1　信号发生器按用途分类

分类名称		应　用
通用信号发生器	正弦信号发生器	产生正弦波信号
	脉冲信号发生器	产生脉冲数字信号
	噪声信号发生器	产生噪声信号
	函数信号发生器	产生各种函数信号
专用信号发生器	电视信号发生器	产生电视行场信号
	编码脉冲信号发生器	产生编码脉冲信号
	频谱信号发生器	产生频谱信号

正弦信号源是最普遍、应用最广泛的一类信号发生器，按其输出信号的频率范围可分为低频信号发生器和高频信号发生器等。

频率范围是指各项指标都能得到满足的输出信号的频率范围。在有效频率范围内，频率调节可以是离散的，也可以是连续的。当频率范围很宽时，常划分为若干频段。表 1.2.2 列出了各类常用正弦信号发生器的频率范围。

表 1.2.2　正弦信号发生器频率范围

分类名称	频率范围	应　用
超低频信号发生器	0.0001Hz～1kHz	地震测量、电声学、声呐、医疗设备测量
低频信号发生器	1Hz～1MHz	音响设备、扩音机、家电测试、维修
视频信号发生器	20Hz～10MHz	电视设备（视频）测试、维修
高频信号发生器	100kHz～30MHz	调幅广播、遥控等无线通信测试、维修
甚高频信号发生器	30MHz～300MHz	调频广播、电视、导航设备测量
超高频信号发生器	300 MHz～3GHz 以上	UHF 电视、移动通信设备测试
特高频信号发生器	3GHz 以上	微波、卫星通信设备调试

二、低频信号发生器

低频信号发生器用来产生 1Hz～1MHz 的低频正弦信号。这种信号在模拟电子线路与系统的设计、测试和维修中得到广泛的应用，也可用作高频信号发生器的外调制信号源。

低频信号发生器的组成框图如图 1.2.1 所示。它主要由主振器、电压放大器、输出衰减器、功率放大器、阻抗变换器（输出变压器）和监测电压表等组成。

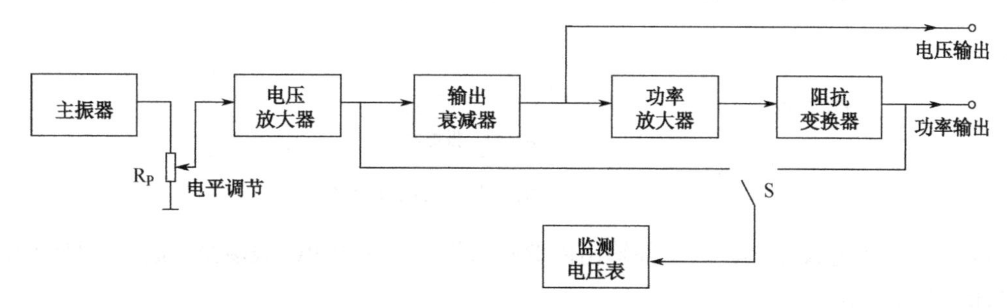

图 1.2.1　低频信号发生器的组成框图

（1）主振器。低频信号发生器中主振器的作用是产生低频的正弦波信号，并实现频率调节功能。它是低频信号发生器的主要部件，一般采用 RC 振荡器，尤以文氏桥振荡器为多。

（2）电压放大器和功率放大器。电压放大器的作用是放大主振器产生的振荡信号，满足信号发生器对输出信号幅度的要求，并将振荡器与后续电路隔离，防止因输出负载变化而影响振荡器频率的稳定。功率放大器提供足够的输出功率。为了保证信号不失真，要求放大器的频率特性好，非线性失真小。

（3）输出衰减器和阻抗变换器。输出衰减器的作用是调节输出电压使之达到所需的值。低频信号发生器中采用连续衰减器和步级衰减器配合进行衰减。

阻抗变换器实际上是一个变压器，其作用是使输出端连接不同的负载时都能得到最大的输出功率。一般在低频（20Hz～2kHz）和高频（2kHz～1MHz）采用不同的匹配变压器，以便在高、低频段分别与不同的负载匹配。

（4）监测电压表。用于监测信号源输出电压或输出功率的大小。

三、高频信号发生器

高频信号发生器输出频率范围在 100kHz～300MHz 之间，有调幅及调频功能。主要用来向各种高频电子设备和电路提供高频信号能量或高频标准信号，以便测试其电气性能，如各种接收机的灵敏度、选择性等。

高频信号发生器主要包括主振级、缓冲级、内调制信号发生器、调制级、输出级和可变电抗器组成，组成框图如图 1.2.2 所示。

（1）主振级。高频信号发生器主振级的作用是产生频率可在一定范围内调节的高频正弦波信号。信号发生器的频率特性，如频率范围、频率稳定度和准确度、频谱纯度等主要由主振级决定。为了保证信号发生器有较高的频率稳定度，一般采用电感反馈或变压器反馈的单管振荡电路或双管推挽振荡电路。

（2）缓冲级。放大主振级输出的高频信号；在主振级和后续电路间起隔离作用，以提高振荡频率的稳定性。

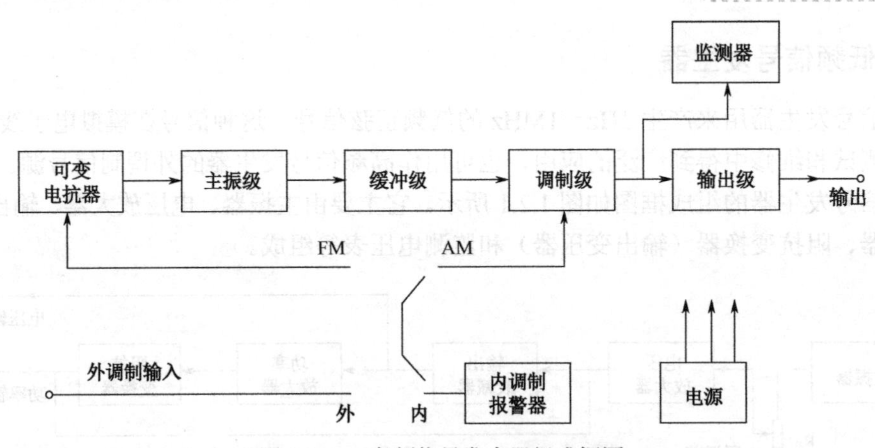

图 1.2.2　高频信号发生器组成框图

（3）内调制信号发生器。产生并输出内调制信号，一般由 RC 振荡器构成，信号频率一般为 400Hz 和 1000Hz 两种。

（4）调制级。用外调制信号或内调制信号对主振信号调幅，输出调幅信号，以适应某些测量的需要。外调制信号通过面板接线柱输入。外调制和内调制的转换通过开关控制。

（5）输出级。高频信号发生器中的输出级电路的作用有三点：放大、衰减调制器的输出信号，使信号发生器输出电平有足够的调节范围；滤除不需要的频率分量；保证输出端有固定的输出阻抗（50Ω）。它一般由放大器、滤波器和粗、细衰减器等组成。为了适应不同的使用条件，要求输出电平既能步级衰减，又能连续调节。

（6）可变电抗器。高频信号发生器中可变电抗器与主振级的谐振电路耦合，使主振级产生调频信号。在高频信号发生器中多采用变容二极管调频电路。

四、函数信号发生器

函数信号发生器能够输出正弦波、方波、三角波、锯齿波等多种波形的信号，其中前三种最为常用。有的函数信号发生器还具有调制功能，可以进行调幅、调频、调相、脉冲调制和 VCO（电压控制振荡器）特性。函数信号发生器有很宽的频率范围（从几赫兹到几十兆赫兹），使用范围也很广，是一种不可缺少的通用信号源。如图 1.2.3 所示为 SP1641B 型函数信号发生器。

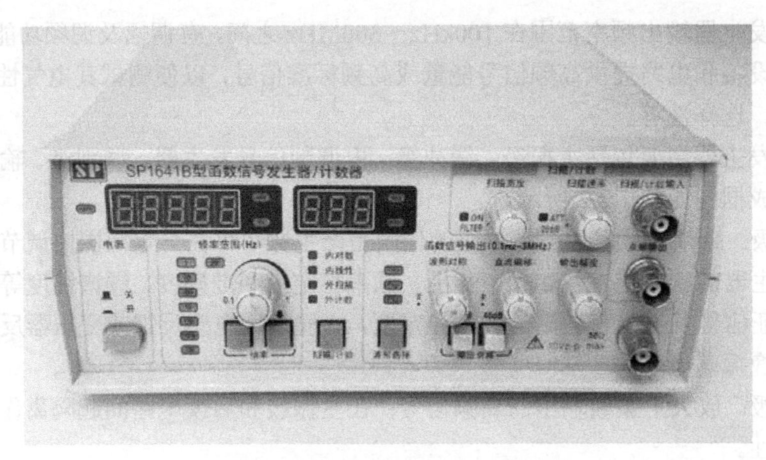

图 1.2.3　SP1641B 型函数信号发生器

传统函数信号发生器产生信号的方法有三种：一种是脉冲式，用施密特电路产生方波，然后经变换得到三角波和正弦波；第二种是正弦波式，先产生正弦波再得到方波和三角波；第三种是三角波式，先产生三角波再转换为方波和正弦波。

其中，三角波式函数信号发生器的方案如图 1.2.4 所示。电路主要由三角波发生器、方波形成电路、正弦波形成电路和缓冲放大器构成。

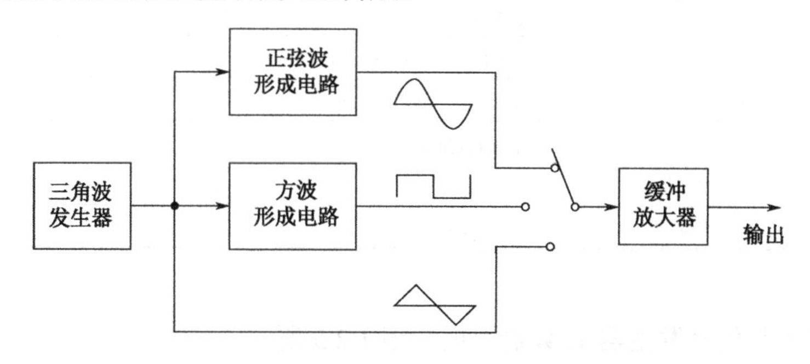

图 1.2.4 三角波式函数信号发生器原理方案

三角波发生器产生三角波信号，经方波形成电路形成脉冲宽度可调的方波信号，三角波经正弦波形成网络整形，变换成正弦波。

1.2.2 测量仪器：函数信号发生器

一、SP1641B 型函数信号发生器

SP1641B 型函数信号发生器/计数器，采用大规模集成电路，具有连续信号、扫频信号、函数信号、脉冲信号，以及点频信号、TTL/CMOS 等多种信号输出及外部测频功能，是电子工程师、物理、电子实验室、生产线及科研、教学的常用设备。

1. 主要技术性能

SP1641B 型函数信号发生器主要技术参数见表 1.2.3。

表 1.2.3 SP1641B 型函数信号发生器主要技术参数

项目		技术参数
主函数输出频率		0.1Hz～3MHz 按十进制共分八挡，每挡均以频率微调电位器进行频率调节
输出阻抗		50Ω
输出信号波形		正弦波、三角波、方波（对称或非对称输出）
输出信号幅度		不衰减：（1Vp-p～20Vp-p）±10%，连续可调 衰减 20dB：（0.1Vp-p～2Vp-p）±10%，连续可调 衰减 40dB：（10mVp-p～200mVp-p）±10%，连续可调 衰减 60dB：（1mVp-p～20mVp-p）±10%，连续可调
输出信号特征	正弦波失真度	＜1%
	三角波线性度	＞99%（输出幅度的 10%～90%区域）
	脉冲波上（下）升沿时间	≤30ns（输出幅度的 10%～90%）
	脉冲波上升、下降沿过冲	≤5%V_0（50Ω负载）
输出信号频率稳定度		±0.1%/min

续表

项　目		技术参数
幅度显示	显示位数	三位（小数点自动定位）
	显示单位	Vp-p 或 mVp-p
	分辨率	0.1Vp-p（衰减 0dB），10mVp-p（衰减 20dB），1mVp-p（衰减 40dB），0.1mVp-p（衰减 60dB）
频率显示	显示范围	0.1Hz～3000kHz/10000kHz
	显示有效位数	五位（1k 挡以下四位）
点频	输出频率	100Hz±2Hz
	输出波形	正弦波
	输出幅度	≈2Vp-p

2. 面板分布

SP1641B 型函数信号发生器/计数器面板如图 1.2.5 所示。

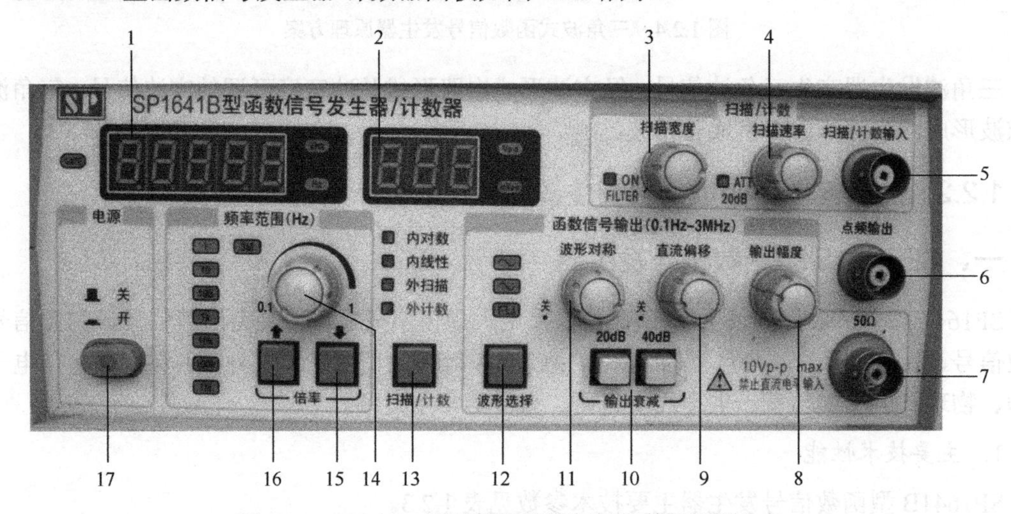

图 1.2.5　SP1641B 型函数信号发生器/计数器面板分布

（1）频率显示窗口。显示输出信号的频率或外测频信号的频率。

（2）幅度显示窗口。显示函数输出信号的幅度（50Ω 负载时的峰-峰值）。

（3）扫描宽度调节旋钮。调节此电位器可调节扫频输出的频率范围。在外测时，逆时针旋到底（绿灯亮），为外输入测量信号经过低通开关进入测量系统。

（4）扫描速率调节旋钮。调节此电位器可以改变内扫描的时间长短。在外测频时，逆时针旋到底（绿灯亮），为外输入测量信号经过衰减“20dB”进入测量系统。

（5）扫描/计数输入插座。当“扫描/计数键”功能选择在外扫描状态或外测频功能时，外扫描控制信号或外测频信号由此输入。

（6）点频输出端。输出标准正弦波 100Hz 信号，输出幅度 2Vp-p。

（7）函数信号输出端。输出多种波形受控的函数信号，输出幅度 20Vp-p（1MΩ 负载），10 Vp-p（50Ω 负载）。

（8）函数信号输出幅度调节旋钮。调节范围 20dB。

（9）函数输出信号直流电平偏移调节旋钮。调节范围：−5V～+5V（50Ω 负载），−10V～+10V（1MΩ 负载）。当电位器处在“关”位置时，则为 0 电平。

（10）函数信号输出幅度衰减开关。输出幅度衰减开关用来调节输出信号的衰减程度，衰减越大，输出信号越小。“20dB”、“40dB”键均不按下，输出信号不经衰减，直流输出到插座口。“20dB”、“40dB”键分别按下，则可选择20dB或40dB衰减。“20dB”、“40dB”同时按下时为60dB。

（11）输出波形对称性调节旋钮。调节此旋钮可改变输出信号的对称性。当电位器处在“关”位置时，则输出对称信号。

（12）函数输出波形选择按钮。可选择正弦波、三角波、脉冲波输出。

（13）“扫描/计数”按钮。可选择多种扫描方式和外测频方式。

（14）频率微调旋钮。调节此旋钮可微调输出信号频率，调节基数范围为<0.1～>1。

（15）倍率递减选择按钮。每按一次此按钮可递减输出频率的1个频段。

（16）倍率递增选择按钮。每按一次此按钮可递增输出频率的1个频段。

（17）整机电源开关。此键按下时，机内电源接通，整机工作。此键释放为关掉整机电源。

小知识

电压衰减倍数与衰减分贝数

电压衰减分贝数与衰减倍数的关系是

衰减分贝数=20lg（衰减倍数）

例如，选择衰减分贝数为10dB，则输出信号被衰减了3.16倍。衰减分贝数与衰减倍数的关系见表1.2.4。

表1.2.4　衰减分贝数与电压衰减倍数对照表

衰减分贝数/dB	相对应的电压衰减倍数
−40	0.01
−30	0.0316
−20	0.1
−10	0.316
0	0
10	3.16
20	10
30	31.6
40	100
50	316
60	1000
70	3160
80	10000
90	31600

3. 使用方法

1）准备工作

先检查市电电压，确认市电电压在220V±10%范围内，方可将电源线插头插入仪器后面板电源线插座内，如图1.2.6（a）所示。按下面板电源开关，预热5～10分钟后，仪器即可稳定使用，如图1.2.6（b）所示。

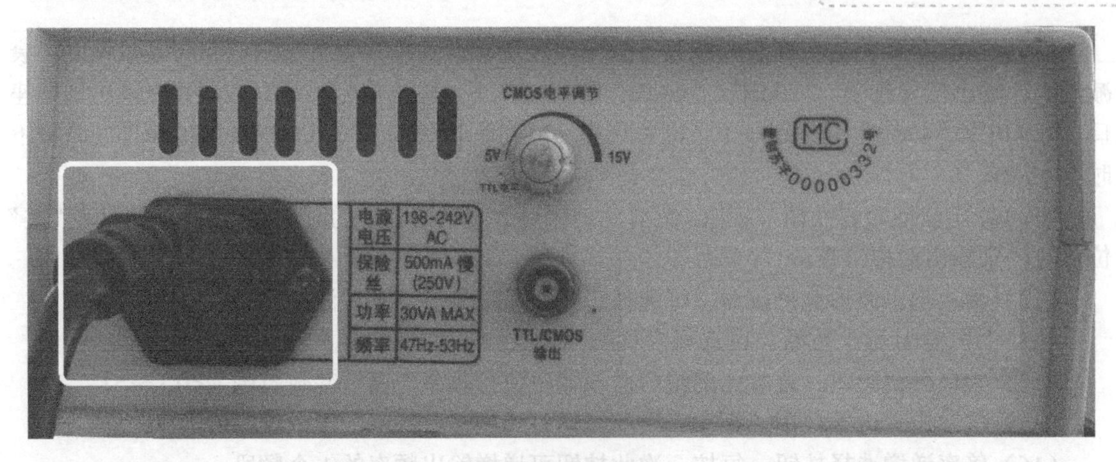

（a）后面板电源插座

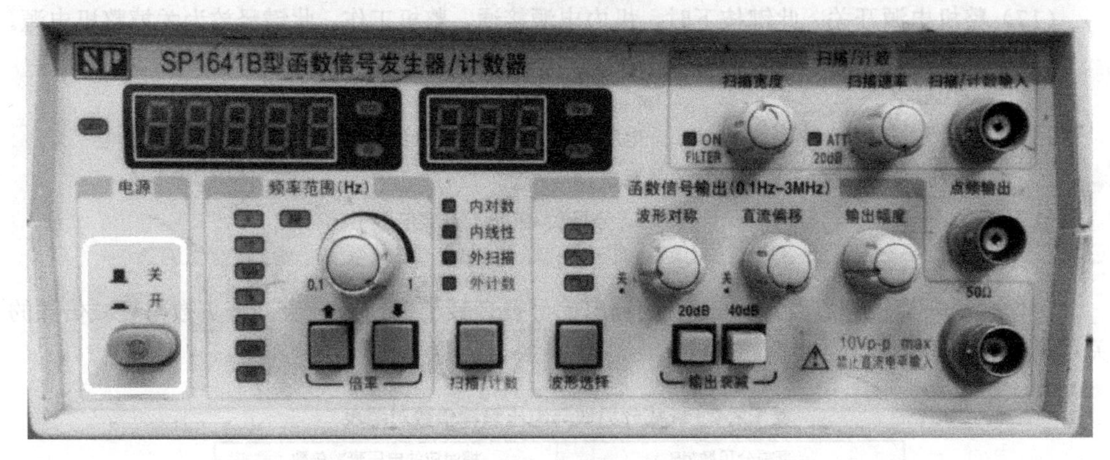

（b）电源开关

图 1.2.6　准备工作

2）50Ω 主函数信号输出

输出函数信号需要调整信号的三要素，即波形、频率和幅度。函数信号输出的调整方法如下。

（1）选择输出端子。

以终端连接 50Ω 匹配器的测试电缆，由前面板“50Ω”插座输出函数信号，如图 1.2.7 所示。

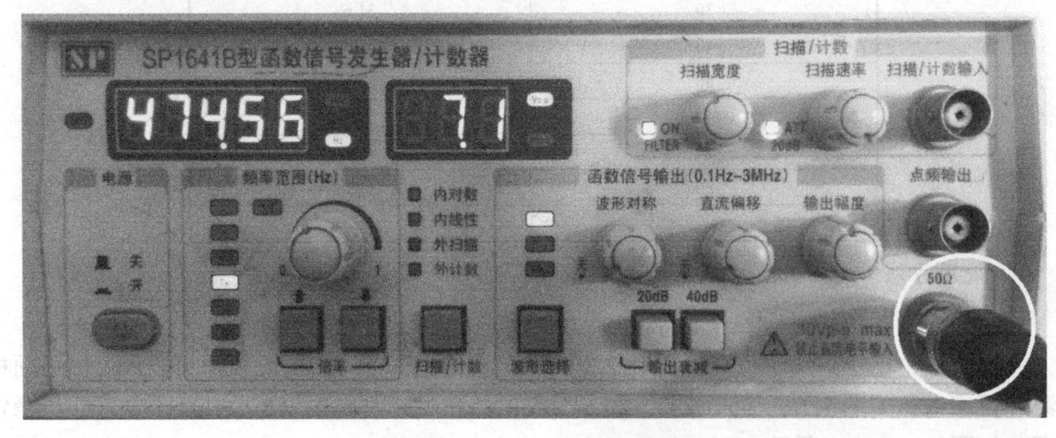

图 1.2.7　50Ω 主函数信号输出

（2）使信号源输出频率为给定值。

根据测量要求，首先按频率“倍率选择”按钮选定合适的输出函数信号的频段，保证频段量程大于被测信号频率。然后旋转“频率微调”旋钮调整输出信号频率，同时观察频率输出显示窗口的数值，直至所需的工作频率值。

频率“倍率选择”按钮及“频率微调”旋钮如图 1.2.8 所示。

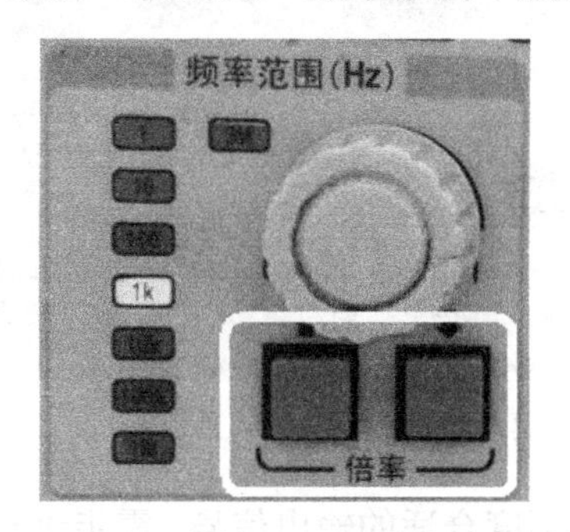

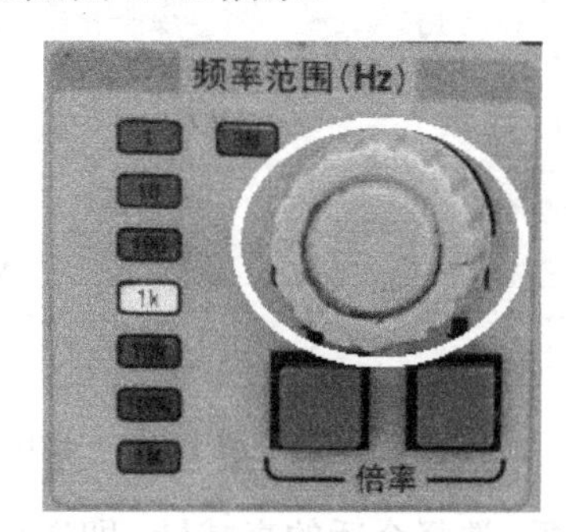

图 1.2.8 “倍率选择”按钮及“频率微调”旋钮

例如，需要输出 500Hz 信号，则应选定“1k”的频段。然后调节“频率微调”旋钮，使显示“500.00”，则此时输出信号频率为 500Hz。

“频率选择”开关分别有 1、10、100、1k、10k、100k、1M、3M 八个量程可供选择。

（3）使仪器处于信号源的工作方式。

使“扫描/计数”按钮复位（指示灯灭），“扫描宽度”调节旋钮关闭（指示灯灭），“扫描速率”调节旋钮关闭（指示灯灭）。如图 1.2.9 所示。

（4）信号输出波形的选择。

由“函数输出波形选择”按钮可使输出函数的波形分别在正弦波、三角波和脉冲波之间切换。“函数输出波形选择”按钮如图 1.2.10 所示。

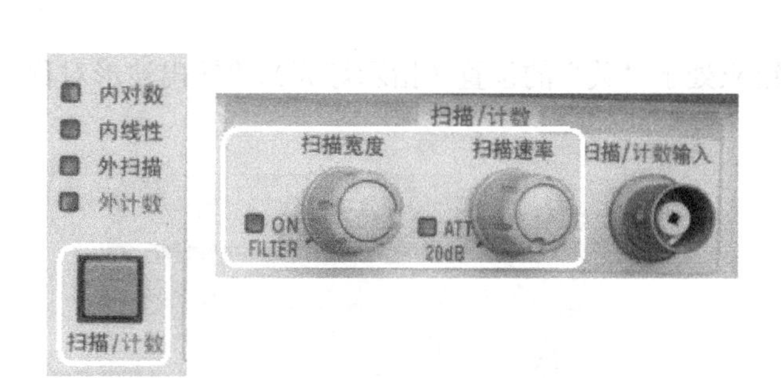

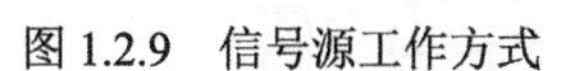

图 1.2.9 信号源工作方式

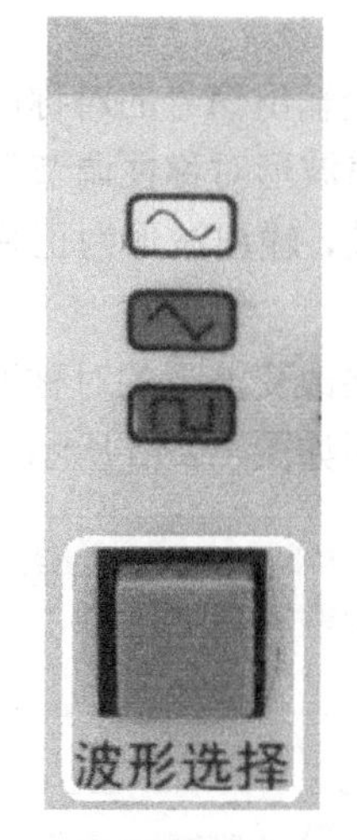

图 1.2.10 “函数输出波形选择”按钮

（5）选定和调节输出信号的幅度。

由 20dB、40dB“输出衰减”按键和“幅度调节”旋钮，调节输出信号的幅度，如图 1.2.11 所示。

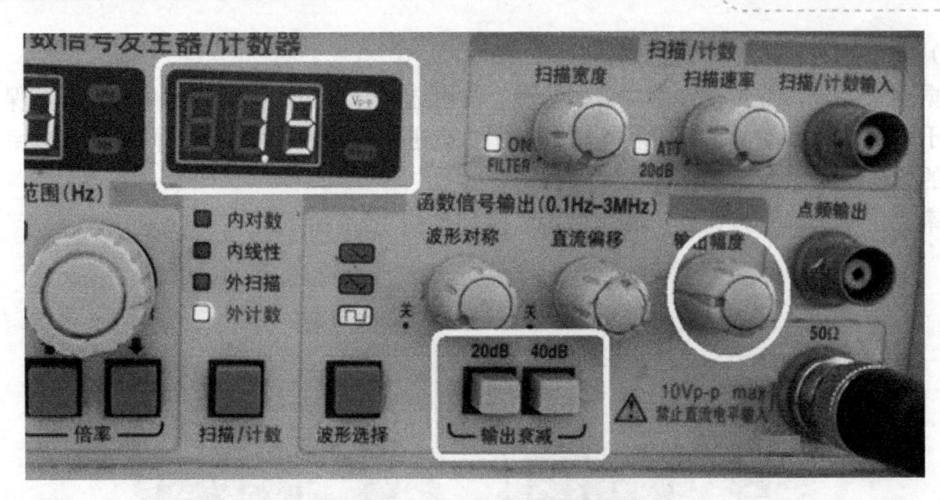

图 1.2.11　输出信号幅度的调节

根据测量需要，选择合适的衰减量，即选择幅度合适的输出信号。需步进衰减输出信号时，应将“衰减”键按下。SP1641B 型函数信号发生器有 20dB、40dB 和 60dB（此时“20dB”、“40dB”两键均按下）三种输出衰减倍率，输出信号电压幅度将会分别衰减 10 倍、100 倍和 1000 倍（衰减的 dB 值与电压衰减倍数的关系见表 1.2.4）。幅度显示窗口输出信号的幅度单位会在 Vp-p 和 mVp-p 之间切换。

调节“幅度调节”旋钮，可以对输出信号幅度连续调节。此旋钮顺时针调节，输出信号幅度增大；反之则信号幅度减小。调整的同时，观察幅度显示窗口的数值，使信号发生器输出符合要求的信号。

（6）调整输出信号的直流电平。

由“函数输出信号直流电平偏移调节”旋钮选定输出信号所携带的直流电平；当不需要直流电平时，此旋钮应处于“关”的位置（指示灯灭）。“直流电平偏移调节”旋钮如图 1.2.12 所示。

（7）改变输出信号的对称度。

由“输出波形对称性调节”旋钮改变输出脉冲信号占空比，类似，输出波形为三角波时可调变为锯齿波，输出波形为正弦波时可调变为正与负半周分别为不同角频率的正弦信号，且可移相 180°。

当不需要改变波形的对称度时，此旋钮应处于“关”的位置（指示灯灭）。“输出波形对称性调节”旋钮如图 1.2.13 所示。

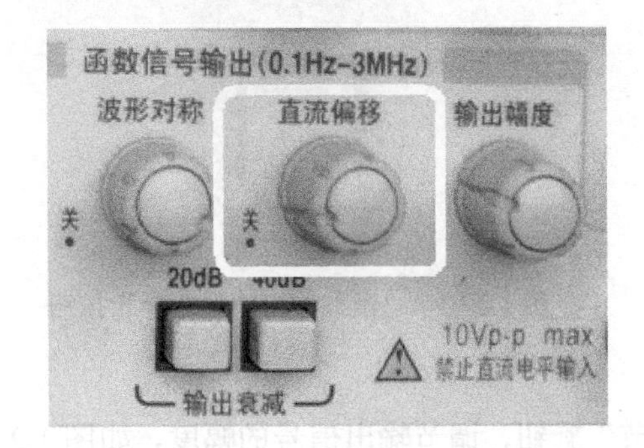

图 1.2.12　“直流偏移”调节旋钮

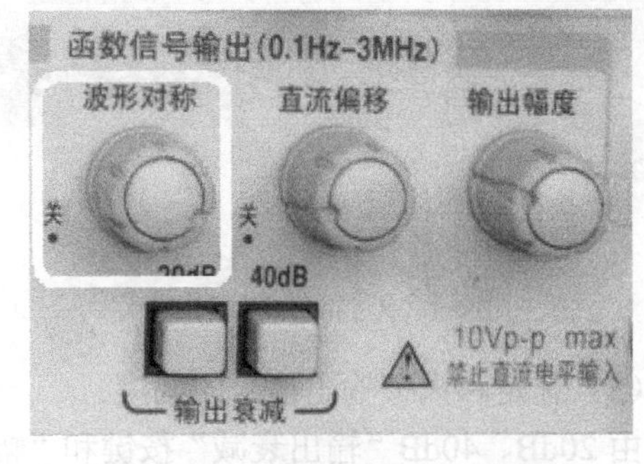

图 1.2.13　“波形对称”调节旋钮

3）其他信号输出及功能

SP1641B 型函数信号发生器除了主要用于产生函数信号以外，还具有点频信号、扫频信号、TTL/CMOS 等多种信号输出，以及外部测频功能。

（1）点频正弦信号输出。

以测试电缆（终端不加 50Ω 匹配器）由“点频输出”端口输出一个固定不变的标准的正弦信号，频率为 100Hz，幅度为 2Vp-p（中心电平为 0）。点频正弦信号输出如图 1.2.14 所示，此时频率调节和幅度调节控件均不起作用。

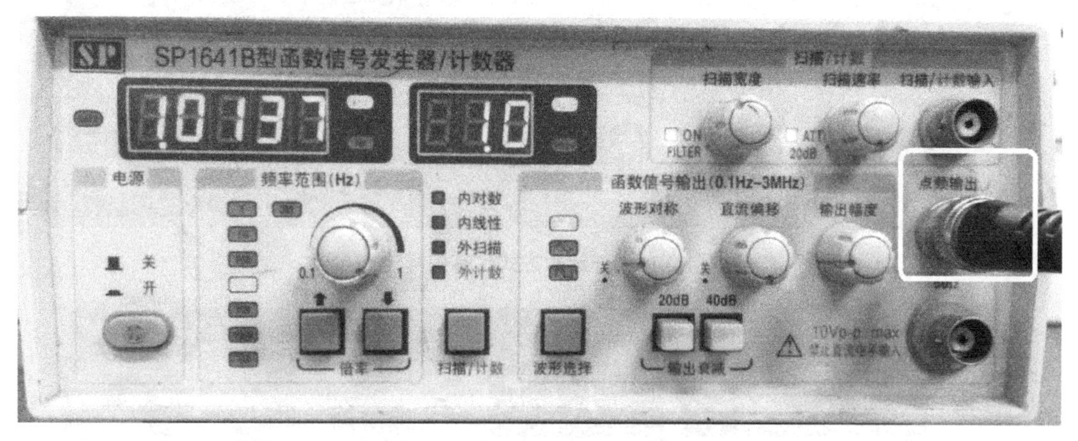

图 1.2.14　点频信号输出

（2）输出 TTL 信号。

信号电平为标准 TTL 电平或 CMS 电平（输出高电平可调 5～15V），由后面板输出插孔输出，其重复频率、调控操作均与函数输出信号一致。TTL 信号输出如图 1.2.15 所示。

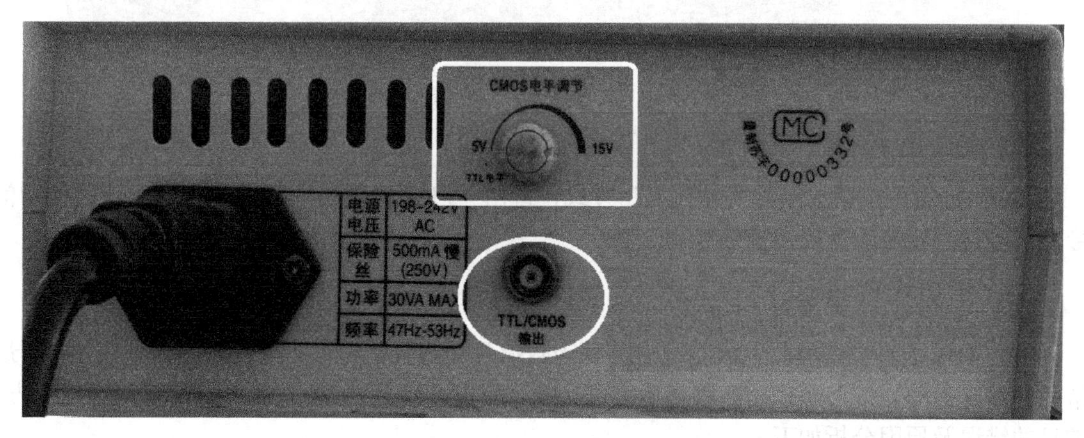

图 1.2.15　TTL/CMOS 信号输出

（3）外部测频功能。

“扫描/计数”按钮选定为“外计数”方式，再由“扫描/计数输入”插座输入相应的控制信号，即可得到相应的受控扫描信号，频率显示窗口显示输入受控扫描信号的频率，如图 1.2.16 所示，此时这台 SP1641B 型函数信号发生器作为计数器使用。

“外计数”方式时，扫描/计数输入”插座若无信号输入，频率输出显示窗口的数值为 0，如图 1.2.17 所示。

（4）内扫描信号输出。

“扫描/计数”按钮选定为内扫描方式；分别调节“扫描宽度”和“扫描速率”获得所需的扫描信号输出；由“50Ω”输出插座输出相应的内扫描的扫频信号。

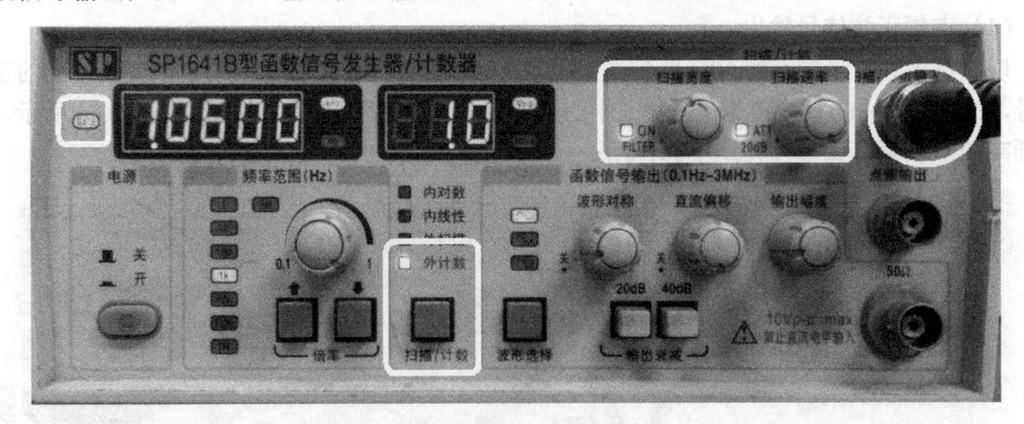

图 1.2.16　外计数方式，有信号输入

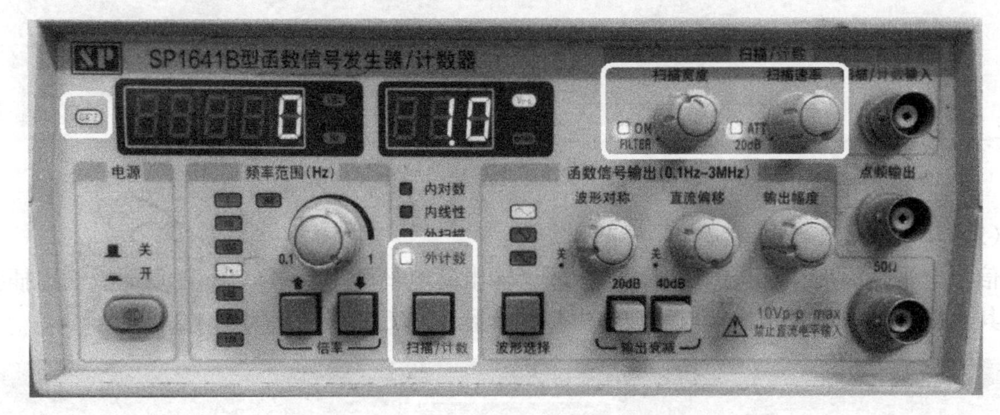

图 1.2.17　外计数方式，无信号输入

（5）外扫描信号输入。

“扫描/计数”按钮选定为“外扫描”方式，再由“扫描/计数输入”插座输入相应的控制信号，即可得到相应的受控扫描信号。

二、常见操作错误分析

SP1641B 型函数信号发生器能输出各种函数信号和扫频信号，又可以当成计数器使用，最常用的功能是作为信号源输出各种函数信号。由于操作不当，这些也是最容易出现问题的地方。常见的错误及原因分析如下。

（1）输出波形不对称，如图 1.2.18（a）所示。

原因分析：“波形对称”调节旋钮没有置于“关”位置。不对称波形调节方法如图 1.2.18（b）所示，将“波形对称”调节旋钮逆时针旋转关闭。

（2）调整信号发生器输出信号的频率和幅度时，输出信号不发生变化。

原因分析：当输出 50Ω 主函数信号时，误将输出连接在了“点频输出”上，将会输出固定频率 100Hz 和幅度 2Vp-p 的正弦信号，如图 1.2.19（a）所示。“频率调节”旋钮和“幅度调节”旋钮不起作用。此时需将电缆改接到 50Ω 插座上，如图 1.2.19（b）所示。

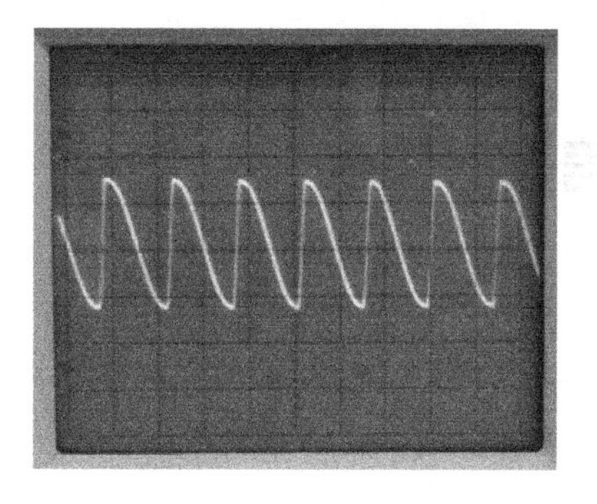

(a) 输出波形不对称

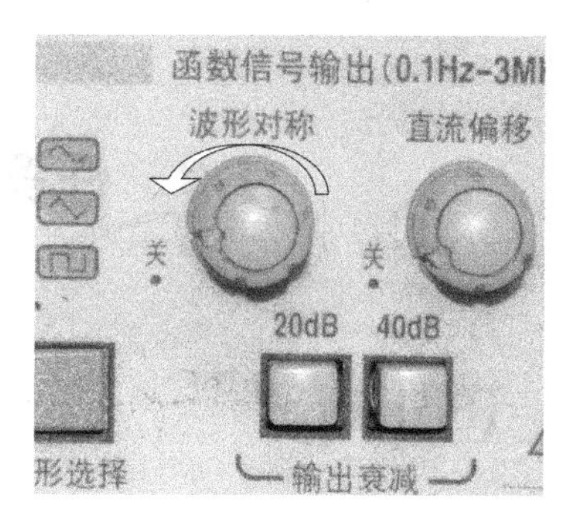

(b) 调节方法

图 1.2.18 关闭“波形对称”调节旋钮

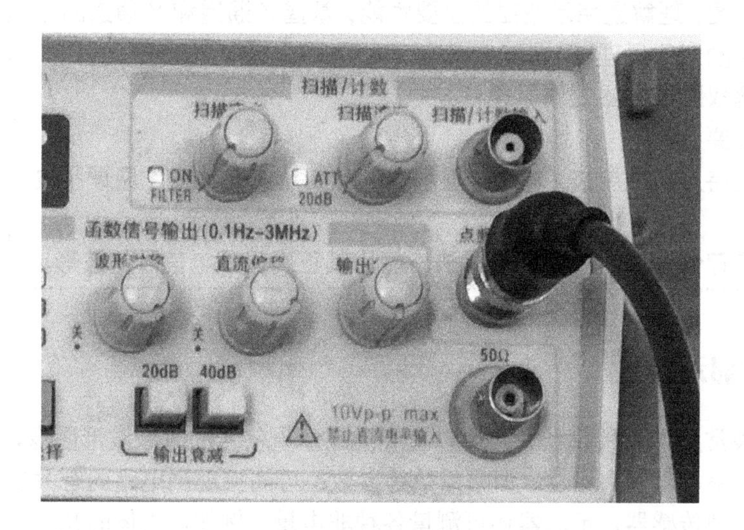

(a)“点频输出”位置

(b) 改接到“50Ω”插座上

图 1.2.19 将电缆从“点频输出”改接到“50Ω”插座上

(3) 外部测频功能不起作用。

原因分析：检查是否将“扫描/计数”按钮调整到“外计数”亮，如图 1.2.20 所示。检查信号是否由“扫描/计数”插座输入，如图 1.2.21 所示。

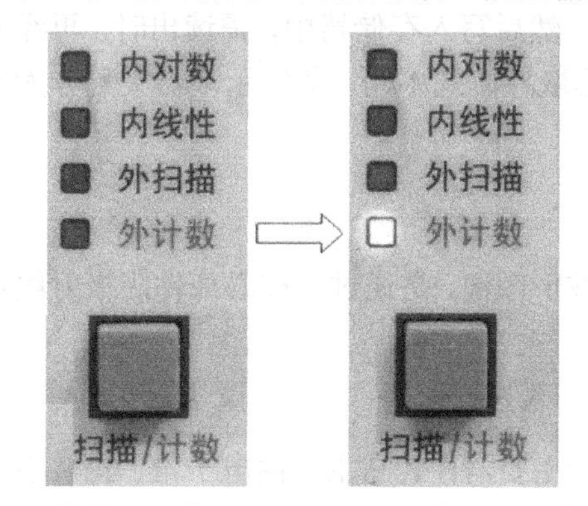

图 1.2.20 调整至“外计数”亮状态

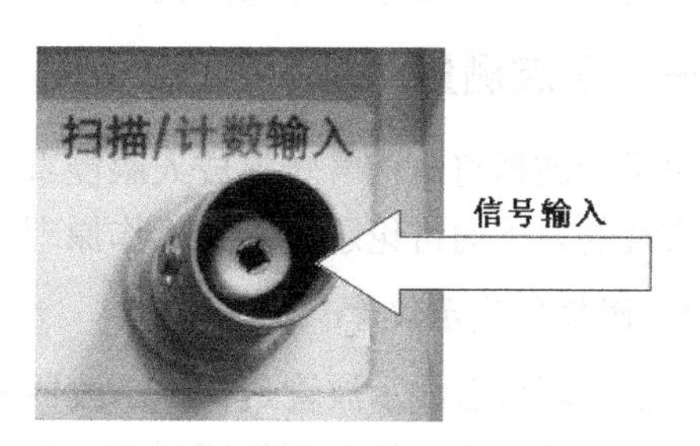

图 1.2.21 信号应由“扫描/计数”插座输入

1.3 任务二：电信号的显示

任务目标

- 了解电子示波器的基本功能和分类；
- 理解示波管的结构和功能，掌握波形显示的基本原理；
- 能读懂示波器的组成框图，理解通用示波器的主要性能，掌握X通道和Y通道的工作原理，了解主机系统的工作原理；
- 了解双线示波器，理解双踪示波器工作原理；
- 掌握通用示波器的使用要点；
- 了解数字存储示波器的特点及主要技术指标，理解数字存储示波器的工作原理和波形显示原理；
- 掌握通用示波器和数字存储示波器基本操作方法，能用其正确显示电信号的波形。

1.3.1 测量知识：示波显示技术

电子示波器是电子测量中最常用的一种仪器。它可以直观地显示电信号的时域波形图像，根据波形可获得信号的电压、频率、周期、相位、调幅系数等参数；可间接观测电路的有关参数及元器件的伏安特性；通过各种传感器，示波器还可测量各种非电量，例如，人体的某些生理现象（心率、体温、血压等）。示波器也可以工作在X-Y模式下，用来反映相互关联的两信号之间的关系。所以，在科学研究、工农业生产、医疗卫生等方面，示波器获得了广泛的应用。

根据示波器对信号的处理方式不同可分为模拟示波器和数字示波器两大类。

模拟示波器采用模拟方式对时间信号进行处理和显示。又可分为通用示波器、多束示波器、取样示波器、记忆示波器、专用示波器等。

数字示波器将被测信号经A/D转换进行数字化，然后写入存储器中，需读出时，再经D/A转换还原为原来的波形，在示波器上显示出来。根据取样方式不同，数字示波器又可分为实时取样、随机取样和顺序取样三大类。

一、示波测量的基本原理

电子示波器将电信号转换成人眼能直接观察的波形图像，是通过其核心部件阴极射线示波管来实现的。下面讨论示波管的工作原理。

1. 阴极射线示波管

目前，阴极射线示波管是模拟示波器的波形显示主要器件。它主要由电子枪、偏转系统和荧光屏三部分组成，这些部件密封在一个抽成真空的玻璃壳内，如图1.3.1所示。普通示波管的结构及供电电路如图1.3.2所示。

图 1.3.1 阴极射线示波管

1）电子枪

电子枪由灯丝（F）、阴极（K）、控制栅极（G）、第一阳极（A_1）、第二阳极（A_2）和后加速极（A_3）组成。其作用是发射电子并形成很细的高速电子束，轰击荧光屏使之发光。

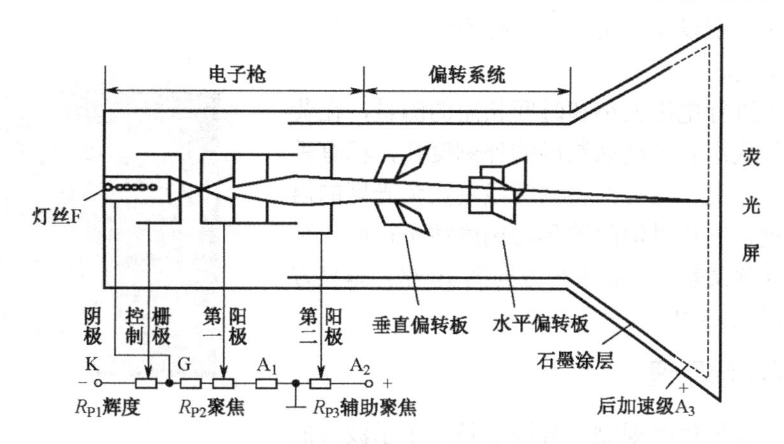

图 1.3.2 示波管结构及供电电路

灯丝（F）用于加热阴极（K）。

阴极（K）是一个表面涂有氧化物的金属圆筒，在灯丝加热下发射电子。

控制栅极（G）是封闭式中心开孔的金属圆筒，小孔对准阴极的发射面。其对阴极（K）的负电位是可变的，用来控制射向荧光屏的电子束的密度，从而改变荧光屏上波形的辉度（亮度）。G 的负电位绝对值越大，打到荧光屏上电子的数目越少，图形越暗，反之越亮。调节“辉度电位器”R_{P1}改变栅、阴极之间的电位差即可达到此目的，故R_{P1}在面板上的旋钮标以“辉度”。

第一阳极（A_1）和第二阳极（A_2）均为形状不同的圆筒，加上一定的电压，对电子束有加速作用，同时和控制栅极（G）构成一个对电子束的控制系统，起聚焦作用。调节R_{P2}可改变第一阳极（A_1）的电位，调节R_{P3}可以改变第二阳极（A_2）的电位，恰当调节这两个电位器，可使电子束恰好在荧光屏上会聚成细小的点，保证显示波形的清晰度。因此把R_{P2}和R_{P3}在面板上的旋钮分别称为“聚焦”和“辅助聚焦”。

需要指出的是，在调节“辉度”时会使聚焦受到影响，因此，示波管的“辉度”与“聚焦”并非相互独立，而是有关联的。在使用示波器时，这二者应该配合调节。

第三阳极（A_3）是涂在显示管内壁上的一层石墨粉，加有很高的正电压，其主要作用是对电子束作进一步加速，以获得足够的亮度。

2）偏转系统

偏转系统的作用是控制电子束在垂直和水平方向上的位移。

偏转系统在第二阳极的后面，由两对相互垂直的偏转板（金属板）组成。其中，上下安装的Y轴偏转板在前（靠近第二阳极），水平安装的X偏转板在后。两对偏转板各自形成静电场，分别控制电子束在垂直方向和水平方向的偏转。电子束在屏幕上的偏转距离正比于加到偏转板上的电压。这是示波测量法的理论基础。

3）荧光屏

示波管的荧光屏是在它的管面内壁涂上一层磷光物质制成的。这种由磷光物质组成的荧光膜在受到高速电子轰击后，将产生辉光。电子束消失后，辉光仍可保持一段时间，称为余晖时间，不同荧光材料的余辉时间也不同。正是利用荧光物质的余晖效应及人眼的视觉滞留效应，当电子束随信号电压偏转时，才使我们看到由光点的移动轨迹形成的整个信号的波形。

当高速电子束轰击荧光屏时，其动能除转变成光外，也将产生热。所以，当过密的电子束长时间集中于屏幕同一点时，由于过热会减弱磷光质的发光效率，严重时可能把屏幕上的这一点烧成一个黑斑。所以在使用示波器时不应使亮点长时间停留于一个位置。

为了定量地进行电压大小和时间长短的测量，在荧光屏的外边加一块用有机玻璃制成的外刻度片，标有垂直和水平方向的刻度。也有的将刻度线刻在荧光屏的内侧，称为内刻度，它可以消除波形与刻度线不在同一平面上所造成的视觉误差。一般水平方向为10格，垂直方向为8格，如图1.3.3所示。

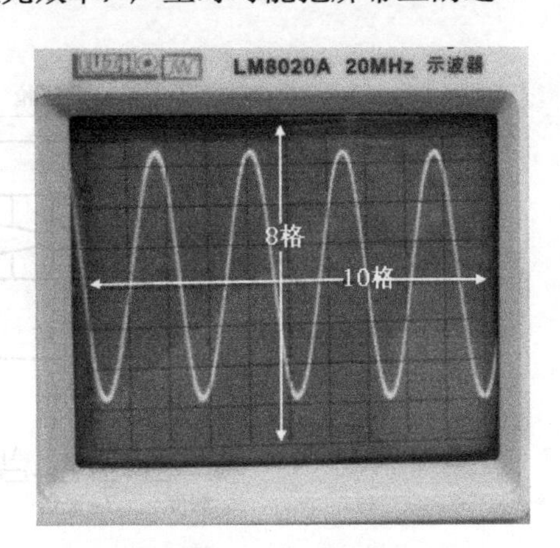

图1.3.3　荧光屏

二、波形显示原理

示波器之所以能用来观测信号波形是基于示波管的线性偏转特性，即电子束（从观测效果看，亦即屏幕上的光点）在垂直和水平方向上的偏转距离正比于加到相应偏转板上的电压的大小。电子束沿垂直和水平两个方向的运动是相互独立的，打在荧光屏上的亮点的位置取决于同时加在两副偏转板上的电压。

1. 扫描

通常加到垂直偏转板上的电压为被测信号电压，加到水平偏转板上的电压为扫描信号的锯齿波电压，它由示波器内部电路产生，波形如图1.3.4所示。

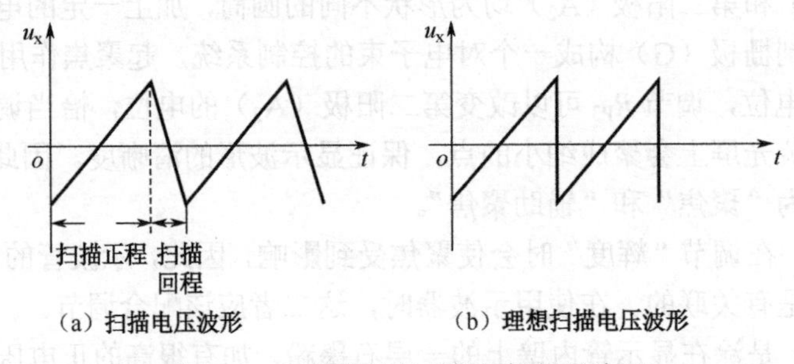

图1.3.4　扫描信号和理想扫描信号波形

当仅在水平偏转板加锯齿波电压时，亮点沿水平方向从左向右做匀速运动。当扫描电压达到最大值时，亮点亦达最大偏转，然后从该点迅速返回起始点。若扫描电压重复变化，在屏幕上就显示一条亮线，这个过程称为“扫描”。光点由左边起始点到达最右端的过程称为“扫描正程”，而迅速返回到起始点的过程称为“扫描回程”或“扫描逆程”，理想锯齿波的扫描回程时间为零。上述水平亮线称为“扫描线”。如图 1.3.5 所示。

2. 波形显示

当两副偏转板上不加任何信号（或分别为等电位）时，光点则处于荧光屏的中心位置。若只在水平偏转板上加一个周期性电压，则电子束运动轨迹为一水平线段（见图 1.3.5）。若只在垂直偏转板上加一个随时间作周期性变化的被测电压，则电子束沿垂直方向运动，其轨迹为一条垂直线段。这种情况如图 1.3.6 所示。

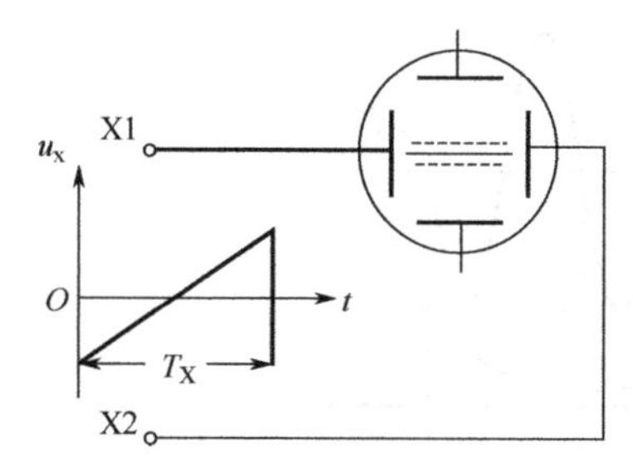

图 1.3.5 理想扫描信号控制电子束水平运动

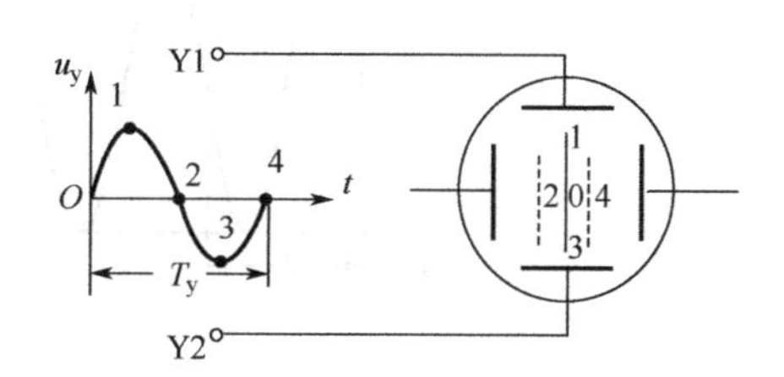

图 1.3.6 只加 u_y 时荧光屏上的波形

被测电压是时间的函数，可用式 $u_y=f(t)$ 表示。对于任一时刻，它都有确定的值与之相对应。在荧光屏上显示被测电压波形，就把屏幕作为一个直角坐标系，其垂直轴作为电压轴，水平轴作为时间轴，使电子束在垂直方向偏转距离正比于被测电压的瞬时值，沿水平方向的偏转距离与时间成正比，也就是使光点在水平方向做匀速运动。这就是在示波管的水平偏转板上加随时间线性变化的扫描锯齿波电压的原因。

在水平偏转板加扫描电压（注意：只讨论理想情况）的同时，若在垂直偏转板上加被测信号电压，就可以将其波形显示在荧光屏上，如图 1.3.7 所示。

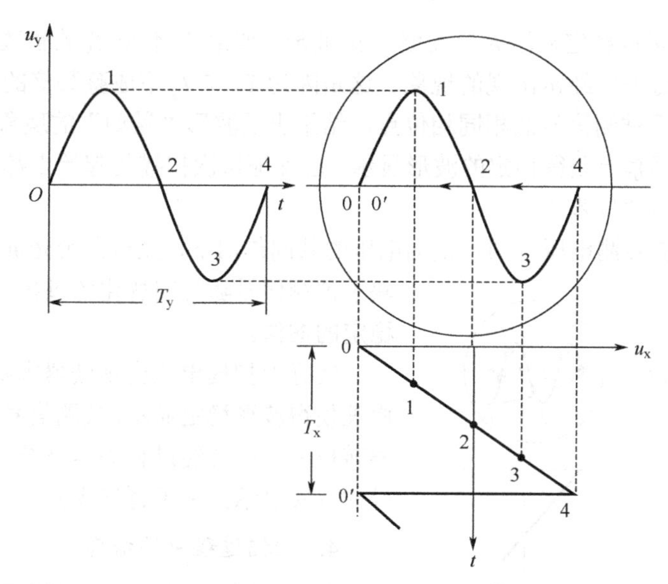

图 1.3.7 波形显示原理

图中，被测电压 u_y 的周期为 T_y，如果扫描电压的周期 T_x 正好等于 T_y，则在 u_y 与 u_x 共同作用下，亮点移动的光迹正好是一条与 u_y 相同的曲线（在此为正弦曲线），亮点从 0 点经 1、2、

3 至 4 点的移动为正程。从 4 点迅速返回 0'点的移动为回程。图 1.3.7 中设回程时间为零。

由于扫描电压 u_x 随时间作线性变化，所以屏幕的水平轴就成为时间轴。亮点在水平方向偏转的距离大小代表了时间的长短，故也称扫描线为时间基线。

上面讲的是 $T_x=T_y$ 的情况。如果使 $T_x=2T_y$，则在荧光屏上显示如图 1.3.8 所示的波形。由于波形多次重复出现，而且重叠在一起，所以可观察到一个稳定的图像（图中显示两个周期的波形）。

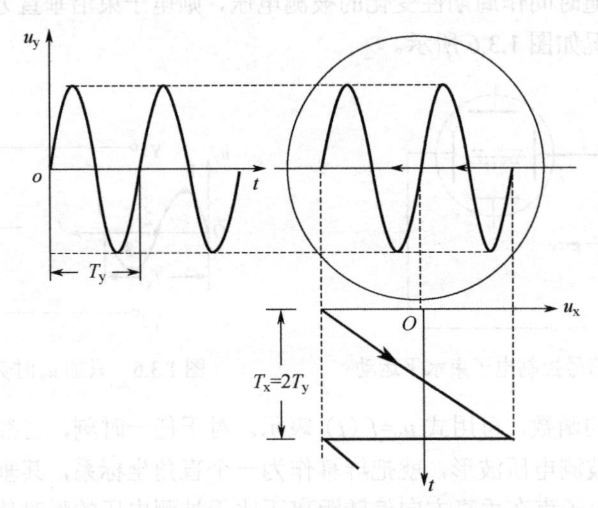

图 1.3.8　$T_x=2T_y$ 时显示的波形原理

由此可见，如想增加显示波形的周期数，则应增大扫描电压 u_x 的周期，即降低 u_x 的扫描频率。荧光屏显示被测信号的周期个数就等于 T_x 与 T_y 之比 n（n 为正整数）。

3. 同步

当 $T_x=nT_y$ 时，可以稳定显示 n 个周期的 u_y 波形。如果 T_x 不是 T_y 的整数倍，显示的波形不稳定，这是在调节过程中经常出现的现象。这是因为 T_x 与 T_y 不成整数倍的关系，使得每次扫描的起点不能对应于被测信号的相同相位点，结果出现波形“晃动”的现象。

所以，为了在屏幕上获得稳定的波形显示，应保证每次扫描的起始点都对应信号的相同相位点，这个过程称为“同步”。

总之，电子束在被测电压与同步扫描电压的共同作用下，亮点在荧光屏上所描绘的图形反映了被测信号随时间变化的过程，当多次重复就构成稳定的图像。

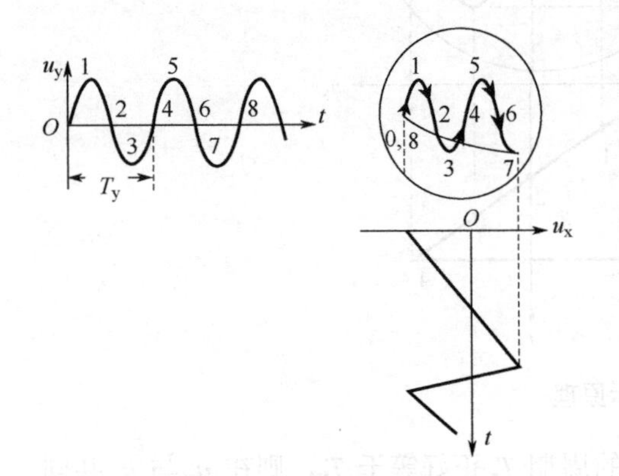

图 1.3.9　扫描回程轨迹

实际上扫描电压由示波器本身产生，为满足同步原理使得波形稳定显示，被测信号和扫描电压在加到偏转板上之前要经过相关电路结构处理，实现被测信号的真实显示，易于直接观测。

4. 扫描过程中的增辉

在以上讨论中假设了扫描回程时间为零，但实际上回扫是需要一定时间的，在这段时间内回扫电压和被测信号共同作用，这就对显示波形产生了一定的影响，如图 1.3.9 所示。为使回扫产生的波形不在荧光屏上显示，可以设法在扫描正程期间使电子枪发射更多的电子，即给示波器增辉；或在扫描回程期间内使电子枪发射的电子减少，即给示波器消隐。

增辉可以通过在扫描正程期间给示波管控制栅极（G）加正脉冲或给阴极（K）加负脉冲来实现，消隐时给 G 和 K 所加的脉冲极性正好相反。可在示波器中设置增辉电路（又称 Z 轴电路，Z 通道），使扫描正程时光迹加亮，扫描回程时光迹消隐。

5. X-Y 显示方式

若加在水平偏转板上的不是由示波器内部产生的扫描锯齿波信号，而是另一路被测信号，则示波器工作于 X-Y 显示方式，它可以反映加在两副偏转板上的电压信号之间的关系。如果两副偏转板都加正弦波电压，则荧光屏上显示的图形称之为李沙育图形。

图 1.3.10 所示为两个偏转板都加同频率正弦波时显示的李沙育图形。若两信号相位相同，则显示一条斜线；若相位相差 90°，则显示为一个圆。

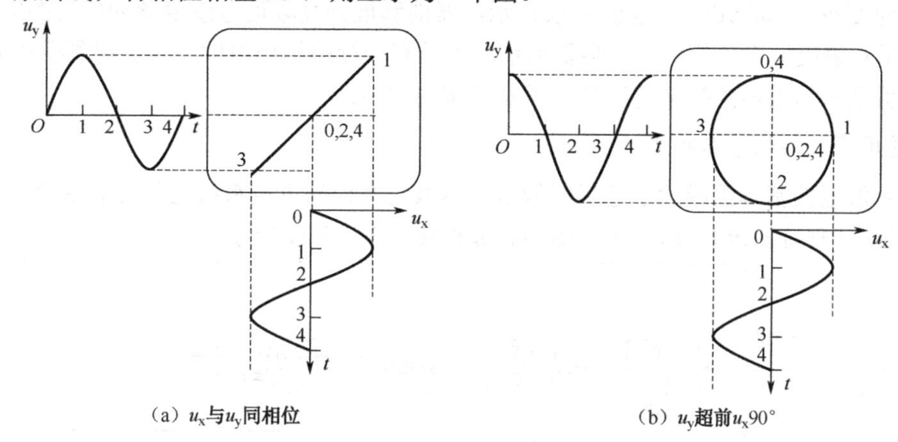

（a）u_x与u_y同相位　　（b）u_y超前u_x90°

图 1.3.10 两个同频率正弦波构成的李沙育图形

三、通用示波器

通用示波器包括单踪和双踪示波器。单踪示波器可测量一个信号的波形、幅度、频率和相位等参数。而双踪示波器能同时测两个信号的波形和参数，还可以对两个信号进行比较。通用示波器是应用最广泛的一种示波器。

1. 通用示波器的主要技术性能

1）Y 通道的频域与时域响应

（1）频域响应（频带宽度）。示波器的频带宽度（不加说明均指 Y 通道）指上限频率 f_H 与下限频率 f_L 之差。现代示波器的 f_L 一般延伸到 0Hz（直流），所以频带宽度可用上限频率 f_H 来表示。

（2）瞬态响应（时域响应）。用瞬态响应表示 Y 通道放大电路在方波脉冲输入信号作用下的过渡特性。表示参数有上升时间（t_r）、下降时间（t_f）等。

Y 通道的频带宽度 f_H 与上升时间 t_r 之间有确定的内在联系，一般有

$$f_H \cdot t_r \approx 0.35$$

式中，f_H —— 示波器的频带宽度，单位为兆赫（MHz）；

t_r —— Y 通道的上升时间，单位为微秒（μs）。

上述两个指标在很大程度上决定了示波器可以观察的最高信号频率（指周期性连续信号）和脉冲的最小宽度。

2）偏转因数

偏转因数指输入信号在无衰减的情况下，亮点在屏幕的Y方向上偏转单位距离所需的电压峰-峰值。单位为Vp-p/cm或Vp-p/div，偏转因数的下限表征示波器观测微弱信号的能力，而其上限则表示示波器输入所允许加的最大电压（峰-峰值）。

3）输入阻抗

Y通道的输入阻抗包括输入电阻 R_{in} 和输入电容 C_{in}。R_{in} 越大越好，C_{in} 越小越好。它为使用者提供了估算示波器输入电路对被测电路产生影响的依据。

4）扫描速度

常用时基因数表示。在无扩展情况下，亮点在X方向偏转单位距离所需的时间称为时基因数，单位为t/cm或t/div；t可取μs、ms或s。

扫描速度越高（即t/div值越小），表征示波器能够展开高频信号或窄脉冲信号的能力越强；反之，为了观测缓慢变化的信号，则要求示波器具有极慢的扫描速度。为了观测很宽频率范围的信号，就要求示波器的扫描速度能在很宽范围内调节。

2. 通用示波器的基本组成

通用示波器的基本组成除了包括阴极射线示波管在内的主机系统之外还有X系统（水平系统）、Y系统（垂直系统）。通用示波器的组成框图如图1.3.11所示。

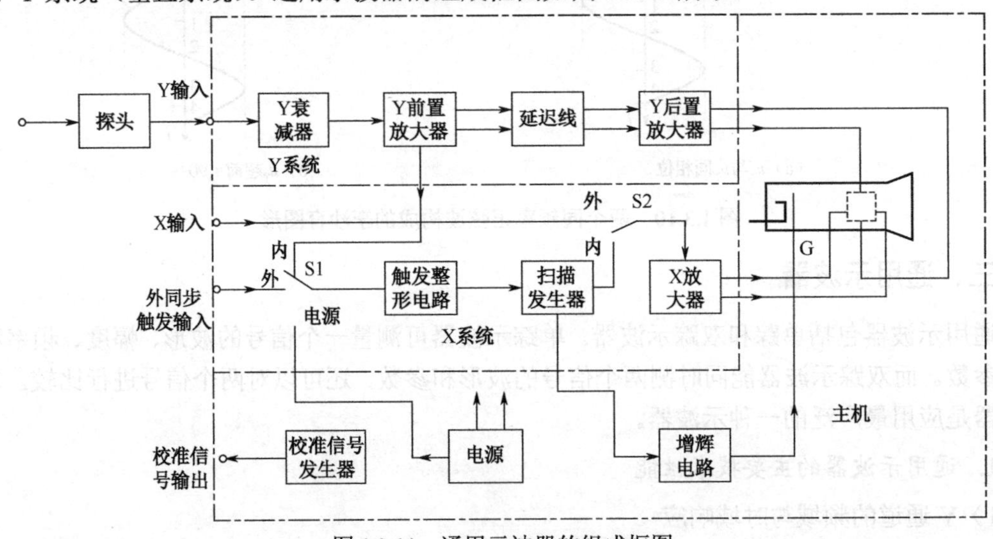

图1.3.11 通用示波器的组成框图

1）X系统（水平系统）

X系统由触发整形电路、扫描发生器及X放大器等组成。其作用是产生与被测信号同步的扫描锯齿波并加以放大，以驱动电子束进行水平扫描，显示稳定的波形。

2）Y系统（垂直系统）

Y系统由衰减器、放大器及延迟线等组成。其主要作用是放大、衰减被测信号电压，使之达到适当幅度，以驱动电子束作垂直偏转。

3）主机系统

主机系统主要包括示波管、显示电路、增辉电路、电源和校准信号发生器。电源电路将交流电变换成多种高、低压电源，以满足示波管及其他电路工作需要。显示电路给示波管的各电极加上一定数值的电压，使电子枪产生高速、聚束的电子流。校准信号发生器则提供幅度、周期都很精确的方波信号，用作校准示波器的有关性能指标。

3. 通用示波器的垂直系统（Y通道）

用示波器观测信号时，欲使荧光屏显示的波形尽量接近被测信号本身所具有的波形，则要求Y通道必须准确地再现输入信号。Y通道要探测被测信号，并对它进行不失真的衰减和放大，还要具有倒相作用，以便将被测信号对称地加到Y偏转板。另外，为了和X通道相配合，Y通道还应有延时功能，并能向X通道提供内触发源。据此，它必须具有如图1.3.12所示组成部分。

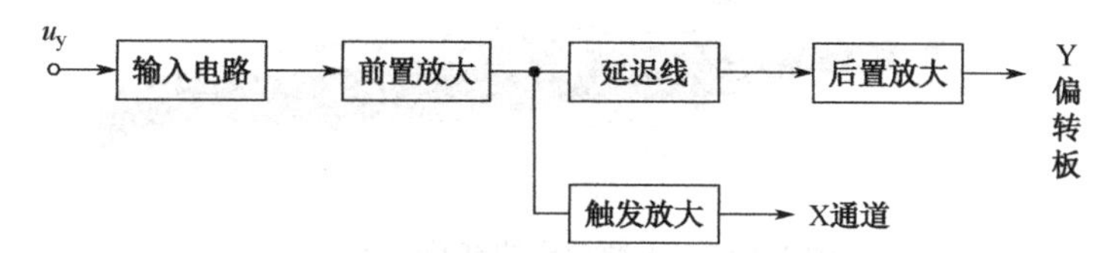

图1.3.12　Y通道的基本组成

1）输入电路

输入电路的基本作用是引入被测信号，并为前置放大器提供良好的工作条件。它在输入信号与前置放大器之间起着阻抗变换、电压变换的作用。

输入电路必须有适当的通频带、输入阻抗、较高的灵敏度、大的过载能力、适当的耦合方式，尽可能靠近被测信号源，一般采取平衡对称输出。

根据以上要求，输入电路组成框图如图1.3.13所示。

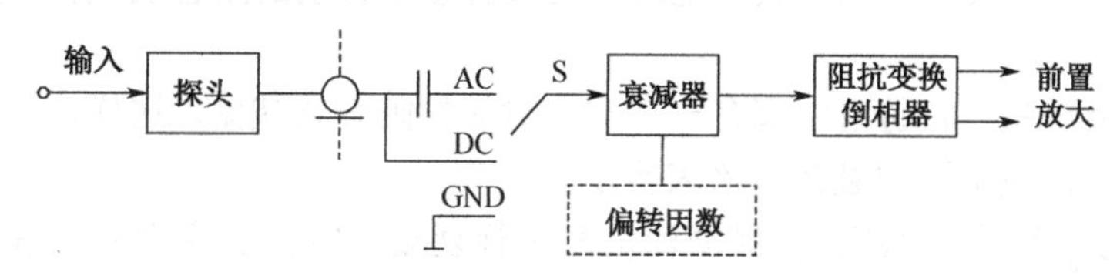

图1.3.13　输入电路方框图

（1）探头：探头的作用是便于直接探测被测信号，提供示波器的高输入阻抗，减小波形失真及展宽示波器的工作频带等。探头分有源探头及无源探头，这里只讨论无源探头。无源探头如图1.3.14所示。

无源探头由 R、C 组成，其中 C 是可变电容，调整 C 对频率变化的影响进行补偿，如图1.3.15所示。

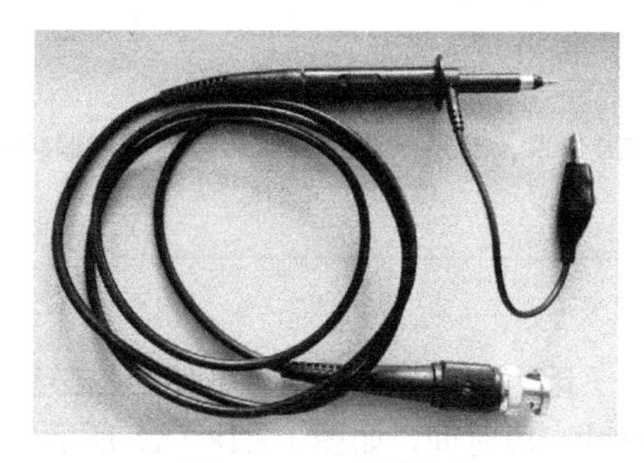

图1.3.14　无源探头

图1.3.15　无源探头的电容调整口

无源探头对信号的衰减系数一般有1和10两种，可根据被测信号大小进行选择，如图1.3.16所示。

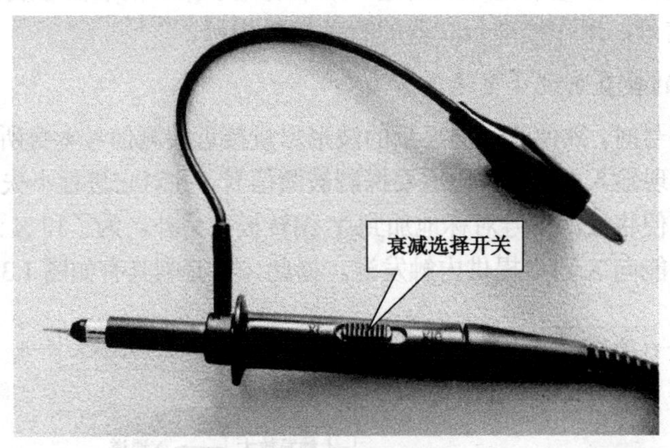

图 1.3.16　无源探头的衰减选择开头

（2）耦合方式选择开关：耦合方式选择开关有三个挡位：DC（直流耦合）、AC（交流耦合）、⊥（接地）。

将开关置于直流耦合位，信号可直接通过。在交流耦合位，信号必须经电容 C 耦合至衰减器，只有交流分量才可通过。若处于接地位，则可在不断开被测信号的情况下，为示波器提供接地参考电平。

（3）步进衰减器：步进衰减器的作用是在测量较大信号时，先经衰减再输入，使信号在Y通道传输时不至于因幅度过大而失真。电路采用具有频率补偿的阻容衰减器，其阻容衰减原理如图 1.3.17 所示。

对于不同的衰减量，Y 通道中都有一个与之对应的阻容衰减器，这样，当需要改变衰减量时，便由切换开关切换不同的衰减电路来实现。

电路中 R_1、R_2 主要对直流及低频交流信号进行衰减，C_1、C_2 主要对较高频率信号进行衰减。为了对同一信号中的不同频率分量进行相同的衰减，应满足

$$\frac{R_2}{R_1+R_2}=\frac{C_1}{C_1+C_2}$$

化简后得

$$R_1C_1=R_2C_2$$

此时分压电路的衰减量与信号频率无关，其值恒为 $\frac{R_2}{R_1+R_2}$。

注意

衰减开关的转换，在仪器面板上标注的不是衰减倍率，而是示波器的偏转因数（或偏转灵敏度）。

2）延迟线

延迟线电路能够无失真并有一定延迟地传送信号。因为在触发扫描时，开始扫描必须达到一定的触发电平，扫描开始的时间总是滞后于被测脉冲一段时间，如图 1.3.18（a）所示。Y 通道中插入延迟线的目的，就是为了补偿 X 通道中固有的时间延迟，使被测信号在时间上比扫描

信号稍迟一些到达偏转板。这样，就可从荧光屏上观察到被测信号的起始部分，以保证在屏幕上扫描出包括上升时间在内的脉冲全过程，如图 1.3.18（b）所示。

3）Y 通道中的放大电路

为了保证示波器的频带宽度，Y 通道放大器为宽带放大器，多采用带有高频补偿网络的多级差动反馈放大电路。它的基本任务是将被测信号不失真地放大到足够幅度，对称地加到 Y 偏偏板，使电子束在 Y 方向获得足够的偏转。另外，在 Y 放大器中还设有极性倒换、移位、寻迹等功能。

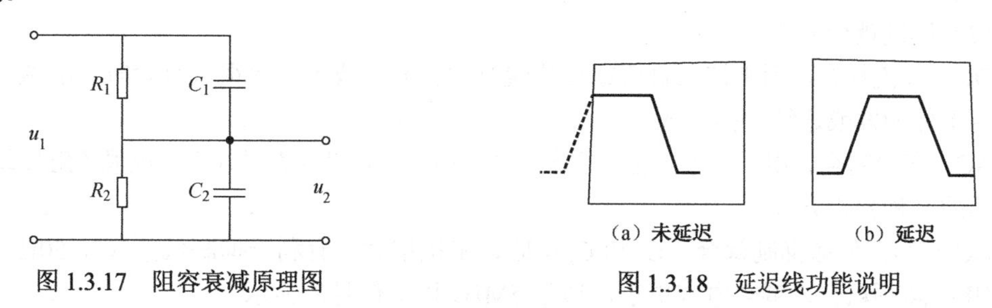

图 1.3.17　阻容衰减原理图　　图 1.3.18　延迟线功能说明

4）触发放大电路

设置此放大电路的目的，是使从延迟线之前引出的被测信号，先经过此电路加以放大，以便有足够幅度驱动触发整形电路。

4. 通用示波器的水平系统（X通道）

示波器 X 通道的主要任务是：产生并放大一个与时间呈现线性关系的锯齿波电压，该电压使电子束沿水平方向随时间线性偏移，形成时间基线；并且要能选择适当的触发或同步信号，并在此信号作用下产生稳定的扫描电压，以确保显示波形的稳定；还要能产生增辉或消隐信号，去控制示波器的 Z 轴通道。

为了完成上述功能，现代通用示波器的 X 通道最少包括如图 1.3.19 所示的触发整形电路、扫描发生器电路和 X 放大电路。

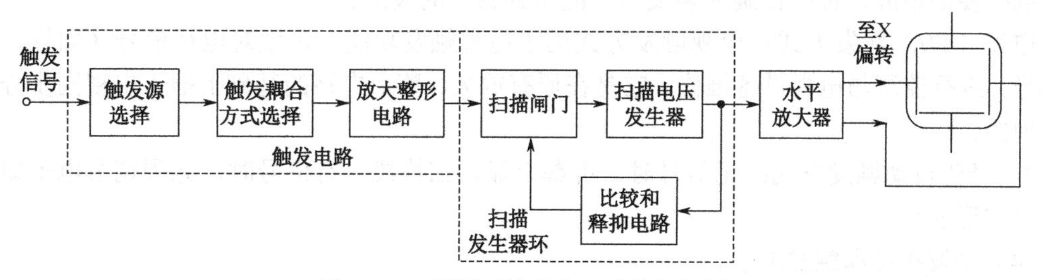

图 1.3.19　通用示波器水平系统方框图

1）触发整形电路

触发整形电路的任务是将不同来源、波形、幅度、极性及频率的触发源信号转变成具有一定幅度、宽度、陡峭度和极性的触发脉冲，去触发时基闸门以实现同步扫描。

触发整形电路的组成框图如图 1.3.20 所示。

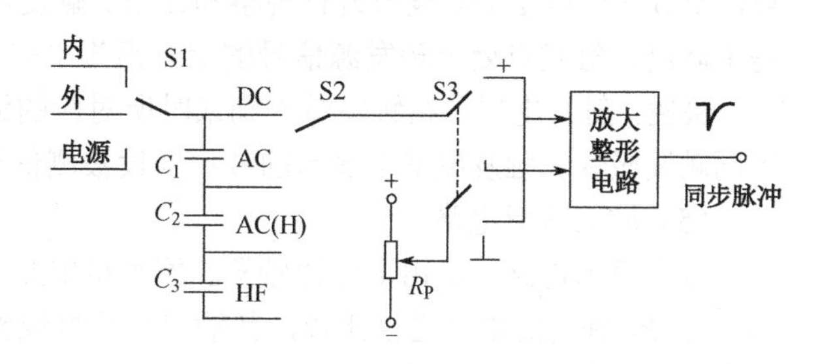

图 1.3.20　触发整形电路的原理框图

（1）触发源选择。

内触发：采用来自Y通道的被测信号作触发信号源。

外触发：采用由外触发输入端输入的外接信号触发扫描。当被测信号不适宜作触发信号源或为了比较两个信号的时间关系等用途时，外接一个与被测信号有严格同步关系的信号来触发扫描电路。

电源触发：采用市电降压以后的50Hz正弦波作触发信号源。在有些示波器上，也把电源作为内触发源的一种。

（2）触发耦合方式。

DC：直流耦合，用于接入直流或变化缓慢的信号，或者频率很低且含有直流成分的信号。一般用于外触发或连续扫描方式。

AC：交流耦合，用于观察由低频到较高频率的信号，“内”、“外”、“电源”触发均可使用，是常用的一种耦合方式。

AC（H）：低频抑制耦合，C_1和C_2串联，阻抗增大，有利于抑制低频（如50Hz）干扰。

HF：高频耦合，耦合电容更小，适于5MHz以上信号的显示。

（3）触发方式选择。

常态（NORM）触发方式：也称触发扫描方式，是指有触发源信号并产生了有效的触发脉冲时，扫描电路才能被触发，才能产生扫描锯齿波电压，荧光屏上才有扫描线。在常态触发方式下，如果没有触发源信号，或触发源信号为直流信号，或触发源信号幅值过小，都不会有触发脉冲输出，扫描电路也不会产生锯齿波电压，因而荧光屏上无扫描线。此时，无法知道扫描基线的位置，也不能正确判断有无正常触发脉冲。

自动（AUTO）触发方式：它是指在一段时间内没有触发脉冲时，扫描系统按“连续扫描”方式工作，此时扫描电路处于自激状态，有连续扫描锯齿波电压输出，荧光屏上显示出扫描线。当有触发脉冲信号时，扫描电路能自动返回“触发扫描”方式工作。在自动触发方式下，即使没有正常的触发脉冲，在荧光屏上也能看到被测信号的波形，只不过波形可能是不稳定的，需要采取必要的措施，进行正确地触发后才能得到稳定的波形。

电视（TV）触发方式：电视触发方式用于电视触发功能，以便对电视信号（如行、场同步信号）进行监测与电视设备维修。它是在原有放大、整形电路的基础上插入电视同步分离电路实现的。

峰-峰值自动触发方式：无信号时，屏幕上显示扫描线；有信号时，无须调节电平即能获得稳定波形显示。

（4）触发极性和触发电平。

触发极性和触发电平决定触发脉冲产生的时刻，并决定扫描的起点，即被显示信号的起始点，调节它们可便于对波形进行观察和比较。触发极性是指触发点位于触发源信号的上升沿还是下降沿。触发点处于触发源信号的上升沿为“+”极性，触发点处于触发源信号的下降沿为“-”极性。触发电平是指触发脉冲到来时所对应的触发放大器输出电压的瞬时值。图1.3.21为不同触发极性和触发电平下显示的波形（设被测信号为正弦波）。

（5）放大整形电路。

放大整形电路一般由电压比较器、施密特电路、微分及削波电路组成。电压比较器将触发信号与R_P确定的电平进行比较，其输出信号再经整形产生矩形脉冲，经微分、削波电路之后变为扫描发生器所要求的触发脉冲。

2）扫描发生器电路

扫描发生器电路产生线性变化的锯齿波扫描电压。为使显示的波形清晰稳定，要求扫描电压线性度好、频率稳定、幅度相等、且同步良好。根据测试要求，扫描时基因数应能调节。

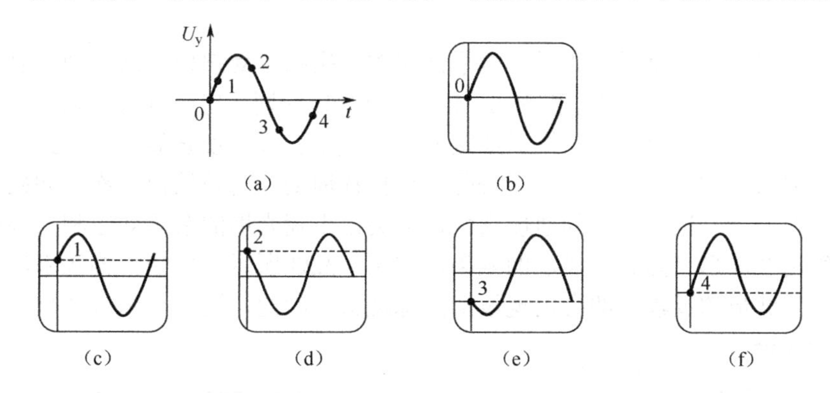

（a）被测正弦信号 （b）零电平正极性触发 （c）正电平、正极性

（d）正电平、负极性 （e）负电平、负极性 （f）负电平、正极性

图 1.3.21 不同的触发极性和触发电平时显示的波形

扫描发生器电路由时基闸门、扫描电压产生电路、电压比较电路及释抑电路组成，上述电路组成一个闭环，故也称扫描发生器环。

3）X 放大器

X 放大器的作用主要是放大扫描电压，使电子束在水平方向获得足够偏转，同时还兼设扩展扫速、水平位移、寻迹等功能。当示波器工作于 X-Y 方式时，X 放大器则作为 X 外接输入信号的传输通道。

四、多波形显示

所谓多波形显示，就是在同一台示波器上“同时”显示多个既相关又相互独立的被测信号波形。多波形显示中最常见的是双波显示，常用的是双踪示波器。

双踪示波器使用单束示波管，利用 Y 轴电子开关，采用时间分割的方法轮流地将两个信号接至同一垂直偏转板，实现双踪显示。

双踪示波器仍属通用示波器，但较之一般的单踪示波器，其不同之处在于：在 Y 通道中多设一个前置放大器、两个门电路和一个电子开关。图 1.3.22 是双踪示波器的简化结构图。

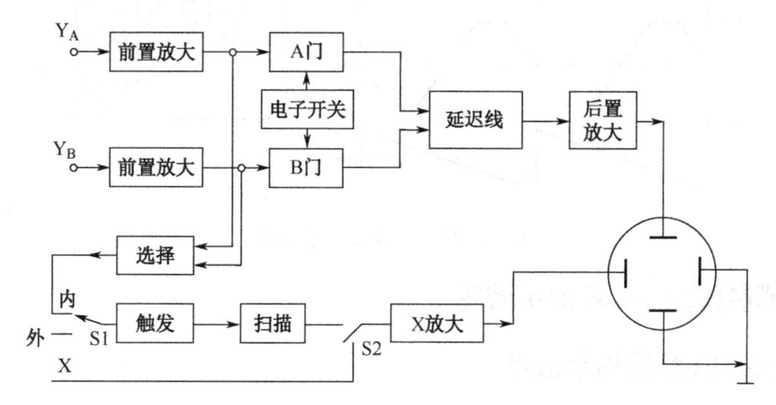

图 1.3.22 双踪示波器的简化结构图

双踪示波器的显示方式有五种：Y_A、Y_B、$Y_A \pm Y_B$、交替和断续。前三种均为单踪显示，Y_A、Y_B与普通示波器相同，只有一个信号；$Y_A \pm Y_B$显示的波形为两个信号的和或差。

交替和断续是两种双踪显示方式，下面将重点讨论这两种显示方式。

1）交替

双踪示波器工作于此显示方式时，电子开关的转换频率受扫描电路控制，以一个扫描周期为间隔，电子开关轮流接通 Y_A 和 Y_B。如第一个扫描周期，电子开关接通 Y_A 的信号 u_A，使它显示在荧光屏上，则第二个扫描周期接通 Y_B 的信号 u_B，使它显示在荧光屏上。第三个扫描周期再接通 Y_A，显示 u_A……。即每隔一个扫描周期，交替轮换一次，如此反复。若扫描频率较高，两个信号轮流显示的速度很快，便会由于荧光屏的余晖效应和人眼的视觉滞留效应，而获得两个波形“同时”显示的效果，如图 1.3.23 所示。但当扫描频率较低时，就可能看到交替显示波形的过程，即会出现波形闪烁现象。因此，这种显示方式只适用于被测信号频率较高的场合。

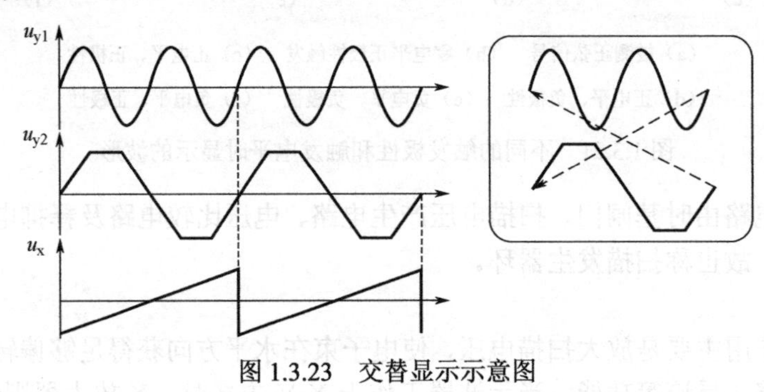

图 1.3.23　交替显示示意图

2）断续

在此种显示方式下，示波器的电子开关工作在自激振荡状态（不受扫描电路控制），将两个被测信号分成很多小段轮流显示，如图 1.3.24 所示。由于转换频率比被测信号频率高得多，间断的亮点靠得很近，人眼看到的波形好像是连续波形。如被测信号频率较高或脉冲信号的宽度较窄时，则信号的断续现象就较显著，即波形出现断裂现象。因此，这种显示方式只适用于被测信号频率较低的场合。

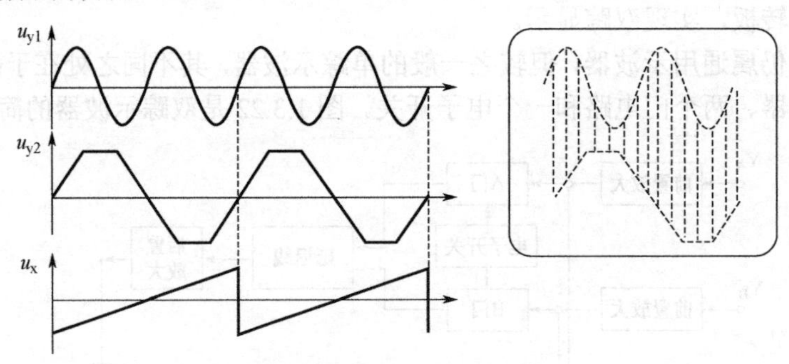

图 1.3.24　断续显示示意图

1.3.2　测量仪器 1：模拟示波器

一、LM8020A 型通用示波器

LM8020A 型通用示波器具有以下特点：交替扫描功能可以同时观察扫描扩展波形和未被

扩展的波形，实现双踪四线显示；峰值自动同步功能可在多数情况下无需调节触发电平旋钮就可获得同步的稳定波形；释抑控制功能可以方便地观察多重复周期的复杂波形；具有电视信号同步功能；交替触发功能可以观察两个频率不相关的信号波形。LM8020A 型通用示波器如图 1.3.25 所示。

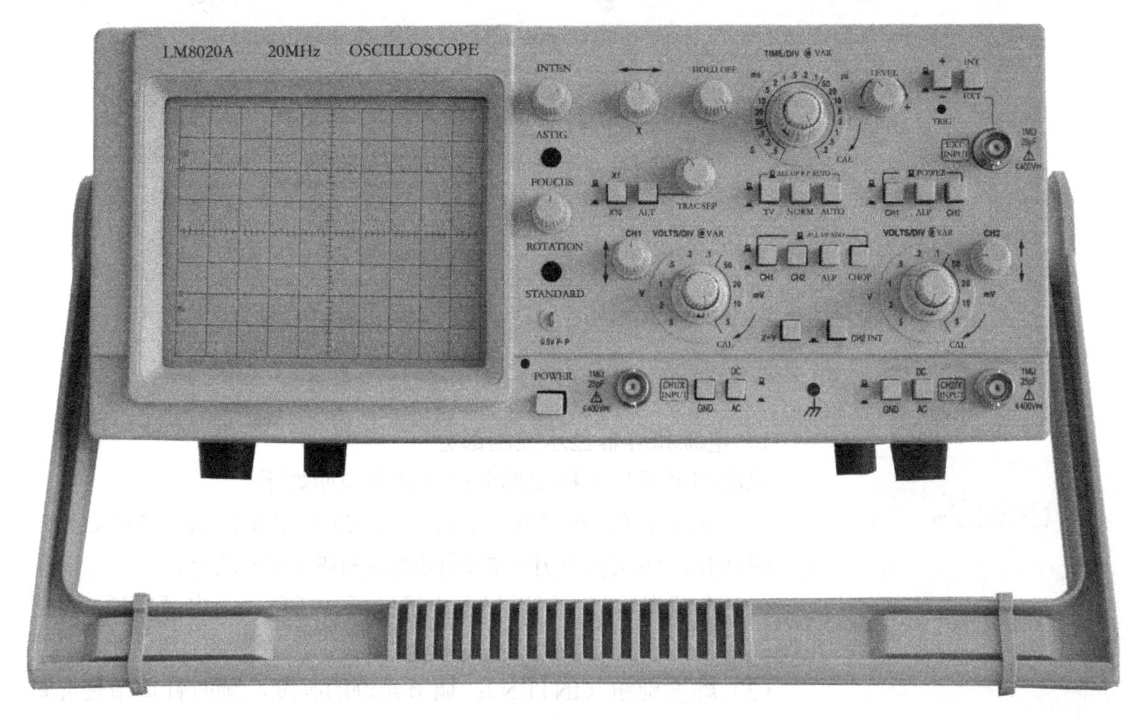

图 1.3.25　LM8020A 型通用示波器

1. 主要技术指标

LM8020A 型示波器主要技术指标见表 1.3.1。

表 1.3.1　LM8020A 型示波器主要技术指标

项　　目	内　　容
1. 垂直工作方式	CH1、CH2、交替、断续、ADD
2. 频带宽度	DC：0～20MHZ
3. 上升时间	17.5ns
4. 扫描偏转系数	0.5s/div～0.2μs/div（×10 可达 20ns/div）
5. 垂直偏转系数	50ns/div～0.2s/div 按 1，2，5 顺序分 20 挡
6. 触发方式	内、外、交替、电源、TV、锁定
7. 精度	±3%

2. 前面板装置及操作说明

LM8020A 型电子示波器前面板如图 1.3.26 所示，大致可以分为电源和显示、垂直偏转、水平偏转、触发选择四大部分。下面就这四个部分，将其具体控件及操作方法介绍如下。

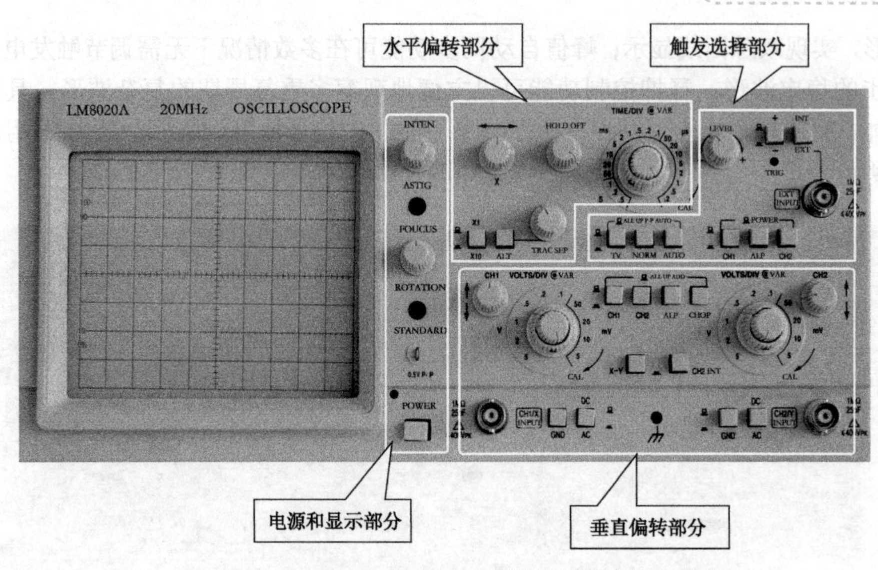

图 1.3.26　LM8020A 型电子示波器前面板控制装置图

1）电源和屏幕显示控制部分

图 1.3.27　辉度旋钮

电源和屏幕显示控制部分控件调整说明如下。

（1）电源开关：按键开关。按下（ON）使电源接通；弹起（OFF）使电源断开。两次按下开头的时间最好间隔 1min 以上。

（2）电源指示灯：用以指示电源通断，灯亮表示电源接通，反之电源断。

（3）辉度旋钮（INTEN）：调节光迹的亮度，顺时针调节使光迹变亮，反时针调节，使光迹变暗，直到熄灭。辉度调节旋钮如图 1.3.27 所示。

图 1.3.28 所示分别为光迹过暗和光迹过亮时的情形，调整要求以能看到清楚为佳，过亮对屏幕会有损害。

光迹过暗

光迹过亮

图 1.3.28　　辉度

（4）聚焦旋钮：用以调节光迹的清晰度。

辅助聚焦（ASTIG）：与“聚焦”（FOUCUS）旋钮配合调节，提高光迹的清晰度。聚焦旋钮和辅助聚焦如图 1.3.29 所示。

图 1.3.29　聚焦旋钮和辅助聚焦

图 1.3.30 所示分别为聚焦前和聚焦后的情形，调整要求是能保证测量值的准确性。

（5）光迹旋转（ROTATION）：调节扫描线使之绕屏幕中心旋转，达到与水平刻度线平行的目的。当扫描线发生倾斜时，如图 1.3.31（a）所示，就需要进行调整。调整方法见图 1.3.31（b），可以用小一字槽螺钉旋具进行微调。

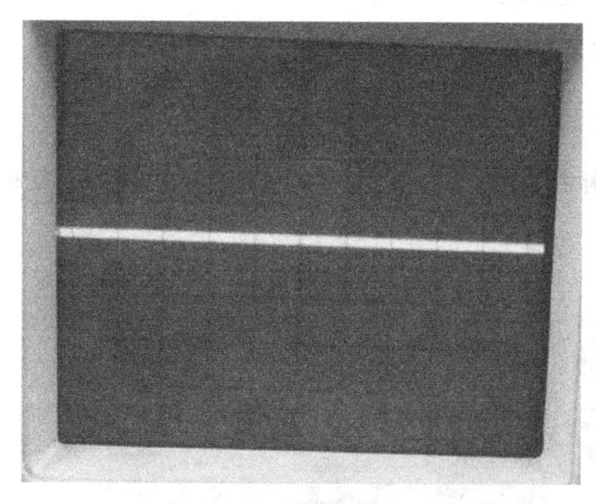

聚焦前

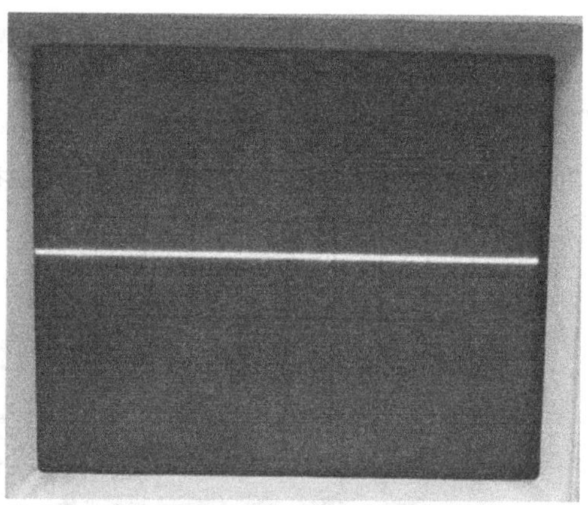

聚焦后

图 1.3.30　聚焦

（6）校准信号（STANDARD）：仪器内部提供大小为 0.5Vp-p、频率为 1kHz 的方波信号，用于校正 10 : 1 探极的补偿电容器和检测示波器垂直与水平的偏转因数。校准信号如图 1.3.32 所示。

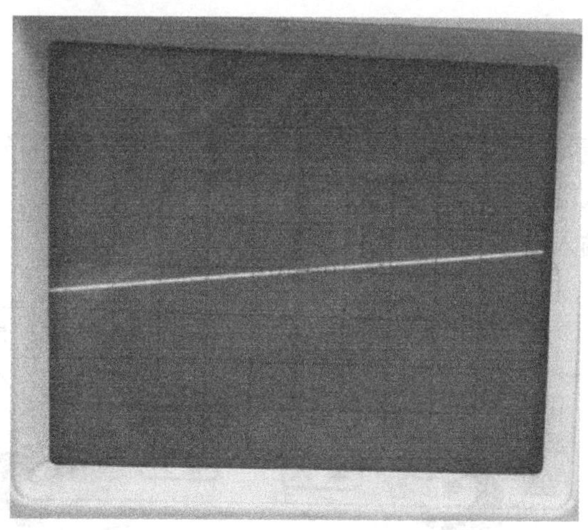

（a）扫描线发生倾斜

图 1.3.31　光迹旋转

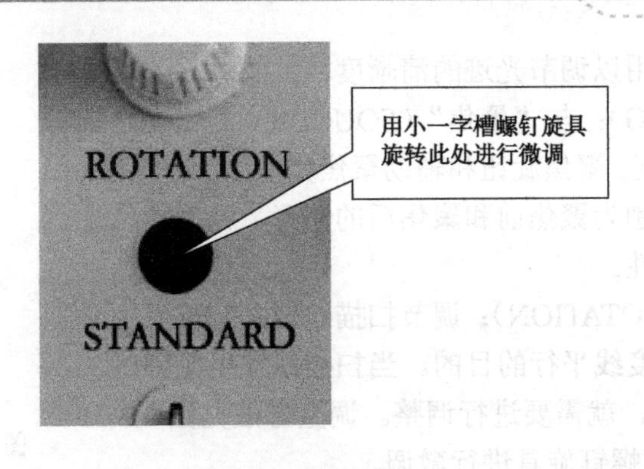

（b）光迹旋转调节

图 1.3.31　光迹旋转（续）

注意

若方波形状不标准，则需调整线缆校准补偿；若波形参数不标准，刚需调节垂直微调旋钮和水平微调旋钮来补偿。

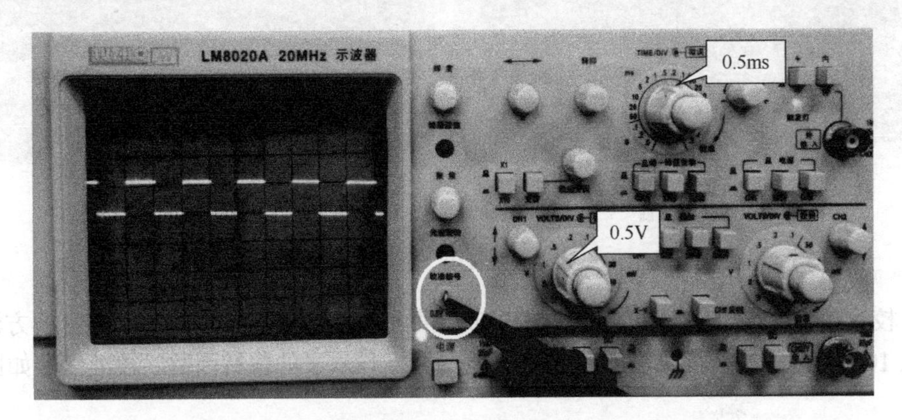

图 1.3.32　校准信号

2）垂直偏转部分

LM8020A 型通用示波器的垂直偏转有两个部分，垂直偏转部分控件调整说明如下。

（1）垂直通道输入端子。

两个垂直通道的输入端子如图 1.3.33 所示。

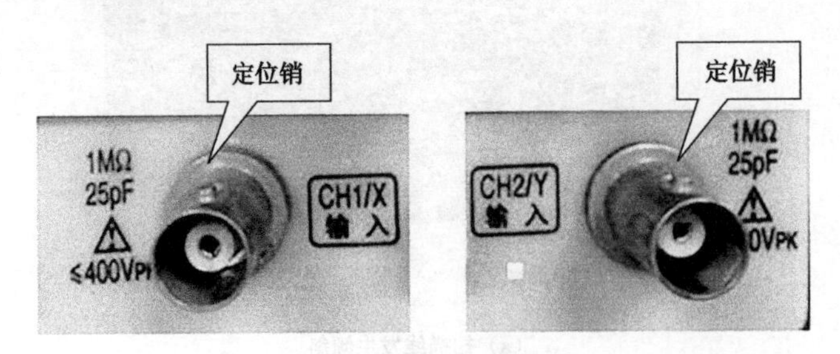

图 1.3.33　垂直通道输入端子

CH1/X 插座：信号输入端，测量波形时为通道 1 信号输入端；X-Y 工作时为 X 信号输入端。输入电阻≥1MΩ，输入电容≤25pF，输入信号≤400V。

CH2/Y 插座：信号输入端，测量波形时为通道 2 信号输入端；X-Y 工作时为 Y 信号输入端。输入电阻≥1MΩ，输入电容≤25pF，输入信号≤400V。

注意

连接时将测试电缆的槽口对准定位销后，顺时针转动 90° 卡紧，撤除电缆时要逆时针转动 90°，不能生拉硬拽。

（2）输入耦合选择按键：用以选择被测信号输入垂直通道的耦合方式，输入耦合选择按键如图 1.3.34 所示。

“GND”（接地）：GND 键按下时，通道输入端接地（输入信号断开），用于确定输入为零时光迹所处位置。当 GND 键弹起时可选择输入耦合方式。

DC（直流）耦合：此时“耦合”键弹起，适用于观察包含直流成分的被测信号，如信号的逻辑电平和静态信号的直流电平；当被测信号的频率很低时，也必须采用这种方式。

AC（交流）耦合：此时“耦合”键按下，信号中的直流分量被隔断，用于观察信号的交流分量，如观察较高直流电平上的小信号。

注意

调整时要弄清楚测量对象，选择合适的挡位。

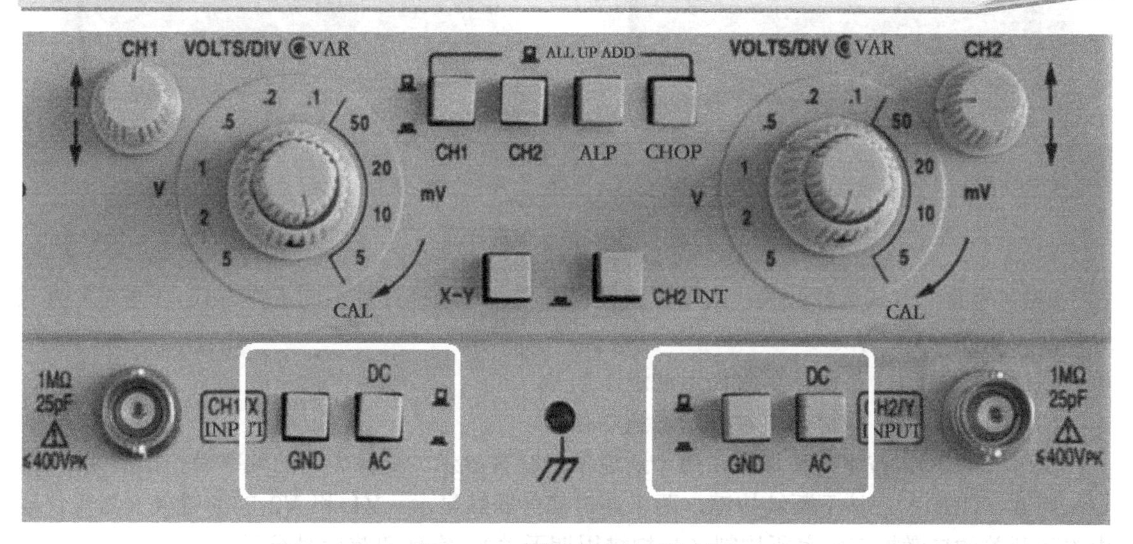

图 1.3.34　输入耦合选择按键

（3）CH1 移位/CH2 移位旋钮：调节 CH1（通道 1）/CH2（通道 2）光迹在屏幕上的垂直位置，顺时针调节使光迹上移，逆时针调节则使光迹下移。CH1 移位/CH2 移位旋钮如图 1.3.35 所示。

波形过高、过低都会影响波形的完整性，甚至会使波形偏离屏幕，如图 1.3.36 所示。

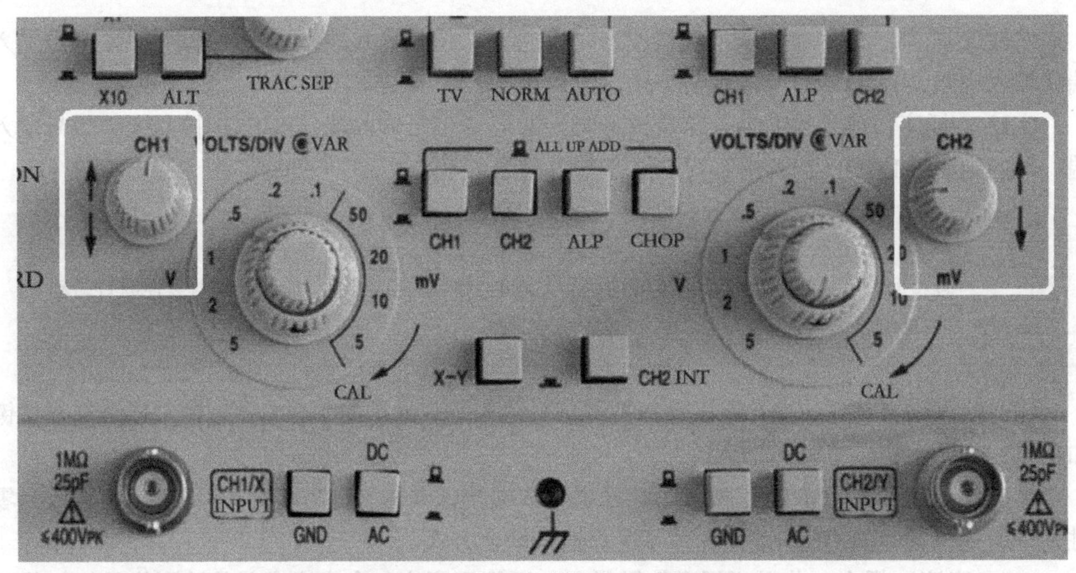

图 1.3.35　CH1 移位/CH2 移位旋钮

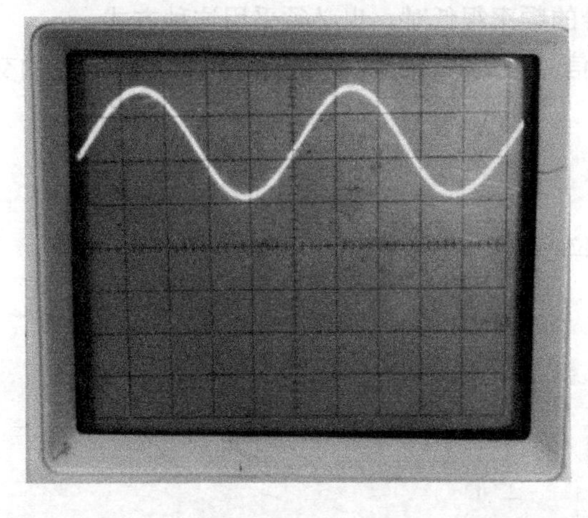

（a）波形过高

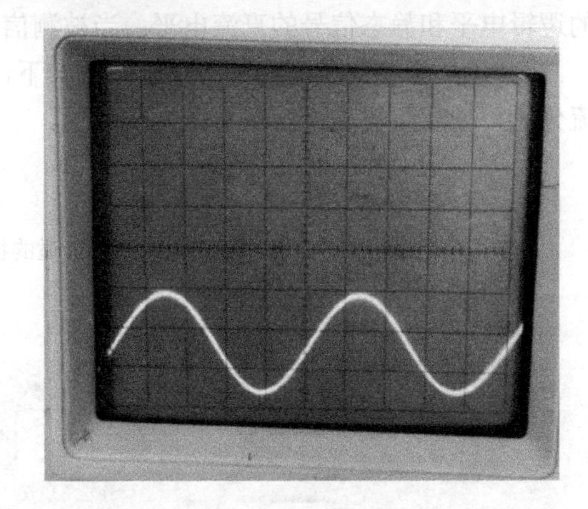

（b）波形过低

图 1.3.36　波形偏离屏幕

（4）（垂直）方式选择开关：四个互锁按键开关，可选择五种不同工作方式。（垂直）方式选择开关如图 1.3.37 所示。

CH1：按下 CH1 按键，单独显示通道 1 信号。

CH2：按下 CH2 按键，单独显示通道 2 信号。

交替（ALP）：按下交替按键，两个通道信号交替显示。交替显示的频率受扫描周期控制。

断续（CHOP）：按下断续按键，两个通道信号断续显示。Y1 和 Y2 的前置放大器受仪器内电子开关的自激振荡频率所控制（与扫描周期无关），实现双踪信号显示。

叠加（ADD）：四个按键全部弹起为此方式，用以显示两个通道信号的代数和。当“CH2 反相”开关弹起时为“CH1+CH2”，“CH2 反相”开关按下时为“CH1−CH2”。

（5）CH2 反相开关（CH2 INT）：按键开关，为 CH2 反相开关，在叠加方式时，使 CH1−CH2 或 CH1+CH2。此开关按下时使 CH1−CH2，弹起时为 CH1+CH2。CH2 反相开关如图 1.3.38 所示。

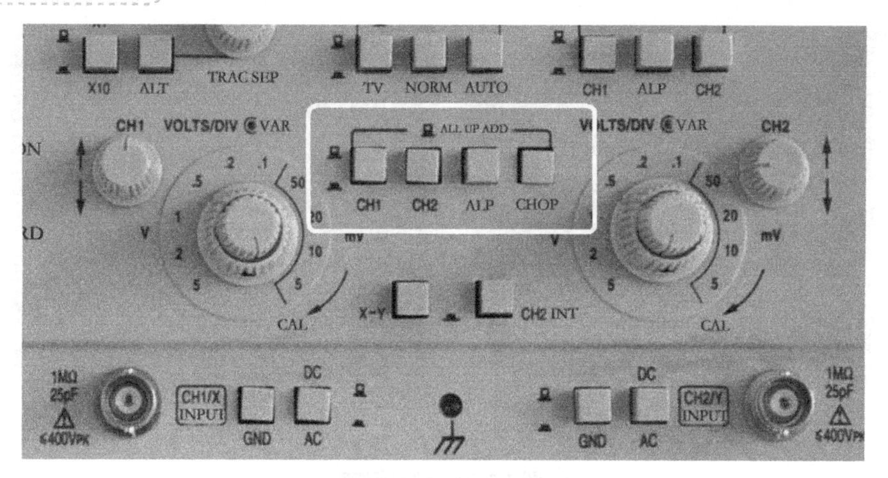

图 1.3.37　（垂直）方式选择开关

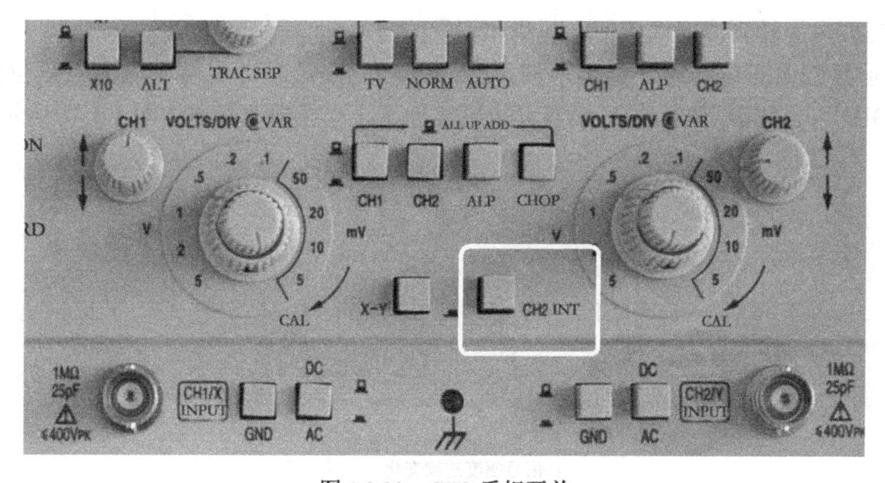

图 1.3.38　CH2 反相开关

（6）垂直衰减（VOLTS/DIV）开关：调节垂直偏转灵敏度，调节范围为 5mV/DIV～5V/DIV 按 1、2、5 顺序分 10 挡，按需求步进式调节屏幕上波形的幅度。垂直衰减（VOLTS/DIV）开关如图 1.3.39 所示。

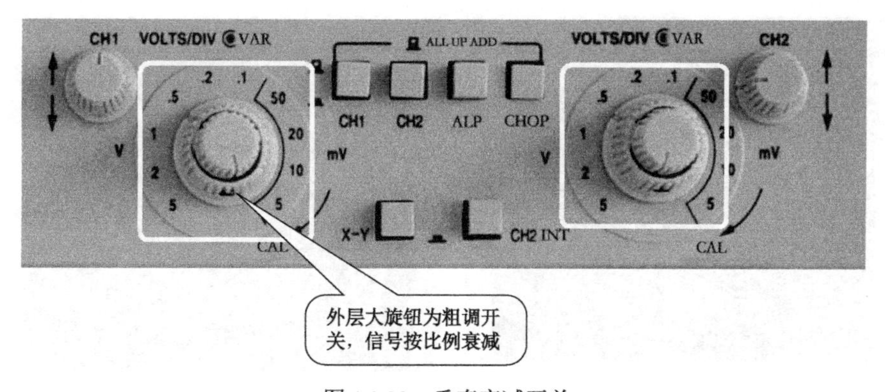

图 1.3.39　垂直衰减开关

对于同样的被测信号，选择的挡位值越高，波形的幅度就越小。波形幅度过大或过小都会影响对信号的观测，如图 1.3.40 所示。

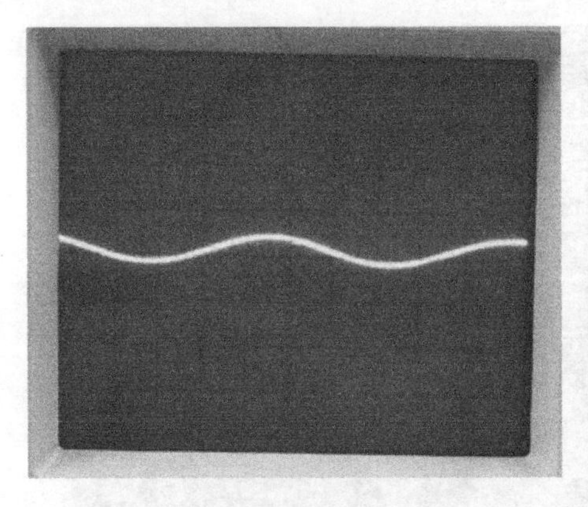

波形幅度过小

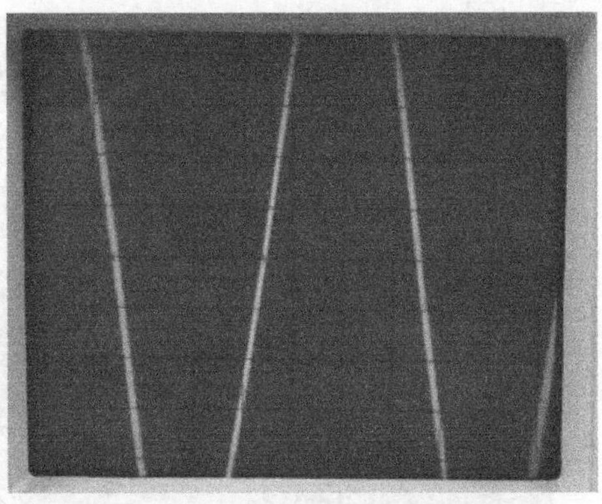

波形幅度过大

图 1.3.40 波形幅度

调整时要求旋转到波形幅值便于观测和测量的挡位。

（7）垂直微调旋钮：可连续调节波形显示的幅度，顺时针旋转到底为校正位置，此时“VOLTS/DIV”开关指示值就是 Y 偏转灵敏度实际值。垂直微调旋钮如图 1.3.41 所示。

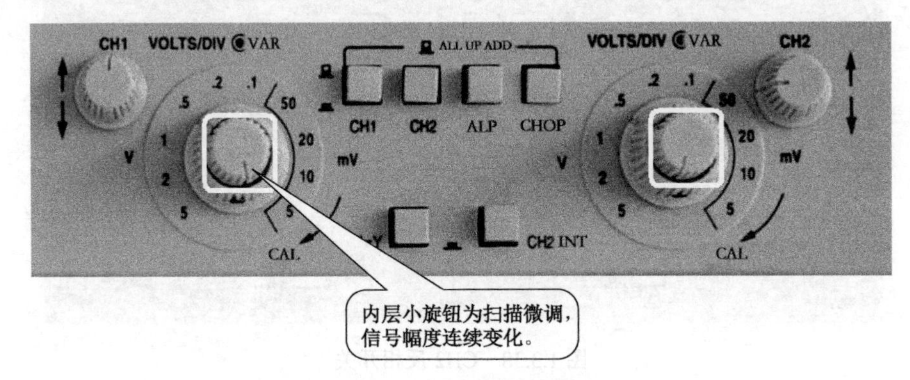

图 1.3.41 垂直微调旋钮

由图 1.3.42 可见，将垂直微调旋钮逆时针旋转到底和顺时针旋转到底时，信号波形的幅度发生很大的变化，微调调节范围大于 2.5：1。

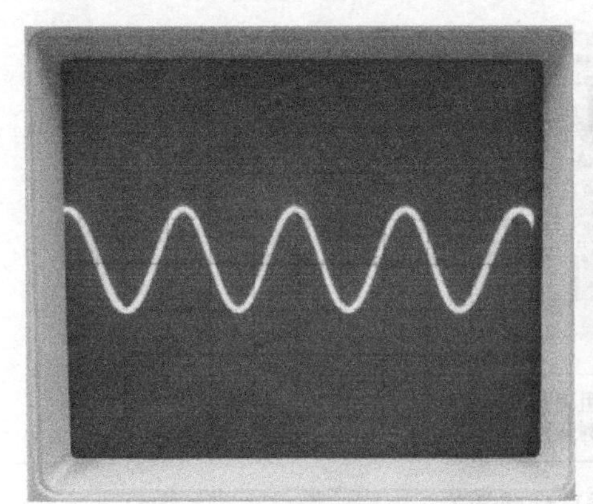

垂直微调旋钮逆时针旋转到底

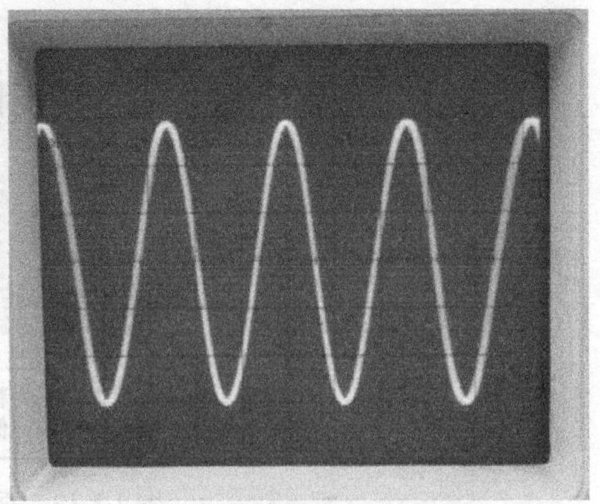

垂直微调旋钮顺时针旋转到底

图 1.3.42 垂直微调旋钮调节

注意

在对电压大小作定量测量时，应将微调旋钮顺时针旋到底，即置于“校正”位置，否则会产生较大的误差。

（8）X-Y 方式开关：按键开关，用以选择 X-Y 工作方式。X-Y 方式按键开关如图 1.3.43 所示。

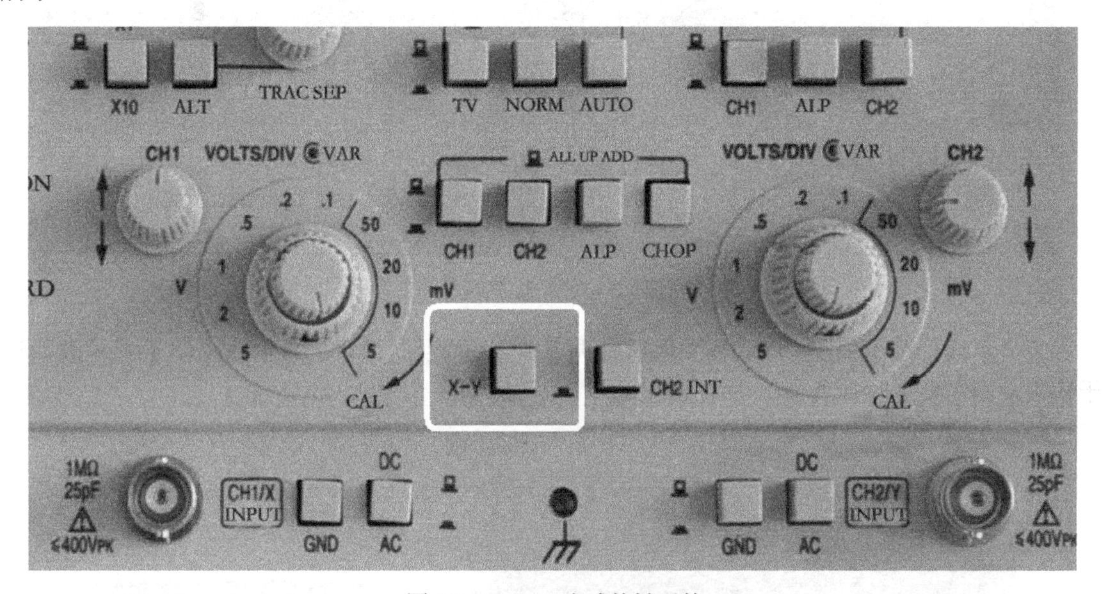

图 1.3.43 X-Y 方式按键开关

（9）接地：与机壳相连的接地点，如图 1.3.44 所示。

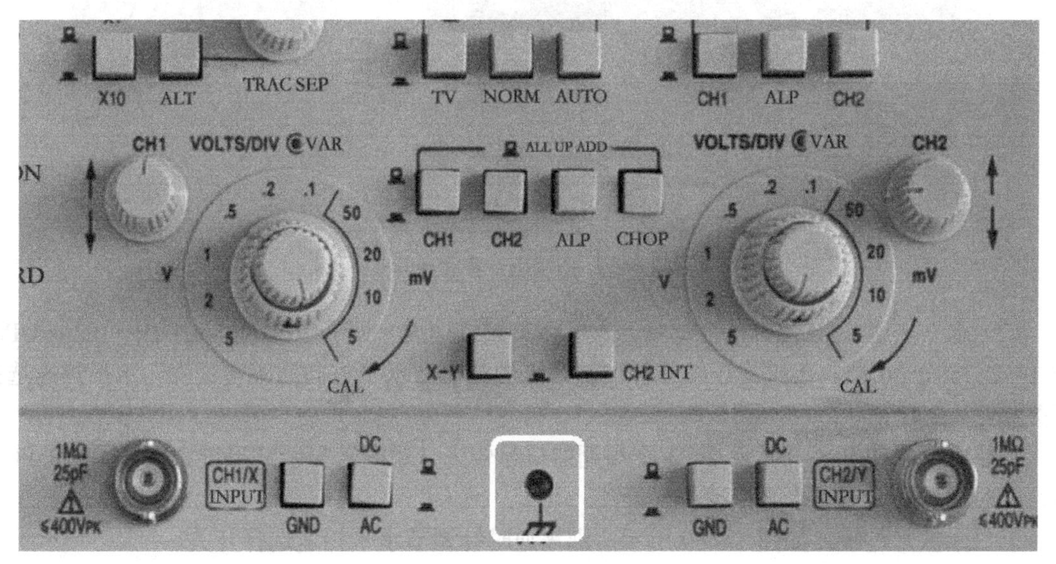

图 1.3.44 接地点

3）水平偏转部分

水平偏转部分控件调整说明如下。

（1）X移位旋钮：调节光迹在屏幕上的水平位置，顺时针调节光迹右移，反之则左移。要求将波形调整至屏幕中央。X移位旋钮如图1.3.45所示。

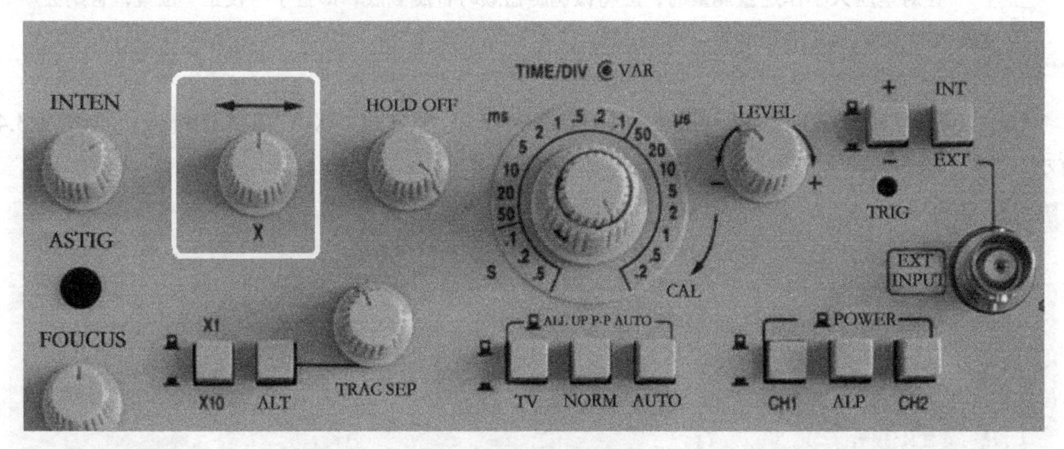

图1.3.45　X移位旋钮

若显示波形过于偏左，此时需要顺时针调节X移位旋钮，如图1.3.46所示。若显示波形过于偏右，则需要逆时针调节X移位旋钮。

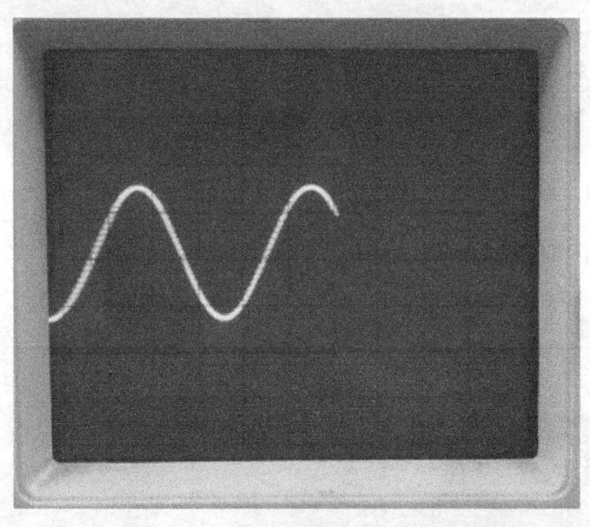

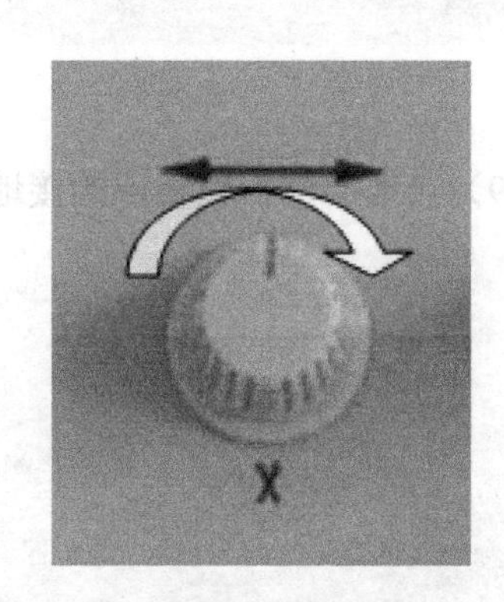

图1.3.46　波形偏左及调节方法

（2）水平扫速（TIME/DIV）选择开关：调节扫描速度，调节范围为0.5s/DIV～0.2μs/DIV，按1、2、5分20挡。步进式压缩或扩展屏幕上的波形在水平方向的疏密程度。水平扫速选择开关如图1.3.47所示。

调整时要求使屏幕上显示2～3个周期的信号较为合适。若显示波形过密，如图1.3.48所示，此时需顺时针调节水平扫速选择开关。

若显示波形过疏，如图1.3.49所示，则需逆时针调节水平扫速选择开关。

（3）水平微调旋钮：连续调节扫描速度，顺时针旋转到底为校正位置，此时“TIME /DIV”的指示值为扫描速度的实际值，在对时间进行测量时水平微调旋钮应置于“校正”位。水平微调旋钮如图1.3.50所示。

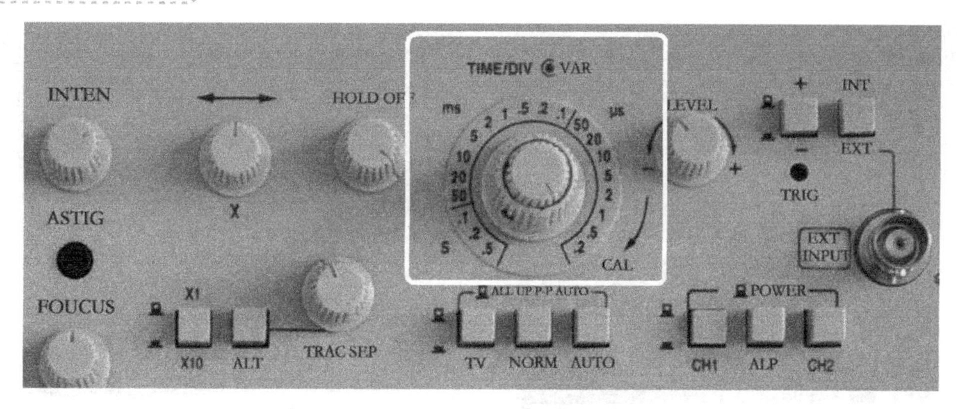

图 1.3.47 水平扫速选择开关

图 1.3.48 波形过密

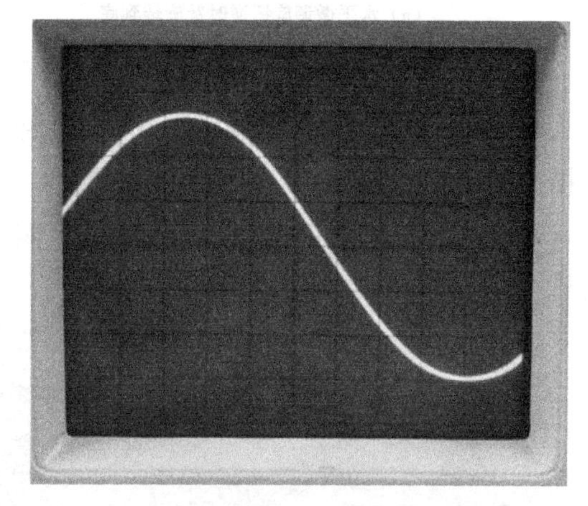

图 1.3.49 波形过疏

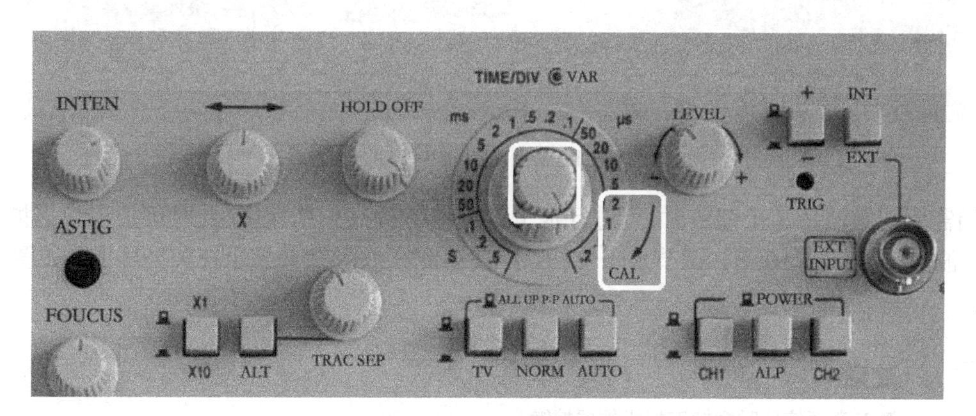

图 1.3.50 水平微调旋钮

由图 1.3.51 可见，将水平微调旋钮逆时针旋转到底和顺时针旋转到底时，信号波形在水平轴方向的距离发生很大的变化，微调调节范围大于 2.5：1。

注意

在测量信号的周期和频率时，一定要将其顺时针旋转到底。根据开关的示值和波形在水平轴方向的距离即可读出被测信号的时间参数。

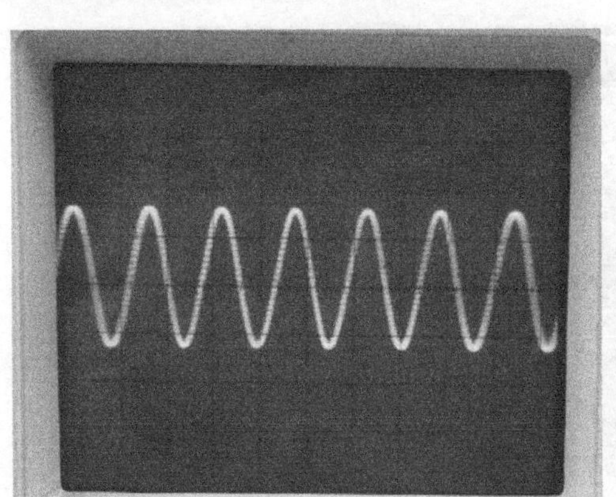

（a）水平微调旋钮逆时针旋转到底

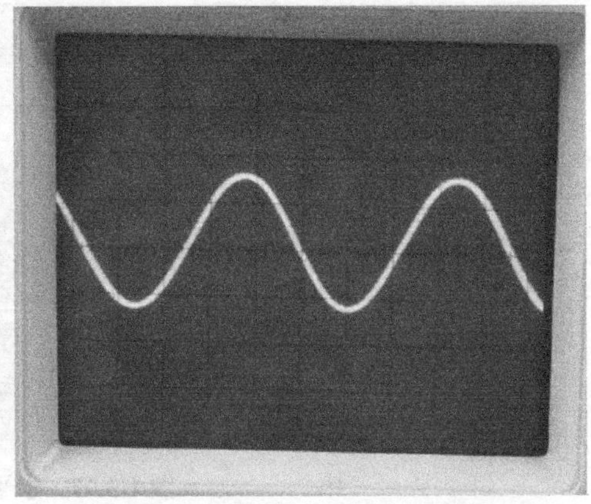

（b）水平微调旋钮顺时针旋转到底

图 1.3.51　水平微调旋钮调节

（4）扫描扩展开关：按键开关，按键弹起时扫速正常（×1）；按下时扫速提高 10 倍（×10）。扫描扩展开关如图 1.3.52 所示。

图 1.3.52　扫描扩展开关

当需要观察波形某个细节时，可进行水平扩展×10，提高扫描速度。此时可按下扫描扩展×10 按键，波形就被扩展 10 倍，调节水平位移，可使欲观察波形细节显示在荧光屏上，如图 1.3.53 所示。

注意

测量高频信号时需按下扫描扩展按键。

（5）交替扫描扩展开关（ALT）：按键开关，按键弹起时波形正常显示（常态）；按下时屏幕上“同时”显示扩展后的波形和未被扩展的波形（交替）。交替扫描扩展开关如图 1.3.54 所示。

（6）轨迹分离旋钮（TRAC SEP）：交替扫描扩展时，轨迹分离旋钮可调节扩展前、后两波形的相对距离。轨迹分离旋钮如图 1.3.55 所示。

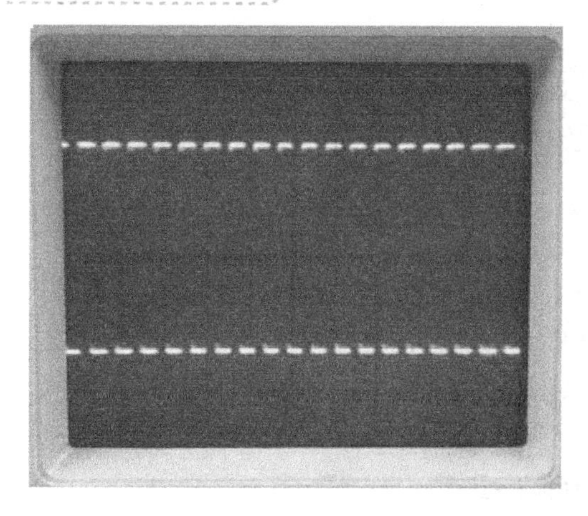

扫描扩展开关弹起时

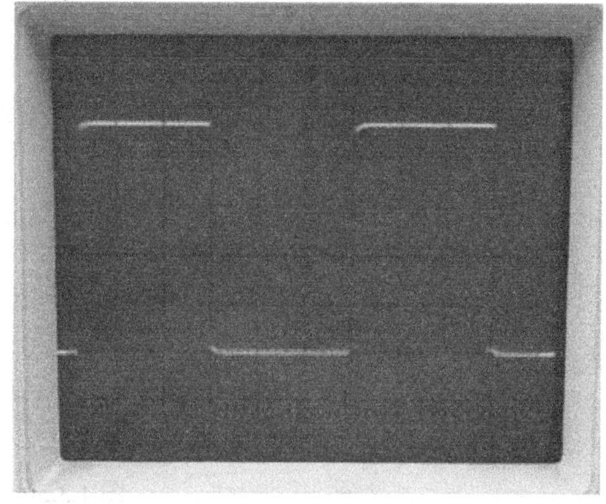

扫描扩展开关按下后

图 1.3.53 扫描扩展开关

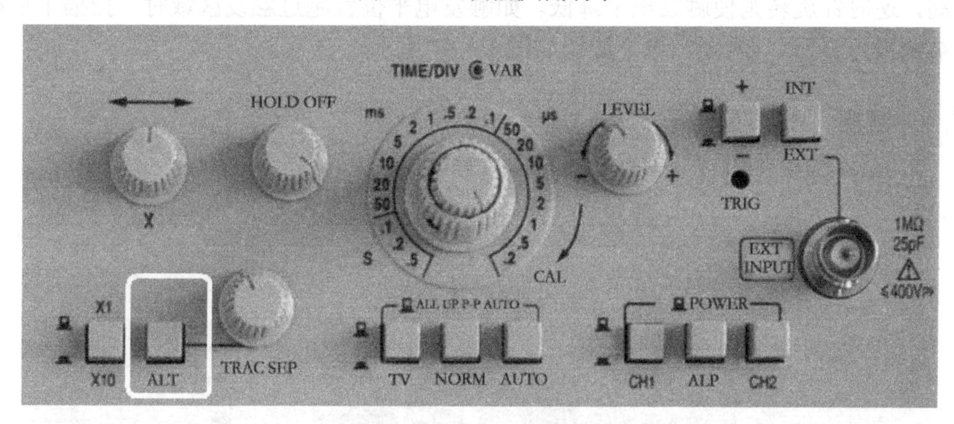

图 1.3.54 交替扫描扩展开关

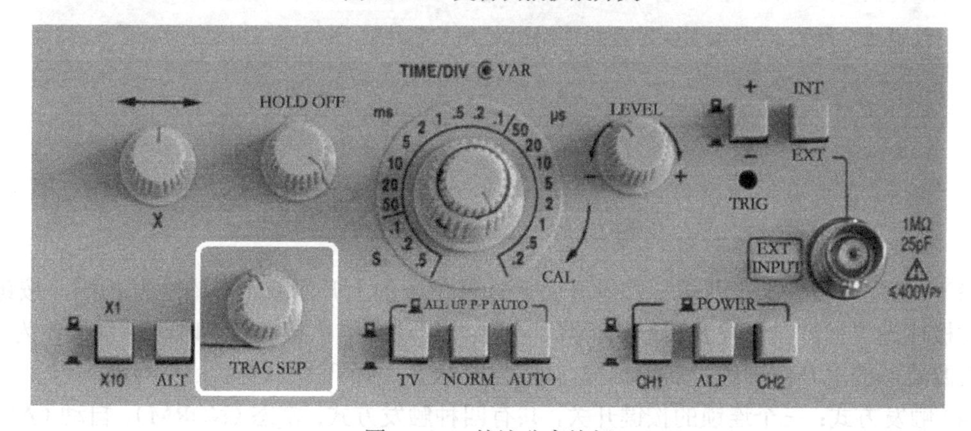

图 1.3.55 轨迹分离旋钮

（7）释抑旋钮（HOLD OFF）：用以改变扫描的休止时间，以同步多周期复杂波形。释抑旋钮如图 1.3.56 所示。

4）触发选择部分

触发选择部分控件调整说明如下。

（1）触发灯：在触发同步时，指示灯亮。

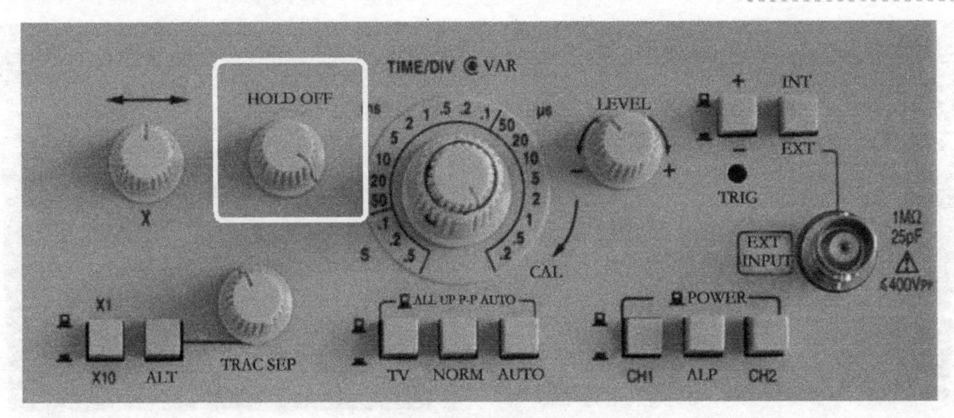

图 1.3.56　释抑旋钮

（2）（触发）电平旋钮（LEVEL）：调节被测信号在某一电平触发扫描。顺时针旋转使触发电平提高，逆时针旋转则使触发电平降低。如触发电平位置越过触发区域时，扫描不启动，屏幕上无被测波形显示。（触发）电平旋钮如图 1.3.57 所示。

注意

操作时慢慢调整旋钮使波形稳定地显示在屏幕上。

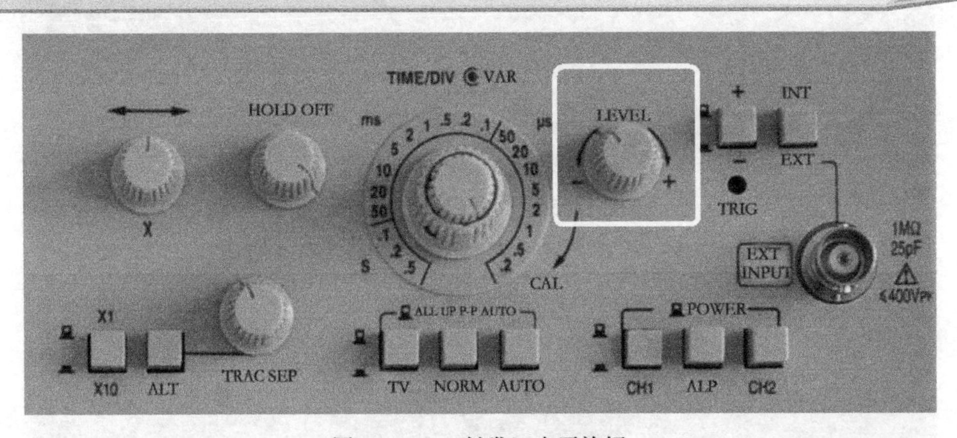

图 1.3.57　（触发）电平旋钮

（3）（触发）极性选择开关：按键开关。选择信号的上升沿或下降沿触发扫描，按键按下时触发极性为“-”，在触发源波形的下降部分触发启动扫描；按键弹起时，触发极性为“+”，在触发源波形的上升部分触发启动扫描。（触发）极性选择开关如图 1.3.58 所示。

（4）触发方式：三个连锁的按键开关，共有四种触发方式：常态（NORM）、自动（AUTO）、电视（TV）、峰值自动（P-P AUTO）。触发方式选择按键如图 1.3.59 所示。

常态：按下常态键。无信号时，屏幕上无显示；有信号时，与电平控制配合显示稳定波形。

自动：按下自动键。无信号时，屏幕上显示扫描线；有信号时，与电平控制配合显示稳定波形。调整时一般都放在“自动”上。

电视：按下电视键，用于显示电视场信号。

峰值自动：几个按键全部弹起为此触发方式。无信号时，屏幕上显示扫描线；有信号时，无须调节电平即能获得稳定波形显示。

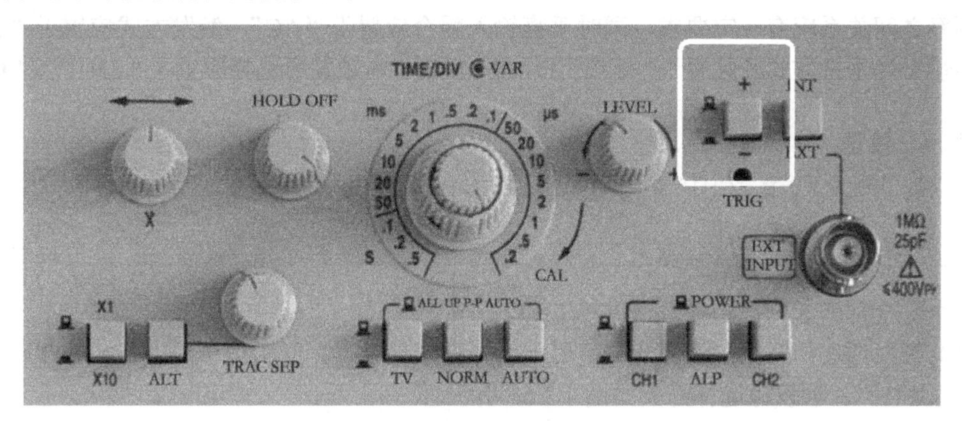

图 1.3.58 （触发）极性选择开关

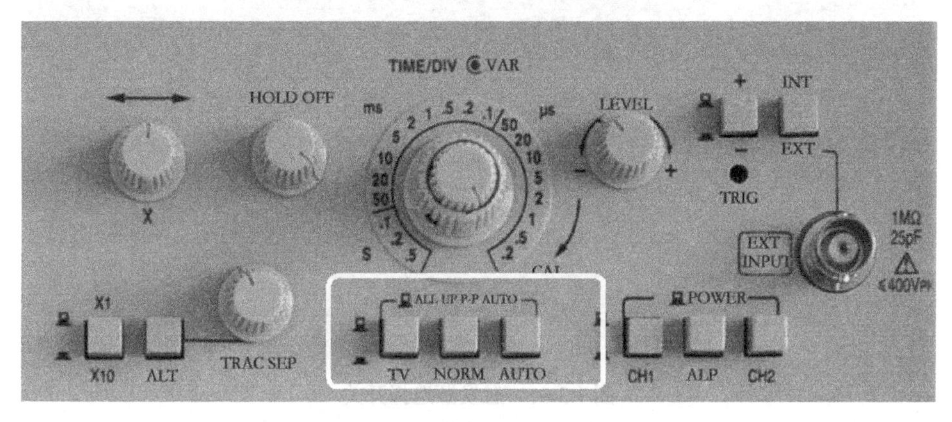

图 1.3.59 触发方式选择按键

（5）内触发源：三个互锁的按键开关。内触发源选择按键如图 1.3.60 所示。

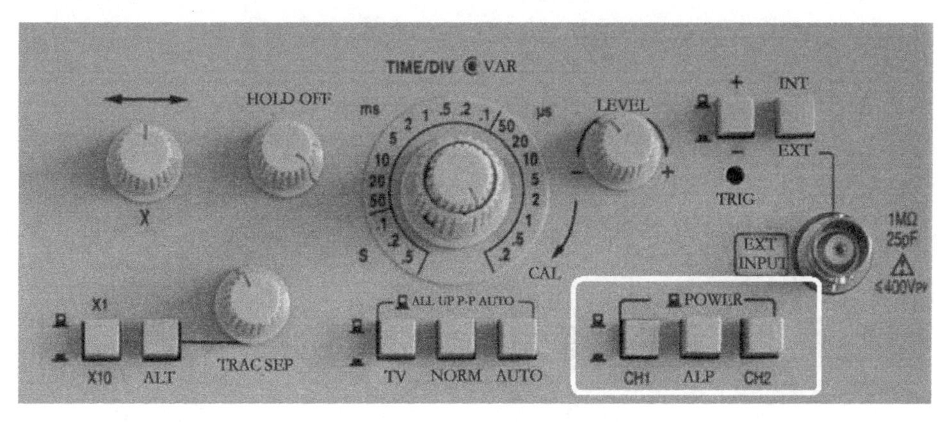

图 1.3.60 内触发源选择按键

内触发 CH1 或 CH2：选择被测信号作为触发源，显示波形稳定。CH1 按下，触发源选自通道 1。CH2 按下，触发源选自通道 2。

CH1/CH2（交替触发）：触发源受垂直方式开关控制。当垂直方式开关置于“CH1”，触发源自动切换到通道 1；当垂直方式开关置于“CH2”，触发源自动切换到通道 2；当垂直方式开关置于“交替（ALP）”时，触发源与通道1、通道2同步切换。在这种状态使用时，两个被测信号频率之间关系应有一定要求，同时垂直输入耦合应置于“AC”，触发方式应置于“自动”或“常态”。当垂直方式开关置于“断续”和“叠加”时，内触发源选择应置于“CH1”或“CH2”。

注意

内触发源选择“CH1”还是“CH2”应与输入信号的通道相一致。

三个键全部弹起为电源触发（POWER）。

（6）触发源选择开关：按键开关，用于选择内或外触发，开关按下为“外（EXT）”，弹起为“内（INT）”。触发源选择开关如图1.3.61所示。

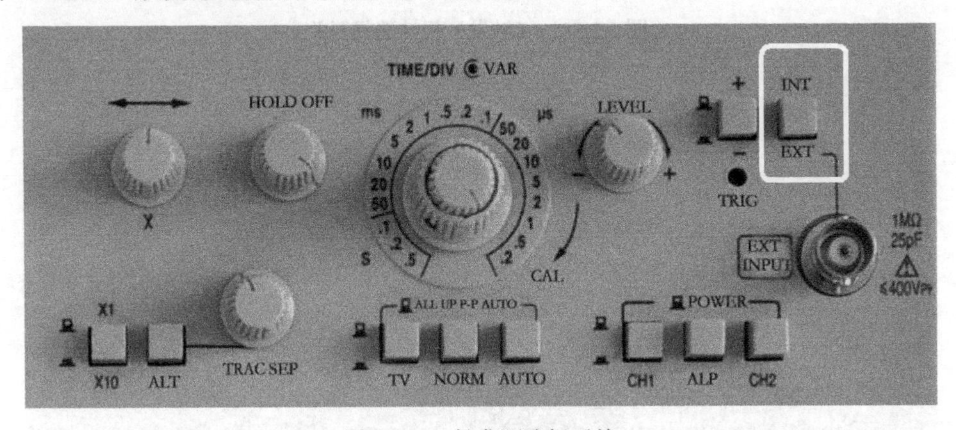

图1.3.61　触发源选择开关

（7）外触发输入插座：当触发源选择“外”时，外触发信号由此插座输入。输入电阻≥1MΩ，输入电容≤25pF，输入信号≤400V。外触发输入插座如图1.3.62所示。

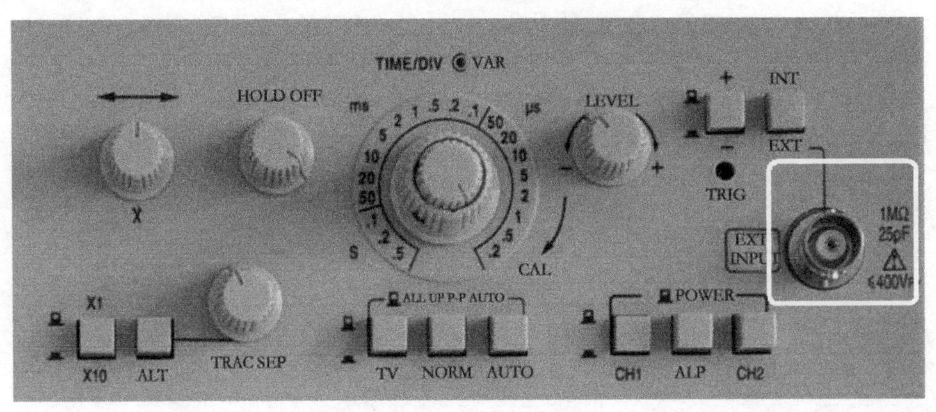

图1.3.62　外触发输入插座

二、示波器的基本操作步骤

1. 使用前准备工作

（1）开机前，检查电源电压与仪器工作电压是否相符，不符合禁止使用。

预置关键控件，在开始测试前，应将面板上的关键旋钮、按键按照要求位置放置，见表 1.3.2。

表 1.3.2　有关面板控件的位置

控制器名称	控制器外观	作 用 位 置
亮度	 INTEN	居中
聚焦	 FOUCUS	居中
垂直位移	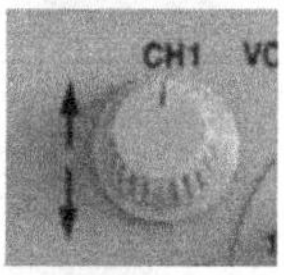 CH1	居中
水平位移	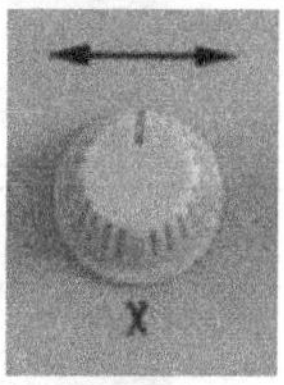 X	居中
垂直方式（以 CH1 为例）	 ALL UP P-P AUTO TV NORM AUTO	CH1
Y 垂直衰减开关（以 CH1 为例）	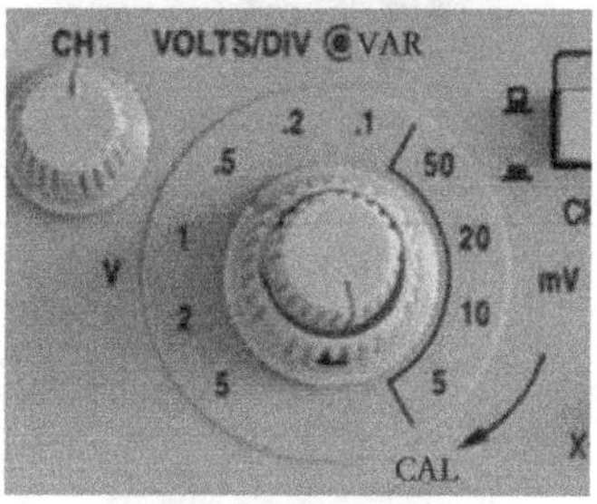 CH1 VOLTS/DIV VAR .2 .1 .5 1 2 5 V 50 20 10 5 mV CAL	10mV/DIV
垂直微调	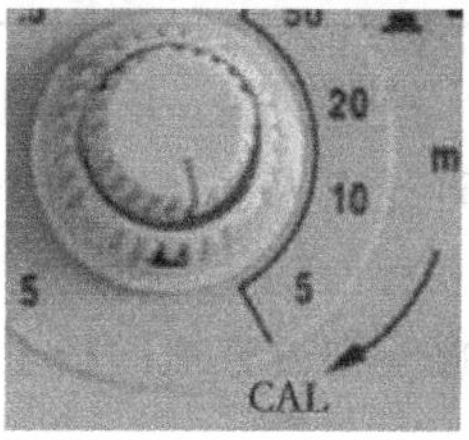 20 10 5 5 CAL	校准（CAL）

续表

控制器名称	控制器外观	作 用 位 置
触发方式		峰值自动（P-P AUTO）
扫描时间		0.5s/DIV
触发极性	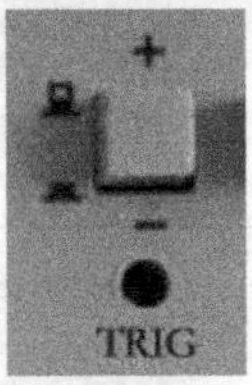	正（+）
触发源选择	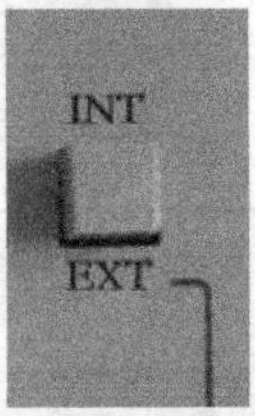	内（INT）
内触发源（以CH1为例）	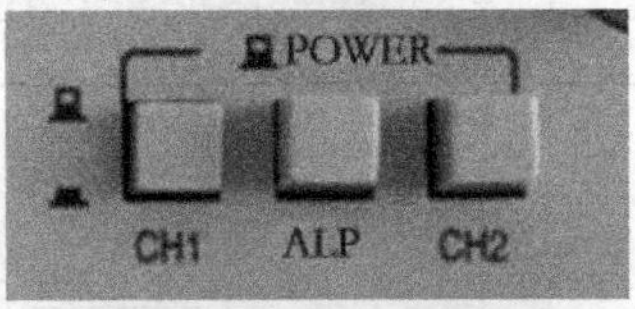	CH1
耦合方式	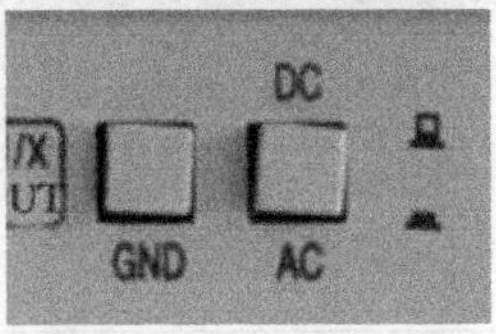	AC

（2）接通电源，电源指示灯亮，稍候预热，屏幕上出现光点。分别调节亮度、聚焦和辅助聚焦，使亮度适中，聚焦最佳。此时光点为直径约1mm的圆点。

（3）将“扫描速度”开关置于0.5ms/DIV，则光点变成清晰的扫描基线。如果显示的光迹与水平刻度不平行，可用小的一字螺丝刀调整前面板上的“光迹旋转”电位器，使扫描线与水平刻度线平行。

（4）调节“亮度”电位器，使屏幕显示的光迹亮度适中。一般观察不宜太亮，以免荧光屏老化。高亮度的显示一般用于观察低频率的快扫描显示。

注意

“亮度”和“聚焦”经常需配合调节，才能取得最佳效果。

2. 信号的连接

（1）探极操作。

信号可通过具有一定衰减比的探极连接，输入至示波器。为了减小仪器接入对信号源的影响，一般采用带 10 : 1 衰减探极的电缆，而不用 1 : 1 的探极，此时探极的输入阻抗为 10MΩ，16pF。衰减比为 1 : 1 的探极适用于观察小信号，此时输入阻抗约为 1MΩ，70pF，因而在测量时要考虑探极对被测电路的影响和测量的准确性。

为了提高测量精确度，探极上的接地和被测电路的地应尽量采用最短的连接。在频率较低，测量精确度要求不高的情况下，可用前面板上接地端与被测电路的地连接，以方便测量。

（2）仪器自校及探极补偿。

由于示波器输入特性的差异，在使用 10 : 1 探极测试前，必须对探极进行检查和补偿调整。

使用仪器内部的探极校准信号，进行使用前的校准，方法如下：

用本仪器附件中的探极接到 CH1 连接插座，探极的头勾在“校准信号”输出插座上，垂直方式开关置于“CH1”，调节 CH1 移位和 X 移位及其他控制装置，使显示波形如图 1.3.63 所示。调整探极上的微调电容器，使显示波形如图 1.3.63（a）中正确平顶所示。

然后将附件中的另一根探极接到 CH2 输入连接器，探极的头勾在校准信号输出插座上，置垂直方式开关于“CH2”。调节 CH2 移位使显示波形居中，调整探极上的微调电容器，使显示波形如图 1.3.63（a）中的正确平顶所示。

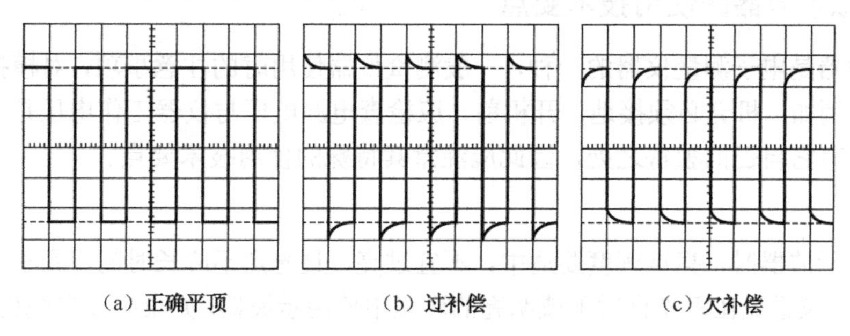

（a）正确平顶　　（b）过补偿　　（c）欠补偿

图 1.3.63　调整探极补偿电容时校准信号波形

当偏转因数为 0.1V/div，时基因数为 0.5ms/div 时，观察到显示波形的幅度为 5 格，周期为 2 格。

3. 根据被测信号选择正确的输入耦合方式、触发方式、扫描工作方式、垂直工作方式

（1）连续扫描。

将触发方式开关置于“自动”位置，垂直衰减开关置于适当挡级，则使扫描发生器处于自激状态，不必调整“电平”旋钮，屏幕上即可出现扫描线。

（2）触发扫描。

将触发方式开关置于常态位置，触发源选择“内”，此时扫描为触发扫描。无信号时，屏幕上无扫描线；有信号时，配合调节“电平”旋钮，屏幕上显示稳定波形。

（3）峰值自动。

LM8020A 型示波器设有峰值自动触发方式。采用此触发方式，在无信号时，屏幕上显示扫描线；有信号时，无须调节电平即能获得稳定波形显示。

4. 测量波形

输入被测信号，根据被测信号的电压和周期选择适当的 Y 轴灵敏度（V/div）和 X 轴扫描速度（s/div），使其显示清晰稳定的波形。

下面以输入 1kHz 的正弦波为例信号，说明调节 LM8020A 型示波器的有关面板控件的方法：

使仪器处于连续扫描状态。置垂直方式开关于“CH1”或“CH2”，耦合方式开关置于“AC”。垂直衰减开关置于适当位置，垂直微调旋钮顺时针旋到底（即置于“校正”位置）。

通道倒相（CH2 反相）开关弹起（即不倒相），触发源选择开关弹起即选择“内”，触发方式开关中的三个键全部弹起，选择“峰值自动”触发方式，水平扫速开关置于 0.2ms，水平微调置于“校正”位置。

5. 位移调整

必要时调节垂直位移和水平位移，使波形在示波管屏幕的有效面积内进行测量，以利于观察。

6. 显示方式选择

观察单个信号时，亦可用“交替（ALT）”或断续（CHOP）显示方式。在加信号前，屏幕上有两根扫描线，可调节 Y 轴位移旋钮，将不用的一根移出屏幕。

三、模拟示波器的使用技术要点

模拟示波器是电子测量仪器的一种，一般测量仪器使用时的注意事项，对模拟示波器也是同样适用的。例如，机壳必须接地；开机前，应检查电源电压与仪器工作电压是否相符等。此外，示波器还有它自己的独特之处，因此应注意其特殊的使用技术要点。

1. 辉度

使用模拟示波器时，亮点辉度要适中，不宜过亮，且光点不应长时间停留在同一点上，以免损坏荧光屏。应避免在阳光直射下或明亮的环境中使用示波器，如果必须在亮处使用示波器，则应使用遮光罩。

2. 聚焦

应使用光点聚焦，不要用扫描线聚焦。如果用扫描线聚焦，很有可能只在垂直方向上聚焦，而在水平方向上并未聚焦。

3. 测量

应在示波管屏幕的有效面积内进行测量，最好将波形的关键部位移至屏幕中心区域观测，这样可以避免因示波管的边缘弯曲而产生测量误差。

4. 连接

模拟示波器与被测电路的连接应特别注意。当被测信号为几百千赫以下的连续信号时，可以用一般导线连接；当信号幅度较小时，应当使用屏蔽线以防外界干扰信号影响；当测量脉冲和高频信号时，必须用高频同轴电缆连接。

5. 探头

探头要专用，且使用前要校正。利用探头可以提高示波器的输入阻抗，从而减小对被测电路的影响。尤其测量脉冲信号时必须用探头。

目前常用的探头为无源探头，它是一个具有高频补偿功能的 RC 分压器，其衰减系数一般有 1 和 10 两挡，使用时可根据需要灵活选择。调节探头中的微调电容以获得最佳频率补偿。

使用前可将探头接至“校正信号”输出端，对探头中的微调电容进行校正。

探头要专用，否则易增加分压比误差或高频补偿等不良现象。对示波器输入阻抗要求高的地方，可采用有源探头，它更适合测量高频及快速脉冲信号。

6. 灵敏度

善于使用灵敏度选择开关。Y 轴偏转灵敏度“V/div”的最小数值挡（即最高灵敏度挡）反映观测微弱信号的能力。而允许的最大输入信号电压的峰值是由偏转因数最大数值挡（即最低灵敏度挡）决定的。如果接入输入端的电压比说明书规定的输入电压（峰-峰值）大，则应先衰减再接入，以免损坏示波器。一般情况下，使用此开关调节波形使之在 Y 方向上充分展开，既不要超出荧光屏的有效面积，又不致因波形太小而引起较大的视觉误差。

7. 稳定度

注意扫描“稳定度”、触发电平和触发极性等旋钮的配合调节使用，同时也要注意触发源的选择。有些新型的示波器面板上可能没有“稳定度”旋钮。

四、示波器常见操作错误分析

电子示波器面板上的开关和旋钮比较多，容易出现各种各样的操作错误造成波形显示问题。

1. 屏幕上没有光点或图像的检查方法及原因分析

屏幕上没有光点或图像是示波器操作使用当中比较常见的问题之一。它除了与电源连接有关外，还与示波器面板上的多种开关和旋钮的状态有关。屏幕上没有光点或图像的检查方法及原因分析如下。

（1）检查示波器电源线是否接触良好，电源开关（POWER）按钮是否按下，电源指示灯是否点亮。检查辉度旋钮（INTEN），若亮度过暗，会因波形暗淡而几乎看不见。

（2）检查垂直、水平位移旋钮。位移旋钮控制着光迹在荧光屏上的位置，上下、左右调整不当，会引起波形偏离屏幕中央，甚至完全偏离屏幕，造成虽然有信号但无法正常显示的现象。

（3）Y 轴灵敏度选择开关控制着电子枪中 Y 轴偏转板的电压，“V/DIV”开关的旋钮调得过大，相当于电子束的张角增大，如果栅极电压不变（亮度旋钮不变），即电子数目不变，那么张角增大后，意味着单位面积的电子数减少，造成光迹非常暗淡以致无法看到波形。

（4）耦合方式与信号的输入通道不一致，当测量单路信号时，若耦合方式与信号通道不一致，则可能会导致无波形显示现象。

（5）检查触发方式选择开关位置。常态（NORM）触发方式只有在触发条件满足时才能进行扫描，如果没有触发，就不进行扫描，也就不会有小波形显示。测量频率小于 20Hz 的信号时适合选择常态（NORM）触发方式。

2. 屏幕上显示水平直线

无论输入何种交流信号，屏幕上都只显示一条或两条水平直线，这也是示波器操作当中最常见的问题。它除了与示波器面板上的多种开关和旋钮的状态有关外，还与测试电缆与被测电路的连接形式及电缆自身的好坏有关。屏幕上显示水平直线的检查方法及原因分析如下。

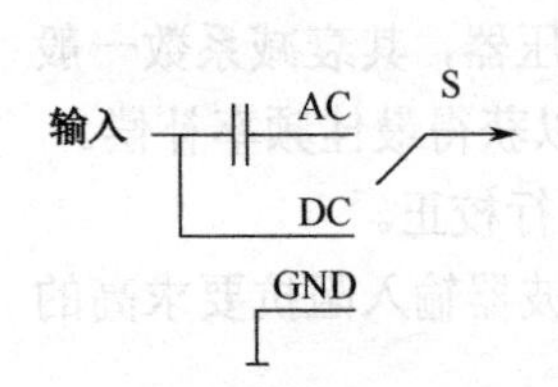

图 1.3.64 输入耦合方式

（1）检查输入模式。信号的输入模式由垂直方式开关（即耦合方式）控制，电路图如图 1.3.64 所示。若将开关置于“GND”挡，则被测信号被短路接地，在屏幕上出现的波形只能是一条或两条直线。

（2）检查通道开关选择是否正确。如果信号由 CH1 送入，而模式选择位于 CH2，因 CH2 并无信号输入，那么屏幕上显示的 CH2 为直线。

（3）检查信号输入通道的 Y 轴灵敏度（VOLTS/DIV）选择开关。此选择开关控制着电子枪中 Y 轴偏转板的电压，将该开关调到最小，相当于电子束的张角减小，此时波形被压缩，近似为直线。

（4）检查示波器探头内部是否接触不良。

（5）检查探头正极是否误接入了被测电路的地线。

3. 波形不稳

波形不稳是示波器操作使用当中最常见的问题，除了与触发方式和触发源的选择有关外，还与示波器面板上的多种开关和旋钮的状态有关。波形不稳的检查方法及原因分析如下。

（1）检查水平扫描速率调整旋钮，如果该挡位过大，那么波形就会在屏幕上闪烁。

（2）调节电平（LEVEL）旋钮调整不当，会使波形沿一个方向不停地移动，调整该旋钮，直至使波形稳定为止。

（3）检查触发源选择开关。在单路测量情况下，此开关的位置应与信号的输入端对应，无论选择其他三个挡位中的哪一个，波形都会沿一个方向移动，而且不管如何调整调节电平（LEVEL）旋钮，都不能使波形达到稳定。

（4）检查触发方式选择开关，位置不正确会造成波形不稳。

（5）地线未接好。测试电缆的地线如果与测试电路的地线接触不好，不仅不能使波形稳定，而且会在原有的波形上叠加 50Hz 的工频干扰频率。

1.3.3 任务实施 1：模拟示波器显示电信号

一、任务器材准备

（1）模拟示波器________台，型号______________。

（2）函数信号发生器________台，型号______________。

二、任务内容

（1）打开仪器电源开关，预热 15min 左右，准备使用。

（2）函数信号的输出显示。

① 调节函数信号发生器面板上的旋钮，使之调出实践记录表 1.3.3 中所列的频率和幅度的正弦波信号。用示波器观测波形，调试成功后在相应的格内打“√”，不成功的打“×”，分析失败的原因并记录。反复进行训练，直到熟练掌握。

表 1.3.3 实践记录表

频率 / U_{P-P}	500Hz	1kHz	100kHz	500kHz	1MHz
10V					
1V					
0.1V					
10mV					
5V					
0.5V					
50mV					

② 调出实践记录表 1.3.4 所列的频率和幅度的方波，并用示波器观测波形，调试成功后在相应的格内打“√”，不成功的打“×”，分析失败的原因并记录。反复进行训练，直到熟练掌握。

表 1.3.4 实践记录表

频率 / U_{P-P}	500Hz	1kHz	10kHz	100kHz	500kHz
10V					
1V					
0.1V					
10mV					

三、任务总结及思考

（1）将实验结果填入相应的表格中，分析各测试中的主要误差的成因。

（2）简要总结本实践仪器仪表的使用规范、注意事项及实践体会。

（3）实践过程中，仪器设备有无异常现象，分析说明产生异常现象的主要原因及解决措施。

（4）使用示波器观察波形时，应调节哪些旋钮，才可达到下列要求：

① 波形清晰；② 波形大小适中；③ 波形周期完整。

四、任务知识点习题

（1）什么叫信号发生器？信号发生器有什么作用？

（2）正弦信号发生器的主要性能指标有哪些？各具有什么含义？

（3）低频信号发生器由哪几部分组成？各单元的功能是什么？

（4）根据低频信号发生器的知识判断下列问题是否正确。

① 低频信号发生器只有功率输出，没有电压输出。 （ ）

② 可以采用低频信号发生器产生 5MHz 的正弦信号。 （ ）

（5）高频信号发生器由哪几部分组成？各单元的功能是什么？

（6）高频信号发生器和低频信号发生器的主振级中的选频回路各由什么元件组成？

（7）函数信号发生器产生信号的方法一般有哪几种？

（8）什么是信号的占空比？调节信号发生器的占空比旋钮，对于正弦波、三角波、方波分别会产生什么影响？

（9）示波管由哪些部分组成，各部分的作用是什么？

（10）通用示波器应包括哪些基本单元？各有何功能？

（11）如果扫描正程时间是回程时间的4倍，要观察频率2000Hz的正弦波电压的4个周期，连续扫描的频率应该是多少？

（12）如果被测信号（设为正弦波）的频率f_y=600Hz，而线性扫描电压的频率f_x=400Hz（设扫描回程不消隐，回程时间为0）。试绘出荧光屏上所显示的波形图。

（13）如果锯齿波电压的上升时间t_1=4ms，下降时间t_2=1ms，并且在扫描回程期间光迹不消隐，试绘出频率为1000Hz的被测电压（设为正弦波）的波形图。

（14）被测信号电压波形如图1.3.65（a）所示。屏幕上显示的波形有图（b）、（c）、（d）、（e）几种情况。试说明各种情况下的触发极性与触发电平旋钮的位置。

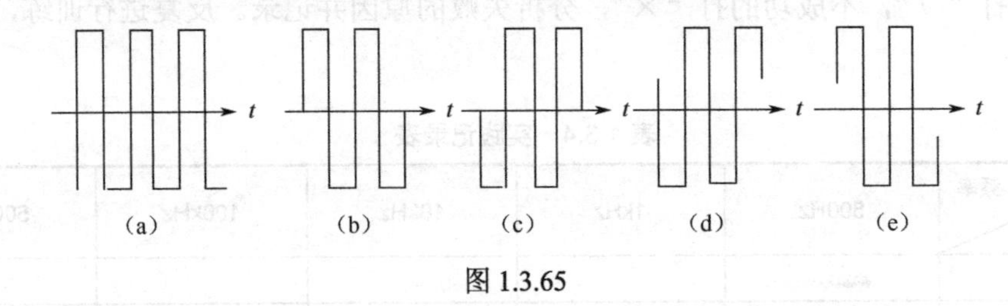

图1.3.65

（15）结合通用示波器的组成结构及其各部分的作用，进行选择填空。

① 测量脉冲信号应使示波器工作在（　　）方式，而测量单次脉冲时则应为（　　）方式。

A．连续扫描　　B．触发扫描　　C．单次扫描

② 示波器的探头在测量中所起的作用有（　　）。

A．提高示波器的输入阻抗　　B．降低分布电容对波形的影响

C．调整输入信号幅度　　D．调整输入信号频率

③ 为补偿水平通道所产生的延时，通用示波器都在（　　）部分加入延迟级。

A．扫描电路　　B．Y通道　　C．X通道　　D．电源电路

④ 内触发信号是在延迟线电路（　　）引出的。

A．之前　　B．之后　　C．之中

⑤ 若要使显示的波形明亮些，应调节示波器的（　　）旋钮；调节波形高度可使用（　　）旋钮；调节波形显示长度可使用（　　）旋钮；波形线条太粗时应调节（　　）旋钮。

A．辉度　　B．聚焦　　C．偏转灵敏度　　D．时基因数

⑥ 示波器双踪显示时有（　　）和（　　）两种方式，若被测信号频率较低，则应选择（　　）方式。

A．交替　　B．断续　　C．$Y_A \pm Y_B$

（16）结合通用示波器的组成结构及其各部分的作用，进行下列填空。

① 示波器的扫描方式有________、________、________和单次扫描。

② 使用模拟示波器进行定量测量时，应使其垂直偏转因数和扫描时间因数的微调旋钮置于________位置。

③ 阴极射线示波管（CRT）由________、________、________三部分组成。

④ 双踪示波器的显示方式有________、________、________、________和________；其中________和________属双踪显示。

（17）结合通用示波器的组成结构及其各部分的作用，判断下列命题的正误。（判断正确的打“√”，错误的打“×”。）

① 示波器是时域分析的最典型仪器。（　　）

② 只在示波器的一副偏转板上加锯齿波电压信号，能在荧光屏上扫出一条亮线。（　　）

③ 双踪示波器采用单束示波管，借助电子开关的作用在示波管上显示两个信号波形。（　　）

④ 示波器扫描在“常态”下，若输入信号为零，可观察到一条水平亮线。（　　）

⑤ 增大示波器 X 放大器的放大倍数，可以提高扫描速度，从而实现波形的扩展。（　　）

⑥ 示波管荧光屏上光迹的亮度取决于电子枪发出的电子数量和速度。（　　）

⑦ 双踪示波器的断续工作方式适用于测量频率较高的场合。（　　）

1.3.4　测量仪器 2：数字存储示波器

数字存储示波器是 20 世纪 70 年代初发展起来的新型示波器。它可以方便地实现对模拟信号进行长期存储，并可利用机内微处理器系统对存储的信号作进一步的处理，例如，对被测波形的频率、幅值、前后沿时间、平均值等参数的自动测量，以及多种复杂的处理。数字存储示波器的出现使传统示波器的功能发生了重大变革。

一、数字存储示波器特点及技术指标

1. 数字存储示波器的特点

与模拟示波器相比，数字示波器能够捕捉单次信号、低重复速率信号，并进行测量和分析；能够通过软件实现自动参数测量，测量精度高；具有灵活多样的触发和显示，增加了捕捉和测量能力；容易实现波形存储、比较和后处理；具有进行快速测量的自动设置功能；具有菜单选择、通道状态和测量结果的全屏幕注释功能，读数准确等特点。

2. 数字存储示波器的主要技术指标

1）最高取样速率

取样速率指单位时间内取样的次数，也称采样率。数字存储示波器是在被测模拟信号上取样，以有限的取样点来表示整个波形。最高取样速率主要由 A/D 转换速率来衡量，单位为取样点/秒（Sa/s）。实时取样速率可以表示为

$$f_s = \frac{N}{t/\mathrm{div}}$$

式中，N 为每格取样点数；t/div 为扫描时间因数。取样速率愈高，示波器捕捉信号的能力愈强。

2）频带宽度和上升时间

数字示波器带宽包括模拟带宽和数字带宽两种。模拟带宽是指示波器输入等幅正弦波时，屏幕上对应于基准频率 f_R 的显示幅度随频率下跌 3dB 时的上限频率 f_H 与下限频率 f_L 之间的宽度，用 B_y 表示：

$$B_y = f_H - f_L \approx f_H$$

如果想得到幅度上基本不衰减的显示，B_y 应不小于 f_{max} 的 3 倍，即 $B_y \geqslant 3f_{max}$。模拟带宽只适用于重复周期信号的测量，而数字带宽则适合于测量重复信号和单次信号，数字带宽往往低于模拟带宽，它与上升时间 t_r 有如下关系

$$B_y t_r \approx 0.35$$

为了较好地观测脉冲信号的上升沿，通常要求示波器的上升时间 t_r 不大于被测信号上升时间 t_{ry} 的 1/3，即 $t_r \leqslant t_{ry}/3$。

3）存储容量

存储容量又称存储深度或记录长度，它由采集存储器（主存储器）的最大存储容量来表示，常以字（word）为单位。早期数字存储器常采用 256B、512B、1KB、4KB 等容量的高速半导体存储器。新型的数字存储示波器采用快速响应深存储技术，存储深度已可达 2M 以上。

4）分辨力

示波器能分辨的最小电压增量和最小时间增量，即量化的最小单元。分辨力包括垂直分辨力（电压分辨力）和水平分辨力（时间分辨力）。垂直分辨力取决于 A/D 转换器的转换速率，常以屏幕每格的分级数（级/div）或百分数来表示，也可以用 A/D 转换器的输出位数来表示。它决定了对被测信号在垂直方向的展示能力，通过多次对信号平均处理，并消除随机噪声，可使垂直分辨力提高。时间分辨率由存储器的容量决定，常以屏幕每格含多少个取样点或百分数来表示。它决定了示波器在水平方向上对被测信号的展示能力。

5）输入阻抗

示波器的输入阻抗是被测电路的额外负载，包括输入电阻和输入电容，使用时必须选择输入电阻大而输入电容小的示波器，以免影响被测电路的工作状态。

6）读出速度

读出速度是指将数据从存储器中读出的速度，常用“时间/div”来表示。其中，“时间”为屏幕上每格内对应的存储容量×读脉冲周期。使用中应根据显示器、记录装置或打印机等对读出速度的要求进行选择。

二、数字存储示波器的内部结构与工作原理

1. 数字存储示波器的基本结构

数字存储示波器由系统控制、取样存储和读出显示三大部分组成，它们之间通过数据总线、地址总线和控制总线相互联系和交互信息，完成各种测试功能。数字存储示波器的基本结构如图 1.3.66 所示。

数字存储示波器基于取样原理，利用 A/D 转换技术和数字存储技术，能迅速捕捉瞬变信号并长期保存。它首先对模拟信号进行高速采样获得相应的数字数据并存储。存储器中存储的数据用来在示波器的屏幕上重建信号波形；同时利用数字信号处理技术对采样得到的数字信号进行相关处理与运算，从而获得所需的各种信号参数，可以对被测信号进行实时、瞬态的分析。

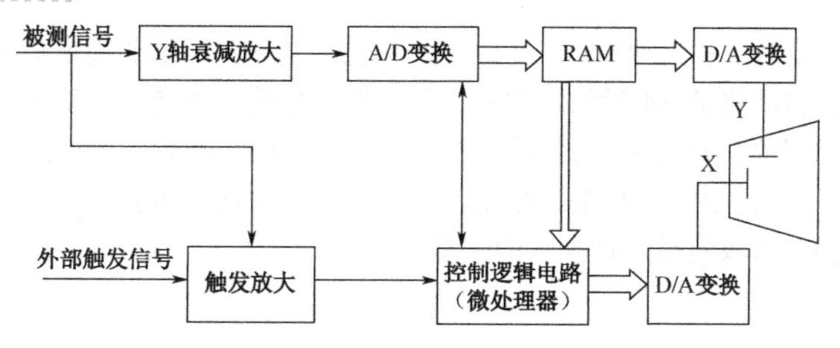

图 1.3.66　数字存储示波器的原理框图

2. 数字存储示波器的工作原理

数字存储示波器的工作过程如图 1.3.67 所示。

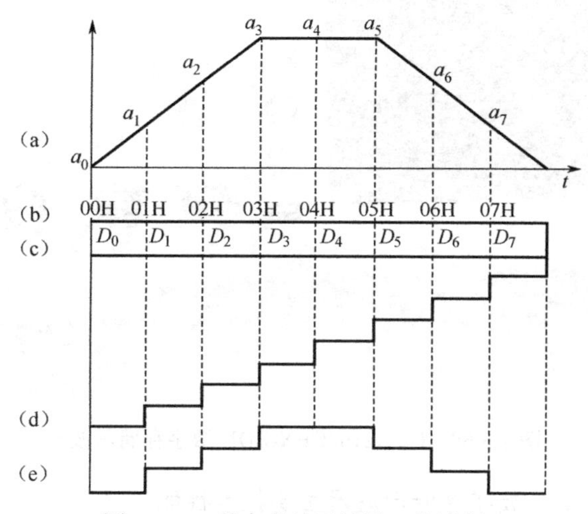

图 1.3.67　数字存储示波器工作过程

当被测信号接入时，首先对模拟量进行取样，图 1.3.67（a）中的 a_0～a_7 点即对应于被测信号的 8 个取样点，这种取样方式为“实时取样”，它对一个周期内信号的不同点进行取样。8 个取样点得到的数字量分别存储于地址为 00H 开始的 8 个存储单元中，地址号为 00H～07H。显示时，取出 D_0～D_7 数据，进行 D/A 转换，同时存储单元地址号从 00H～07H 也经过 D/A 转换，形成图 1.3.67（d）所示阶梯波，加到 X 水平系统，控制扫描电压，这样就将被测波形重现于荧光屏上，如图 1.3.67（e）所示。只要 X 方向与 Y 方向的量化程度足够精细，图 1.3.67（e）波形就能准确地代表图 1.3.67（a）的波形。

三、典型产品介绍

UTD2102CEX-EDU 数字存储示波器是小型、轻便的台式数字示波器，如图 1.3.68 所示。前面板简单明晰，通道标度和位置旋钮直观，符合传统仪器的使用习惯，方便学习，易于使用。直接按 AUTO 键，仪器即显现适合的波形和挡位设置，便于测量。此外，该数字存储示波器还具有更快完成测量任务所需要的高性能指标和强大功能。通过 1GSa/s 的实时采样和 50GSa/s 的等效采样，可在示波器上观察更快的信号。强大的触发和分析能力使其易于捕获和分析波形。清晰的液晶显示和数学运算功能，便于更快更清晰地观察和分析信号问题。

UTD2102CEX-EDU 数字存储示波器具有以下性能：双模拟通道；高清晰彩色液晶显示系统；即插即用 USB 存储设备，并可通过 USB 存储设备与计算机通信；自动波形、状态设置；

波形、设置存储以及波形和设置再现；方便的一键拷屏功能；精细的视窗扩展功能，精确分析波形细节与概貌；自动测量 34 种波形参数，并具有测量统计功能；自动光标跟踪测量功能；独特的波形录制和回放功能，并有独特的扫描录制功能；内嵌 FFT；多种波形数学运算功能（包括：加、减、乘、除）；边沿、视频、脉宽、斜率、交替触发等功能；多国语言菜单显示；独立时基功能支持同时对双通道进行独立的时基设置。

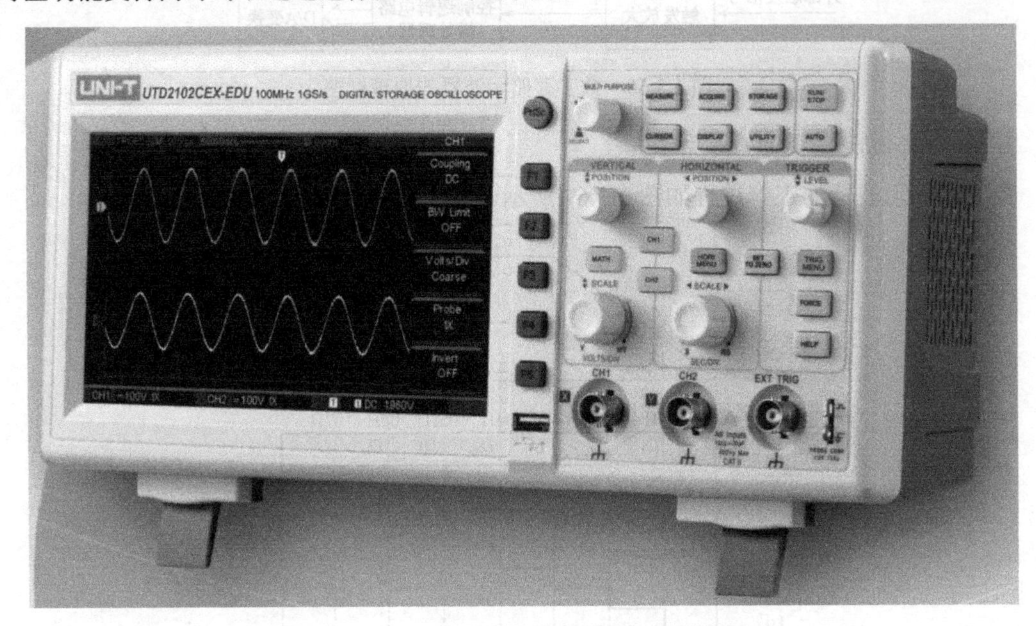

图 1.3.68　UTD2102CEX-EDU 数字存储示波器

1．UTD2102CEX-EDU 数字存储示波器主要技术性能

UTD2102CEX-EDU 数字存储示波器的主要技术指标见表 1.3.5。

表 1.3.5　UTD2102CEX-EDU 数字存储示波器的主要技术指标

类　别	名　称	指 标 内 容
输入	输入耦合	直流、交流、接地（AC、DC、GND）
	输入阻抗	1MΩ±2%，与 24±3pF 并联
	探头衰减系数设定	1×，10×，100×，1000×
	最大输入电压	400V（DC＋AC 峰值、1MΩ 输入阻抗）
	通道间时间延迟（典型）	150ps
垂直	偏转系数（伏/格）范围（V/div）	1mV/div～20V/div（在输入 BNC 处）
	可选择的带宽限制（典型）	20MHz
	模拟数字转换器（A/D）	8 比特分辨率，两个通道同时采样
	位移范围	≥±10div
	低频响应（交流耦合，−3dB）	≤10Hz（在 BNC 上）
	直流增益精确度（采样或平均值采样方式）	垂直灵敏度为 1mV/div、2mV/div 时±5%； 垂直灵敏度为 5mV/div 时±4%； 垂直灵敏度为 10mV/div～20V/div 时：±3 %

续表

类　别	名　称	指 标 内 容
垂直	直流测量精确度（平均采样方式）	垂直位移为零，且≥16 时： ±（5%×读数+0.1 格+1mV）且选取 1mV/div 或 2mV/div； ±（4%×读数+0.1 格+1mV）且选取 5 mV/div； ±（3 %×读数+0.1 格+1mV）且选取 10mV/div～20V/div。 垂直位移不为零，且≥16 时： ±[3%×（读数+垂直位移读数）+（1%×垂直位移读数）]+0.2div） 设置从 5mV/div 到 200mV/div 加 2mV；设定值从 200mV/div 到 20V/div 加 50 mV
	电压差（△V）测量精确度（平均值采样方式）	在同样的设置和环境条件下，经对捕获的≥16 个波形取平均值后波形上任两点间的电压差（ΔV）：±（3%×读数+0.05div）
水平	波形内插	Sin（x）/x
	记录长度	正常：500 帧；屏幕：5000 帧
	存储深度	32kpts（每通道）
	扫描范围	2ns/div～50s/div
	采样率和延迟时间精确度	±50ppm（任何≥1ms 的时间间隔）
	时间间隔(△T)测量精确度(满带宽)	单次：±（1 采样间隔时间+50ppm×读数+ 0.6ns） >16 个平均值：±（1 采样间隔时间+50ppm×读数+0.4ns）
触发	触发灵敏度	≤1div
	触发电平范围	内触发时为屏幕中心±15div，EXT 时为±6V
	触发电平精确度（典型的） 选用于上升和下降时间≥20ns 的信号	内部：±（0.3div×V/div）（距屏幕中心±4div 范围内） EXT：±（6%设定值+40mV）
	预触发能力	正常模式/扫描模式、预触发/延迟触发预触发深度可调
	释抑范围	100ns～1.5s
	设定电平至 50%（典型的）	输入信号频率≥50Hz 条件下操作
测量	光标测量	手动模式：光标间电压差（△V）、光标间时间差（△T）、△T 的倒数（Hz）（1/△T） 跟踪模式：波形点的电压值和时间值
	自动测量	峰-峰值、幅值、最大值、最小值、顶端值、底端值、中间值、平均值、周期平均值、均方根值、周期均方根、面积、周期面积、过冲、预冲、频率、周期、上升时间、下降时间、正脉宽、负脉宽、正占空比、负占空比、延迟等 34 种
	数学操作	加、减、乘、除
	存储波形	内部：20 组波形、20 组设置 USB：200 组波形、200 组设置
	FFT	窗：Hanning，Hamming，Blackman，Rectangle 采样点：1024points
	李沙育图形	相位差±3degrees
采样	采样方式	实时，等效
	采样率	实时：1GS/s，等效：50GS/s

续表

类　别	名　称	指 标 内 容
采样	平均值	所有通道同时达到N次采样后，N可在2、4、8、16、32、64、128和256之间选择
带宽	模拟带宽	100MHz
	单次带宽	100MHz
	上升时间	3.5ns
环境	温度范围	操作：0℃～+40℃ 非操作：-20℃～+60℃

数字存储示波器必须满足以下两个条件，才能达到这些规格标准：

（1）仪器必须在规定的操作温度下连续运行30min以上。

（2）如果操作温度变化范围达到或超过5℃，必须打开系统功能菜单，执行“自校正”程序。

2. UTD2102CEX-EDU数字存储示波器面板

UTD2102CEX-EDU数字存储示波器的前面板如图1.3.69所示。

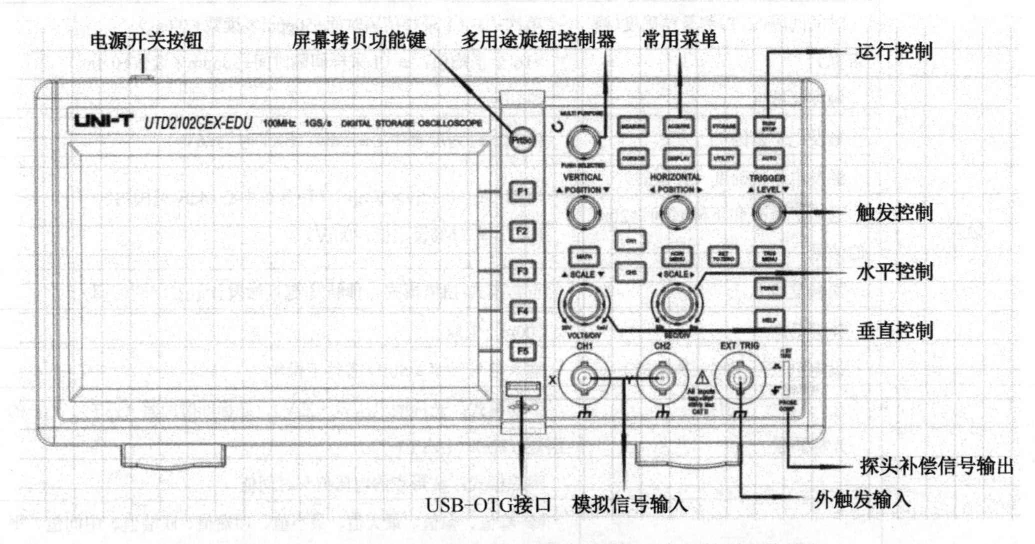

图1.3.69　UTD2102CEX-EDU数字存储示波器的前面板图

UTD2102CEX-EDU数字存储示波器的前面板包括旋钮和功能按键，旋钮的功能与其他数字存储示波器类似。显示屏右侧的一列5个按键为菜单操作键（自上而下定义为F1键至F5键），通过它们，可以设置当前菜单的不同选项。其他按键为功能键，通过它们，可以进入不同的功能菜单或直接获得特定的功能应用。

UTD2101CEX-EDU数字存储示波器为双通道输入，另有一个外触发输入通道。图中：

（1）模拟信号输入：通道1（CH1）和通道2（CH2），用于输入被测信号。

（2）外触发输入（EXT TRIG）：用于输入外部的触发信号。

（3）探极补偿器（PROBE COMP）：用于探头补偿信号输出，输出一个校准信号（方波，3V、1kHz），用以对探极补偿进行调整，校准示波器的垂直灵敏度和水平扫速。

UTD2102CEX-EDU数字存储示波器中英文面板对照表如表1.3.6所示。

表 1.3.6　UTD2102CEX-EDU 数字存储示波器中英文面板对照表

英文面板	中文面板	英文面板	中文面板
SELECT	选择	TRIG MENU	触发菜单
MEASURE	测量	FORCE	强制触发
ACQUIRE	获取	HELP	帮助
STORAGE	存储	VERTICAL	垂直
RUN/STOP	运行/停止	HORIZONTAL	水平
CURSOR	光标	TRIGGER	触发
DISPLAY	显示	◆POSITION	垂直位置
UTILTIY	辅助功能	◀POSITION▶	水平位置
AUTO	自动设置	◆LEVEL	触发电平
CH1	CH 1	SCALE	标度
CH2	CH 2	VOLTS/DIV	伏/格
MATH	数学	SEC/DIV	秒/格
SET TO ZERO	置零	PrtSc	屏幕拷贝
HORI MENU	水平菜单		

UTD2102CEX-EDU 数字存储示波器显示区图解如图 1.3.70 所示。

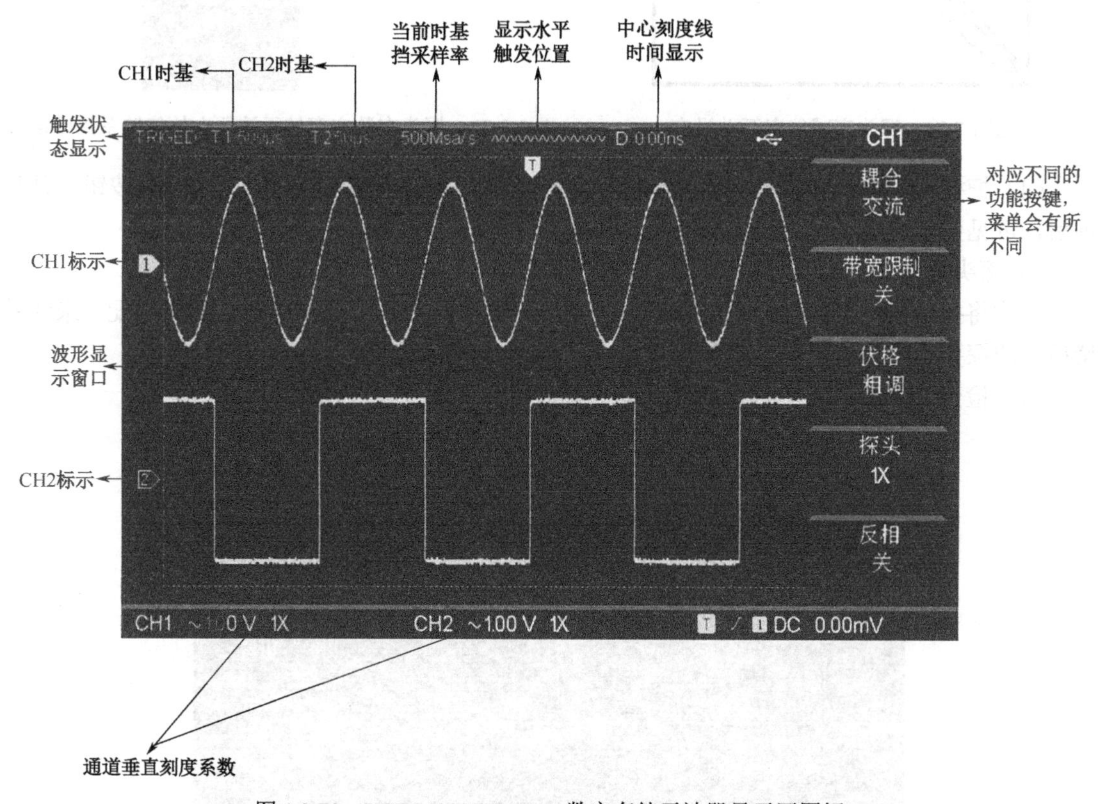

图 1.3.70　UTD2102CEX-EDU 数字存储示波器显示区图解

3. UTD2102CEX-EDU 数字存储示波器测量前的准备

1）功能检查

（1）接通电源：按下电源开关按钮，将本机接通电。电源的供电电压为交流 100～240V，频率为45～440Hz。

（2）将探头连接到CH1输入端，并将探头上的衰减倍率开关设定为10×，如图1.3.71所示。

（3）在数字存储示波器上需要设置探头衰减系数。此衰减系数改变仪器的垂直挡位倍率，从而使得测量结果正确反映被测信号的幅值。

设置探头衰减系数的方法如下：先按CH1通道按键，示波器显示出CH1通道菜单以后，按F4键使菜单显示10×，如图1.3.72所示。

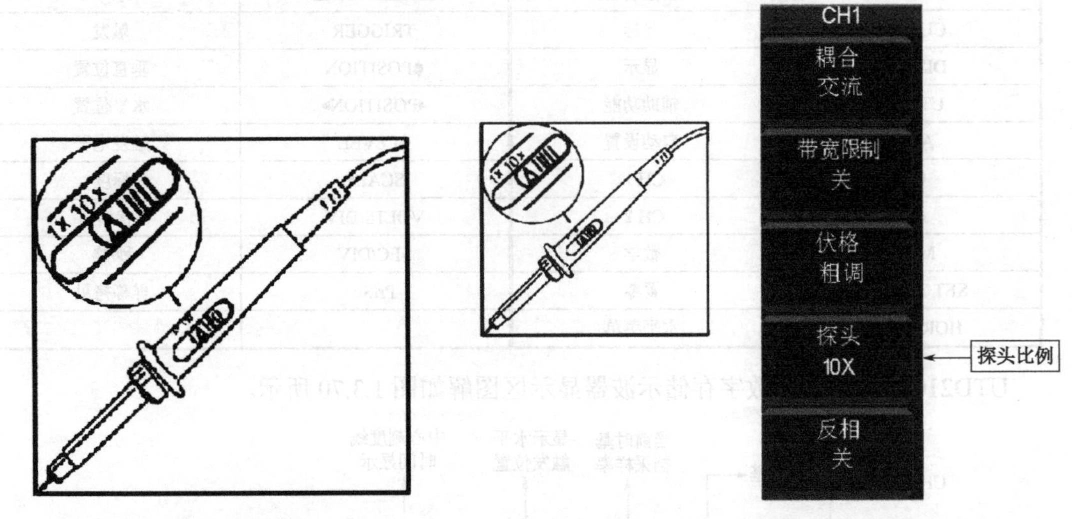

图1.3.71　探头衰减倍率开关设定　　　图1.3.72　探头在数字存储示波器上的偏转系数设定

（4）把探头的探针和接地夹连接到探头补偿信号的相应连接端上。按AUTO按钮。几秒钟后，可见到方波显示（1kHz，约3V，峰-峰值）。

2）探头补偿

首次将探头与任一输入通道连接时，需要进行此项调节，使探头与输入通道相配。未经补偿校正的探头会导致测量误差或错误。

（1）检查显示波形的形状，可能出现三种情况，如图1.3.73所示。

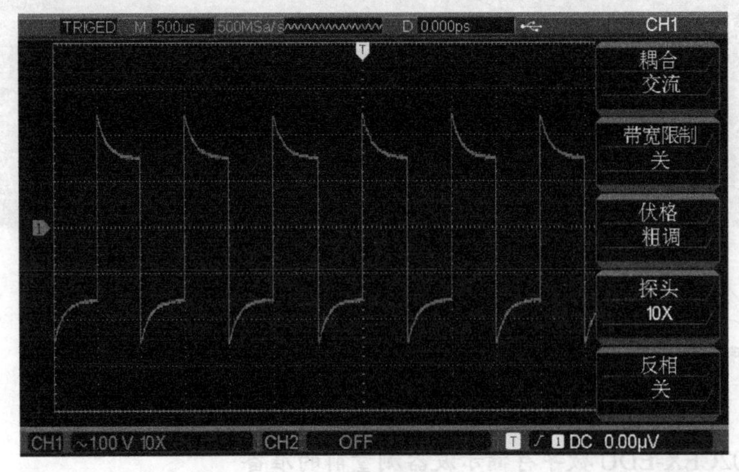

（a）补偿过度

图1.3.73　探头补偿信号波形形状

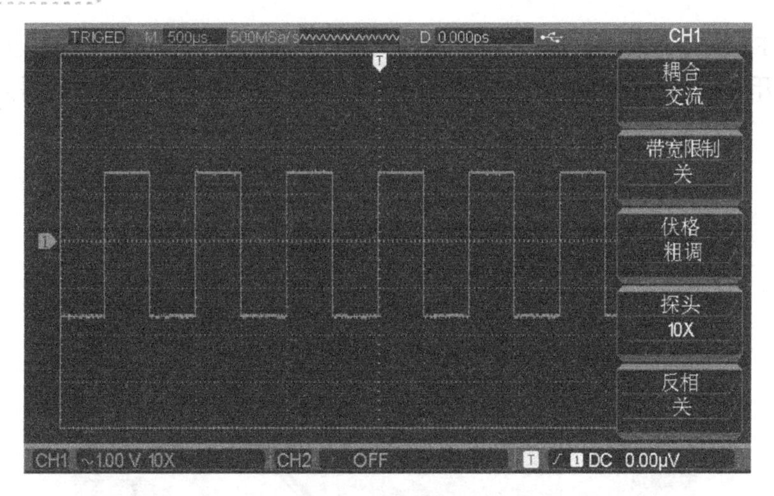

（b）补偿正确

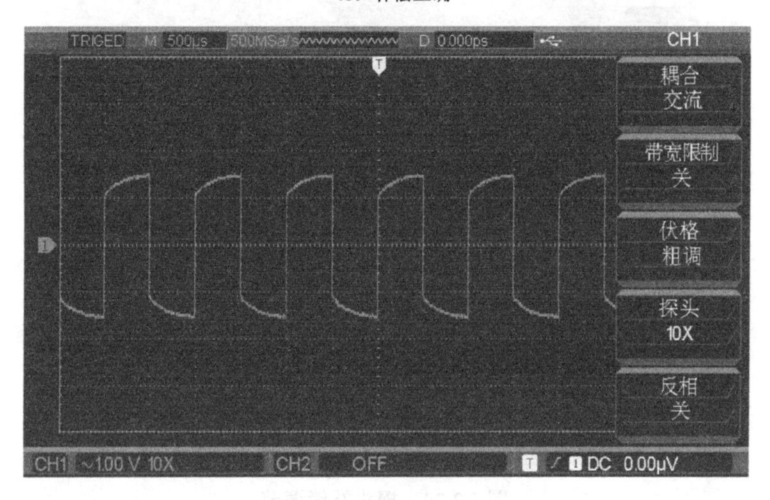

（c）补偿不足

图 1.3.73 探头补偿信号波形形状（续）

（2）如必要，用非金属手柄的改锥调整探头上的可变电容，如图 1.3.74 所示，直到屏幕显示的波形“补偿正确”。

（3）将探头连接到 CH2 输入端，以同样方法检查 CH2。

3）波形显示的自动设置（AUTO）

UTD2101CEX-EDU 数字存储示波器具有自动设置的功能。

将被测信号连接到信号输入通道，按下 AUTO 按钮。数字存储示波器将自动设置垂直偏转系数、扫描时基，以及触发方式直至最合适的波形显示。如果需要进一步仔细观察，在自动设置完成后可再进行调整，直至使波形显示达到需要的最佳效果。

应用自动设置要求被测信号的频率大于等于 50Hz，占空比大于 1%。

4）自校正

为了让数字存储示波器工作在最佳状态，可在热机 30min 后，执行自校正。如果环境温度变化达到 5℃，必须进行此操作。自校正步骤如下。

（1）按下辅助功能按键 UTILITY，屏幕出现辅助系统功能设置菜单，如图 1.3.75 所示。

（2）再按 F1 执行自校正，出现自校正提示信息，如图 1.3.76 所示，自校正时应将探头与输入连接器断开。继续按 F1 可执行自校正操作，按 F2 可取消自校正操作，并返回上一页。

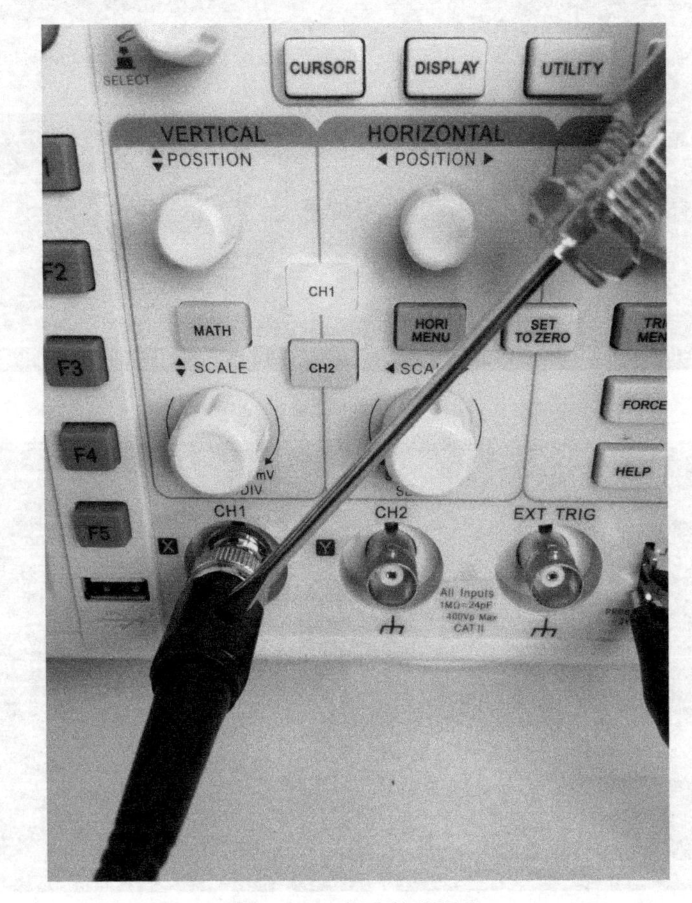

图 1.3.74　探头补偿调节

（3）按菜单 UTILITY，然后按 F2，出现出厂设置提示信息，如图 1.3.77 所示。继续按 F1 可以调出出厂设置，按 F2 可取消操作并返回上一页。

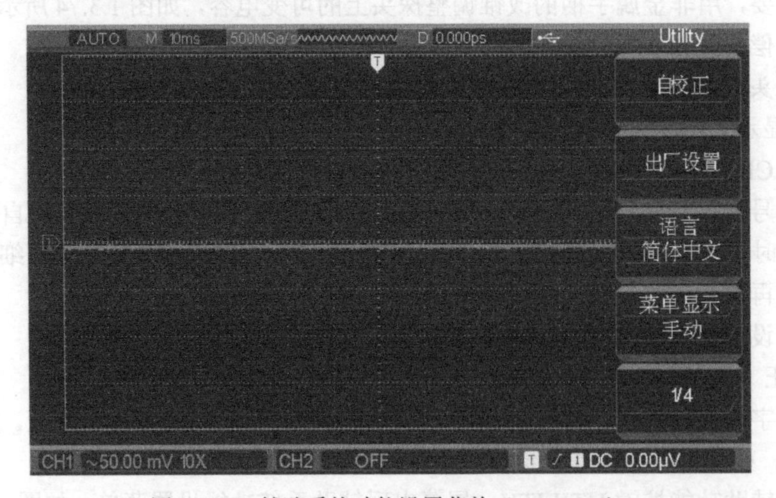

图 1.3.75　辅助系统功能设置菜单（UTILITY）

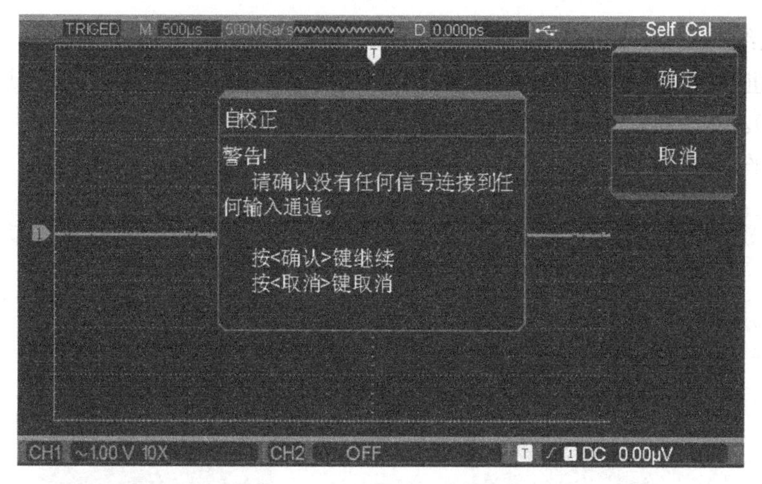

图 1.3.76　自校正提示信息

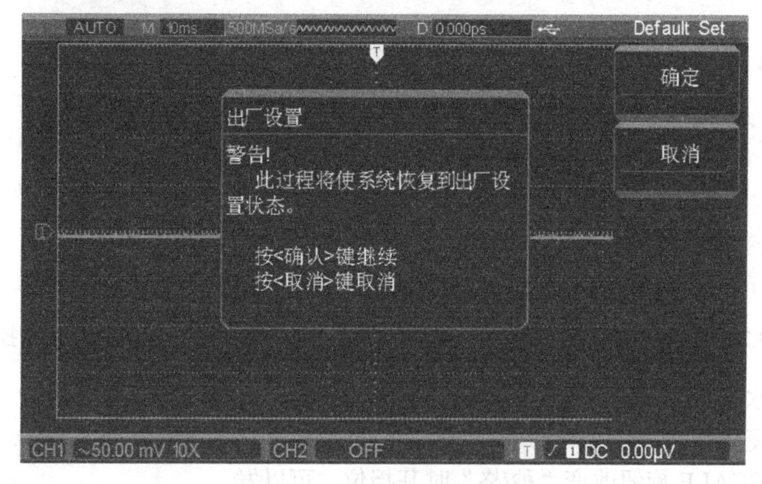

图 1.3.77　出厂设置提示信息

4. UTD2102CEX-EDU 数字存储示波器控制钮简介

下面先对 UTD2102CEX-EDU 数字存储示波器前面板的控制钮进行简单介绍，各控件相应的操作菜单将在项目二中详细说明。

1）垂直系统

数字存储示波器使用垂直控制钮来显示波形，调节垂直标尺和位置，以及设定输入参数。垂直控制区的按钮及控件如图 1.3.78 所示。垂直控制钮除了具有和模拟示波器相同的通道选择（CH1、CH2）、垂直移位（POSITION）、垂直偏转灵敏度（VOLTS/DIV）等外，还设有数学运算功能（MATH）。

垂直移位（POSITION）旋钮控制信号的垂直显示位置。当旋动垂直移位旋钮时，通道标识跟随波形垂直移动而同步上下移动。使用垂直移位旋钮可使波形在窗口中居中显示信号。

按 CH1、CH2、MATH 键，屏幕显示对应通道的操作菜单、标志、波形和挡位状态信息。弹起 CH1、CH2、MATH 键，关闭需要关闭的通道。

旋动垂直偏转灵敏度旋钮改变“伏/格”垂直挡位，可以发现波形窗口下方的状态栏对应通道的挡位显示发生了相应的变化。

2）水平系统

水平控制钮除了水平位置（POSITION）、扫描时基因数（SEC/DIV）外，还有水平功能表（HORI MENU）。水平控制区旋钮及控件如图1.3.79所示。

可使用水平控制钮来改变时基、水平位置及波形的水平放大。

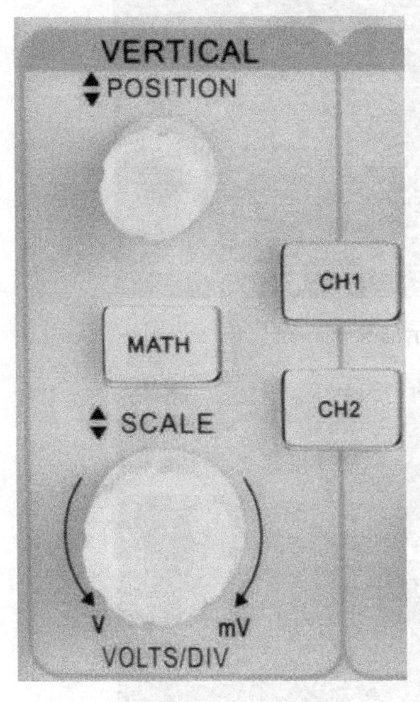

图1.3.78　面板上的垂直控制区

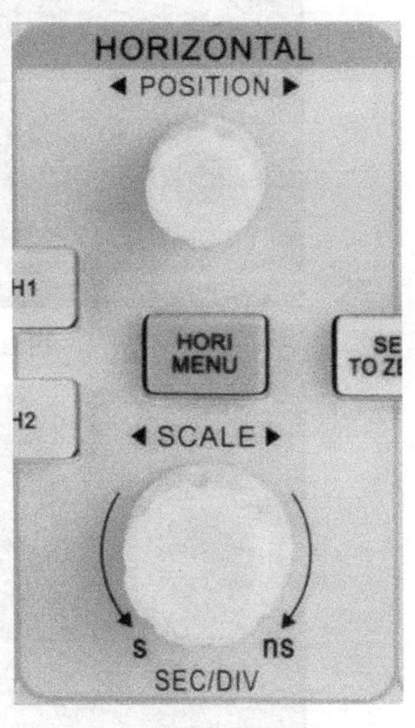

图1.3.79　面板上的水平控制区

（1）使用水平SCALE旋钮改变水平时基挡位设置，并观察状态信息变化。

转动水平SCALE旋钮改变“秒/格”时基挡位，可以发现屏幕上方状态栏对应通道的时基挡位显示发生了相应的变化。水平扫描速率从2ns～50s，以1－2－5方式步进。

（2）使用水平POSITION旋钮调整信号在波形窗口的水平位置。

水平POSITION旋钮控制信号的触发移位。当应用于触发移位时，转动水平POSITION旋钮时，可以观察到波形随旋钮而水平移动。

（3）按HORI MENU按钮，显示ZOOM菜单。

3）触发系统

触发菜单控制区包括触发电平调整旋钮（LEVEL），触发菜单按键（TRIG MENU），强制触发按键（FORCE），如图1.3.80所示。另外帮助（HELP）按钮和零点恢复快捷键（SET TO ZERO）也位于这个区域。

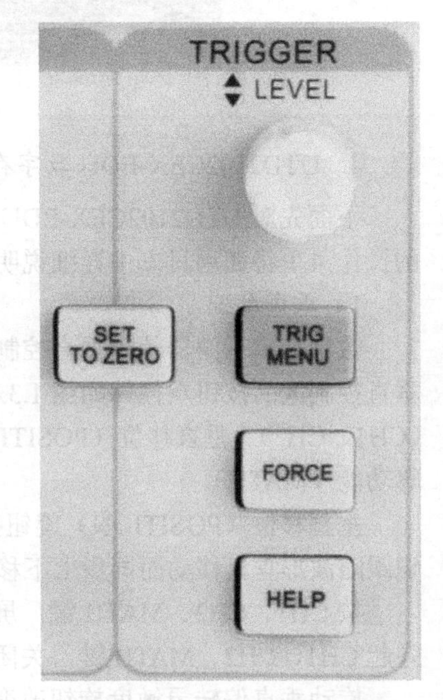

图1.3.80　面板上的触发控制区

使用触发电平LEVEL旋钮改变触发电平，可以在屏幕上看到触发电平线随旋钮转动而上下移动。在移动触发电平

的同时，可以观察到屏幕右下角的触发电平的数值发生了相应变化。

使用 TRIG MENU，可以改变触发设置。

按 FORCE 按钮，强制产生一触发信号，主要应用于触发方式中的正常和单次模式。

SET TO ZERO 按钮，该键用来将双通道的垂直移位、水平移位、触发电平的位置快速回到零点（中点）。

HELP 按钮，按下该键后，继续按其他任何一个按键，屏幕将出现该按键的操作说明。

1.3.5　任务实施 2：数字示波器显示电信号

一、任务器材准备

（1）数字示波器＿＿＿＿＿台，型号＿＿＿＿＿＿＿＿＿＿＿＿＿＿。

（2）函数信号发生器＿＿＿＿台，型号＿＿＿＿＿＿＿＿＿＿＿＿＿＿。

二、任务内容

（1）使用自动设置进行波形显示。

以函数信号发生器输出信号作为被测信号，要求迅速显示信号波形。

① 将信号通过探极接到激活通道（如 CH1）；

② 按下自动设置“AUTO”按钮。则示波器将自动设置垂直、水平和触发控制；

③ 手工调整这些控制使波形显示效果最佳。

注意

如使用多个通道，则自动设置功能为每个通道分别设定垂直功能，并用最小标号的活动通道设置水平和触发控制。

（2）调节函数信号发生器面板上的旋钮，使之调出实践记录表 1.3.7 中所列的频率和幅度的正弦波信号。用数字示波器观测波形，调试成功后在相应的格内打“√”，不成功的打“×”，分析失败的原因并记录。反复进行训练，直到熟练掌握。

表 1.3.7　实践记录表

频率 / U_{P-P}	500Hz	1kHz	100kHz	500kHz	1MHz
10V					
1V					
0.1V					
10mV					
5V					
0.5V					
50mV					

（3）调出实践记录表 1.3.8 所列的频率和幅度的方波，并用数字示波器观测波形，调试成功后在相应的格内打“√”，不成功的打“×”，分析失败的原因并记录。反复进行训练，直到熟练掌握。

表 1.3.8 实践记录表

频率 / U_{P-P}	500Hz	1kHz	10kHz	100kHz	500kHz
10V					
1V					
0.1V					
10mV					

注意事项

（1）探头若经衰减接入，则衰减倍数必须与示波器内部衰减系数设置一致。

（2）观察 50Hz 以下的低频信号，不能使用自动设置，而应手动调节。

三、任务总结及思考

（1）简述数字示波器的主要特点。

（2）简要总结本实践仪器仪表的规范使用、注意事项及实践体会。

（3）实践过程中，仪器设备有无异常现象，分析说明产生异常现象的主要原因及解决措施。

（4）将本次实践观测到的信号波形与用模拟示波器观测到的信号波形进行比较，讨论两种示波器各自的特点。

四、任务知识点习题

（1）数字示波器主要由哪三大部分组成？

（2）简述数字存储示波器的工作原理。

（3）数字示波器将采集到的模拟信号转换为何种信号？

（4）简述数字示波器的主要性能指标。

（5）数字示波器在使用前有哪些准备工作？

（6）数字示波器如何进行功能检查？

（7）在数字示波器的操作过程中，使用 AUTO 键总能获得稳定的波形吗？

（8）根据自己的操作体会谈谈数字存储示波器有什么特点？

1.4 项目总结

典型电信号的产生

（1）各种信号发生器根据要求输出各种频率范围、各种波形、各种幅度的波形信号，是时域测量和频域测量不可缺少的设备。

（2）信号发生器最基本的组成为振荡器、变换器和输出电路，其中振荡器是其核心。

（3）正弦信号发生器的性能指标主要包括频率特性和输出特性两个部分。

低频信号发生器主振器主要采用文氏桥振荡器，电路中常采用负温度系数的热敏电阻以促进振荡器起振和稳定输出信号幅度。

高频信号发生器也称为射频信号发生器，它为高频电子线路调试提供所需的各种模拟射频信号，其输出正弦波频率范围部分或全部覆盖 300kHz～1GHz（允许向外延伸），具有一种或一种以上调制或调制组合（调幅、调频、脉冲调制）。

（4）函数信号发生器是一种多波形信号发生器，一般可输出正弦波、方波和三角波。函数信号发生器有三种产生信号的方法：先产生正弦波，再产生方波和三角波；先产生方波，再产生三角波和正弦波；先产生三角波，再产生方波和正弦波。

电信号的显示

（1）示波器能够在荧光屏上显示电信号的波形，对其进行定性观察和定量测量。根据目前的发展状况，示波器可分为模拟和数字两大类，其新产品已发展成为集显示、测量、运算、分析、记录等功能于一体的智能化测量仪器。

（2）示波管是示波器中常用的显示器件，它由电子枪、偏转系统和荧光屏三部分组成。

电子枪的作用是产生高速聚焦的电子束去轰击荧光屏；偏转系统的作用是控制电子束在水平方向和垂直方向上的偏转；荧光屏的作用是将电信号变为光信号进行显示。

（3）通用示波器主要由 X 系统、Y 系统、主机系统三大部分组成。

主机系统由示波管、电源、显示电路、Z 轴电路、校准信号发生器等组成。

电源电路用于向示波管及其他电子线路提供工作所需高低电压。

显示电路给示波管的各电极加上一定数值的电压，使电子枪产生高速、聚束的电子流。

Z 轴电路为辉度调整电路，在锯齿波扫描正程期间使光迹辉度加亮，在扫描回程期间使扫描线消隐。

校准信号发生器用于提供校准方波信号，以便随时校准示波器的垂直灵敏度、扫描时间因数和探头电容补偿等。

（4）Y 系统是被测信号的输入通道，它对被测信号进行衰减、放大并产生内触发信号。

Y 系统由探头、输入电路、延迟线和放大器等组成。为了保证示波器的高灵敏度，以便检测微弱的电信号，必须设置前置放大器和末级放大器；为了保证大信号加到示波器的输入端时不至于损坏示波器，必须用衰减器先对信号衰减。

示波器的探头可分为有源探头和无源探头，无源探头对输入信号具有衰减作用。

延迟线的作用是将被测信号进行一定的延迟，以便在 X 轴扫描信号产生之后，再将被测信号加到 Y 偏转板上，这样可以保证被测信号能得到完全的观察。

（5）X 系统的作用主要是产生和放大扫描锯齿波信号，它由触发电路、扫描发生器和水平放大器组成。

扫描发生器的作用是产生线性度好的锯齿波电压。其扫描方式可分为连续扫描、触发扫描和自动扫描等。

触发电路完成对触发源、输入耦合方式、触发极性（斜率）和触发电平的选择，将不同的触发信号变换成边沿陡峭、宽度适中、极性和幅度一定的触发信号。

（6）为了在同一个屏幕上同时观察多个信号波形或同一信号波形的不同部分，需要进行多波形显示。多波形显示以双波显示最为常见。

双线示波器利用同一示波管里的两个电子枪和两副偏转板来显示两个波形。

双踪示波器的示波管只有一个电子枪，由 Y 轴电子开关分时接通两个通道的信号，实现双踪显示。根据时间分割方法的不同，双踪显示可分为交替和断续两种方式。

（7）要根据被测信号特点和示波器的性能来选择合适的示波器，并注意正确的操作方法。示波器使用前应进行自校。

模拟示波器主要根据屏幕上的X轴和Y轴坐标标尺进行定量测量。

（8）数字存储示波器可将被测模拟信号转换为数字量以实现运算处理和长期存储。

数字存储示波器的工作主要由波形的取样与存储、波形的显示、波形的测量与处理等几部分组成，其中取样和存储是其最基础的工作。数字存储示波器的主要技术指标有最高取样速率、频带宽度和上升时间、存储容量、分辨力、输入阻抗、读出速度等。

电信号波形测量

2.1 项目背景

在集总参数电路里，电流、电压和功率是表征电信号能量的三个基本参数，由公式 $P=UI$ 确定三者之间的关系。若测出标准电阻两端电压值，就可计算出电流或功率，所以在实际测量中电压是测量的主要参量。

频率、时间（包括周期、脉冲宽度及脉冲前后沿时间、时间间隔等）等是表征电信号特性的重要参量。频率与周期互为倒数，周期测量属于时间的测量。频率测量的结果与其他许多电参量的测量方案、测量结果都有十分密切的关系。

本项目通过模拟和数字示波器分别对电信号的波形进行电压、频率和时间的测量。

2.1.1 测量知识：电子测量基础知识

一、电子测量仪器的误差

在电子测量中，由于电子测量仪器本身性能不完善所产生的误差，称为电子测量仪器的误差。它包括以下几类。

1. 固有误差

固有误差指在基准工作条件下测量仪器的误差。

基准工作条件，是指一组有公差的基准值（如环境温度 20±2℃等）或有基准范围的影响量（如温度、湿度、气压、电源等环境条件）。

2. 工作误差

工作误差是在额定工作条件内任一值上测得的某一性能特性的误差。在影响量的工作范围内，各影响量的最不利的组合点上，产生工作误差的最大值。

3. 稳定误差

由于测量仪器稳定性不好引起性能特性的变化产生的误差称为稳定误差。例如，由于元器件老化，使仪器性能对供电电源或环境条件敏感，造成零点漂移或读数变化等现象。

4. 变动量

变动量是反映影响量所引起的误差。当同一个影响量相继取两个不同值时，对于被测量的同一数值，测量仪器给出的示值之差，称为电子测量仪器的变动量。

二、电子测量仪器的正确使用

1. 仪器仪表的使用环境

对于一般的电子仪器，通常规定应在（20±5）℃的温度条件下、相对湿度为40%～70%的环境中使用。最好选用朝南通风的房间，有条件的应监测室温和相对湿度，以便采取适当措施来调节温度和排湿。

电源电压的波动不应超过允许范围（小于 10%）。有条件的话，应安装交流稳压器。应安装正规地线，并避免有强电磁场的设备靠近电子仪器。

精密电子仪器应在恒温（20±1℃）和恒湿（相对湿度为50%）的条件下工作，而电源电压的波动也应小于 5%，室内应配有空调机、去湿机和电子交流稳压电源。对高频的精密仪器还应有金属网屏蔽室以供使用，并将仪器的机壳接地。

2. 仪器仪表的维护措施

认真做好电子仪器的日常维护工作，对延长仪器的寿命，减少仪器的故障，确保安全使用及保证测量准确度等，都有十分重要的作用。维护仪器的基本措施大致可归纳为：防尘与去尘、防潮与驱潮、防热与排热、防震与防松、防腐蚀与防漏电等六个方面。

防尘与去尘：大部分仪器都有专用的防护罩，没有防护罩的仪器在不用的时候应用布盖好，或将仪器放进柜内。禁止将仪器无遮盖的搁置在水泥地上或靠墙的地板上。平时要用毛刷、干布或涂有绝缘油的抹布、纱团将仪器外表擦刷干净。对于仪器内部的积尘，通常利用检修仪器的机会，用长毛刷刷干净，也经常采用“皮老虎”这一工具。

防潮与驱潮：通常电子仪器内部或存放仪器的柜内应放有“硅胶袋”以吸收空气中的水分。要定期检查硅胶是否干燥，如发现其发黄，应及时予以更换。长期不用的仪器，应定期通电，有效地驱潮。

防热与排热：为防止仪器内部电路元器件的参数受温度影响而漂移，室内温度应保持在一定范围，如超过35℃，应采取通风排热措施，必要时可卸除仪器的机壳盖板以得散热。有条件安装空调机最好。

防震与防松：要定期检查仪器机壳底板上的防震弹性垫脚和仪器内插接器件、印刷板上的弹簧压片，如有变形、硬化脱落、漏装等应予更换、替代，对仪器面板上的开关、旋钮、底盘、插口、接线柱、电位器等的固定螺钉、螺帽应定期检查和坚固，以防松脱。

防腐蚀：仪器内如装有干电池或其他电池，应定期检查，防止漏液或腐烂。仪器应避免靠近酸性或碱性物体。如需长期存放，应使用凡士林或黄油涂擦仪器上的镀层部分和金属配件，并用油纸或蜡纸包好，防止生锈。

防漏电：对于各种电子仪器，必须定期检查其漏电程度。通常是在仪器不带电的条件下，先把电子仪器的电源置于“通”（ON）部位，然后用兆欧表检测仪器的电源插头对机壳之间的绝缘电阻，一般应不小于 500kΩ。

3. 使用仪器的注意事项

1）仪器的正确选用和连接

仪器的选用：电子仪器如果选用不当，容易发生人为损坏或造成更大危害，所以测试前必须正确选用仪器。根据被测电路或元器件的性能、所测试的参数类型，首先选定仪器的种类，再在同类仪器中根据其说明书所指出的性能指标，特别是精确度，正确选用仪器。测试过程中可根据实际情况调整仪器，以求最佳的测量结果。

仪器的连接：根据仪器的特性和功能，特别是负载情况，额定工作电压、电流和功率的要求，选配适当的连接电路或器件，严格按照仪器所规定的操作规程和使用方法，接入被测电路和元器件。仪器未正确连接好前，禁止通电，以防损坏仪器。

2）仪器开机前注意事项

开机前，应检查：

仪器的工作电压和电网的交流电压是否相符，熔断器是否良好；

仪器面板上各种开关、旋钮、度盘、接线柱、插口等有否松动或滑位。各功能旋钮是否在正确位置；

仪器的接“地”是否良好。

3）仪器开机后注意事项

仪器开机：

预热 15min；有高、低压开关的，应先接通“低”压开关，预热 5min 后，再接通“高”压开关；

注意观察仪器的工作是否正常，检查有无异常现象；

如有熔断器烧坏，应更换；如再烧坏，则应停机检查；

仪器内有排气扇的，应注意其运转是否正常。

4）仪器使用时注意事项

在使用过程中，对于各种开关、旋钮、度盘的扳动或调节，都应缓慢稳妥，不应猛扳、快转，不应直接检挑电缆线、导线或焊头；

对信号发生器，应考虑是否串接隔直流的电容器；

测试过程中，应先接上“低电位”端子（即地线），然后再接“高电位”端子。测试完毕后，则应先拆“高电位”端子，后拆“低电位”端子；

对功率较大的仪器，使用过程中遇有断电后，不可立即再行开机使用，需等仪器冷却 5min 后再开机，以免发生损坏事故。

5）仪器使用后注意事项

仪器使用完毕：

先切断“高”压，再切断“低”压；

除切断电源外，还应从电源插座上取离电源插头；

将测试过程中暂时取离或替换的附配件加以整理复位；仪器上的按键开关、旋钮亦应恢复到原始位置；

仪器冷却后，应放置妥当。

4. 仪器仪表的计量检定

为了正确使用仪器仪表，保证其测量结果的准确，除掌握它的技术性能和使用方法外，还必须定期对其进行检定和校准。

（1）周期检定：是一般精密仪表的例行检定。即定期地对其主要指标进行检查，以保证仪表准确、可靠地投入使用。一般情况下，检定内容包括准确度、灵敏度、短期稳定性、抗干扰特性等技术指标。

（2）修理检定：是指对损坏的仪器仪表修复后，为保证其使用的可靠性，应按期检定其性能，并根据修理情况，增加检定内容。

（3）验收检定：是指对新产品的检验。检定项目应包括：基准准确度、额定准确度、线性度、短期稳定度、温度系数、电源变化的影响、输入输出特性及绝缘电阻、耐压强度等技术指标，还应包括外观和调节机构的检查等。

各种类别、等级的标准仪器仪表，必须按规定的检查周期和要求送上级计量部门进行检定。

2.1.2　拓展知识：电子测量误差知识

测量的目的就是希望获得被测量的实际大小即真值。所谓真值，就是在一定的时间和环境的条件下，被测量本身所具有的真实数值。实际上，由于测量设备、测量方法、测量环境和测量人员的素质等条件的限制，测量所得到的结果与被测量的真值之间会有差异，这个差异就称为测量误差。测量误差过大，可能会使得测量结果变得毫无意义，甚至会带来坏处。误差是客观存在的，人们无法消除它，研究误差的目的，就是要了解产生误差的原因和发生的规律，寻求减小测量误差的方法，使测量结果精确可靠。

一、测量误差的来源与分类

在一切实际测量中都存在一定的误差。现在来讨论误差的来源。

1. 误差来源

1）仪器误差

由于仪器本身及其附件的电气和机械性能不完善而引入的误差称为仪器误差。仪器仪表的零点漂移、刻度不准确和非线性等引起的误差，以及数字式仪表的量化误差都属于此类。减小仪器误差的主要途径是根据具体测量任务，正确的选择测量方法和使用测量仪器。

2）理论误差和方法误差

由于测量所依据的理论不够严密或用近似公式、近似值计算测量结果所引起的误差称为理论误差。例如，峰值检波器的输出电压总是小于被测电压峰值所引起的峰值电压表的误差就属于理论误差。理论误差原则上可通过理论分析和计算来加以消除或修正。

由于测量方法不适宜而造成的误差称为方法误差。如用低内阻的万用表测量高内阻电路的电压时所引起的误差就属于此类。方法误差可通过改变测量方法来加以消除或修正。

3）影响误差

由于温度、湿度、振动、电源电压、电磁场等各种环境因素与仪器仪表要求的条件不一致而引起的误差。如数字电压表技术指标中常单独给出温度影响误差。当环境条件符合要求时，影响误差可不予考虑。

4）人身误差

由于测量人员的分辨力、视觉疲劳、不良习惯或缺乏责任心等因素引起的误差，如读错数字、操作不当等。减小人身误差的途径有提高测量者的操作技能和工作责任心；采用更适合的测量方法；采用数字式显示器进行读数以避免读数误差。

2. 误差分类

根据性质，可将测量误差分为系统误差、随机误差和疏失误差。

1）系统误差

在一定的条件下，误差的数值（大小及符号）保持恒定或按照一定的规律变化的误差称为系统误差。

系统误差决定了测量的准确度。系统误差越小，测量结果越准确。

2）随机误差

在相同条件下进行多次测量，每次测量结果出现无规律的随机变化的误差，这种误差称为随机误差或偶然误差。在足够多次测量中，随机误差服从一定的统计规律，具有单峰性、有界性、对称性、相消性等特点。

随机误差反映了测量结果的精密度。随机误差越小，测量精密度越高。

随机误差和系统误差共同决定测量结果的精确度，要使测量的精确度高，两者的值都要求很小。

3）疏失误差

疏失误差是指在一定条件下，测量值明显偏离实际值时所对应的误差。疏失误差又称粗大误差，或简称粗差。

疏失误差是由于读数错误、记录错误、操作不正确、测量中的失误及有不能允许的干扰等原因造成的误差。

疏失误差明显地歪曲了测量结果，就其数值而言，它远远大于系统误差和随机误差。

对于上述三类误差，应采取适当措施进行防范和处理，减小以至消除它们对测量结果的影响。对于含有疏失误差的测量值，一经确认，应首先予以剔除。对于系统误差，在测量前应细心做好准备工作，检查所有可能产生系统误差的来源，并设法消除；或决定它的大小，在测量中采用适当的方法或引入修正值加以抵消或削弱。例如，为了消除或削弱固定的系统误差，可采用零示法、替代法、补偿法、交换法等测量方法。对于随机误差，可在相同条件下进行多次测量，对测量结果求平均值来减小它的影响。

二、测量误差的表示方法

测量误差有两种表示方法：绝对误差和相对误差。

1. 绝对误差

由测量所得到的被测量值 x 与其真值 A_0 之差，称为绝对误差，绝对误差通常用 Δx 表示，则

$$\Delta x = x - A_0$$

由于测量结果 x 总含有误差，x 可能比 A_0 大，亦可能比 A_0 小，因此 Δx 既有大小，又有正负符号。其量纲和测量值相同。

要注意，这里说的被测量值，是指仪器的示值。一般情况下，示值和仪器的读数有区别。读数是指从仪器刻盘度、显示器等读数装置上直接读到的数字，示值是该读数表示的被测量的量值，常常需要加以换算。

式中，A_0表示真值。真值是一个理想的概念，一般来说，是无法精确得到的。因此，实际应用中通常用准确度更高的仪器测量出来的值（实际值A）来代替真值A_0。

实际值A又称为约定真值，它是根据测量误差的要求，由高一级或数级的标准仪器或计量器具测量所得，这时绝对误差为

$$\Delta x = x - A$$

例 1　用电压表测电压，读数为203V；而用标准表测得的结果为200V，则绝对误差为多少？

解：

$$\Delta U = U_x - A = 203 - 200 = 3\text{V}$$

2. 相对误差

绝对误差虽然可以说明测量结果偏离实际值的情况，但不能确切反映测量的准确程度，不便于看出对整个测量结果的影响。例如，对分别为10Hz和1MHz的两个频率进行测量，绝对误差都为+1Hz，但两次测量结果的准确程度显然不同。因此，除绝对误差外，再给出相对误差的定义。

1）实际相对误差

绝对误差与被测量的真值之比，称为相对误差（或称相对真误差），用γ表示：

$$\gamma = \frac{\Delta x}{A_0} \times 100\%$$

相对误差没有量纲，只有大小及符号。由于真值是难以确切得到的，通常用实际值A代替真值A_0来表示相对误差，用γ_A来表示：

$$\gamma_A = \frac{\Delta x}{A} \times 100\%$$

式中，γ_A称为实际相对误差。

2）示值相对误差

在误差较小，要求不大严格的场合，也可用测量值x代替实际值A，由此得出示值相对误差，用γ_x来表示：

$$\gamma_x = \frac{\Delta x}{x} \times 100\%$$

式中Δx由所用仪器的准确度等级定出。由于x中含有误差，所以γ_x只适用于近似测量。当Δx很小时，$x \approx A$，有$\gamma_x \approx \gamma_A$。

例 2　两个电压的实际值分别为U_{1A}=100V，U_{2A}=10V；测量值分别为U_{1x}=98V，U_{2x}=9V。试比较两次测量的绝对误差和相对误差。

解：

$$\Delta U_1 = U_{1x} - U_{1A} = (98-100)\text{V} = -2\text{V}$$

$$\Delta U_2 = U_{2x} - U_{2A} = (9-10)\text{V} = -1\text{V}$$

$|\Delta U_1| > |\Delta U_2|$。两者的相对误差分别为

$$\gamma_{A1} = \frac{\Delta U_1}{U_{1A}} = -\frac{2}{100} \times 100\% = -2\%$$

$$\gamma_{A2} = \frac{\Delta U_2}{U_{2A}} = -\frac{1}{10} \times 100\% = -10\%$$

$|\gamma_{A1}| < |\gamma_{A2}|$。说明$U_2$的测量准确度低于$U_1$。

由上可见，用相对误差衡量误差对测量结果的影响，比绝对误差更加确切。

3）引用相对误差

经常用绝对误差与仪器满刻度值 x_m 之比来表示相对误差，称为引用相对误差（或称满度相对误差），用 γ_m 表示：

$$\gamma_m = \frac{\Delta x}{x_m} \times 100\%$$

测量仪器使用最大引用相对误差来表示它的准确度，这时有

$$\gamma_{mm} = \frac{\Delta x_m}{x_m} \times 100\%$$

式中，Δx_m——仪器在该量程范围内出现的最大绝对误差；

x_m——满刻度值；

γ_{mm}——仪器在工作条件下不应超过的最大引用相对误差，它反映了该仪表的综合误差的大小。

电工测量仪表按 γ_{mm} 值分 0.1、0.2、0.5、1.0、1.5、2.5、5.0 七级。电工仪表的误差等级划分见表 2.1.1 所示，1.0 级表示该仪表的最大引用相对误差不会超过±1.0%，但超过±0.5%，也称准确度等级为 1.0 级。准确度等级常用符号 S 表示。

表 2.1.1 电工仪表的误差等级

γ_{mm}	≤±0. 1 %	≤±0.2%	≤±0.5%	≤±1.0%	≤±1.5%	≤±2.5%	≤±5.0%
等级	0.1	0.2	0.5	1.0	1.5	2.5	5.0

例 3 已知某被测电压为 80V，用 1.0 级、100V 量程的电压表测量。若只做一次测量就把该测量值作为测量结果，可能产生的最大绝对误差是多少？

解：在实际生产过程中，经常将一次直接测量的结果作为最终结果，所以讨论这个问题很具有实践意义。仪表的准确度等级表示该仪表的最大引用相对误差，该仪表可能出现的最大绝对误差为

$$\Delta x_m = \pm 1.0\% \times 100\ \text{V} = \pm 1\text{V}$$

测量的绝对误差满足

$$\Delta x \leqslant x_m \cdot S\%$$

$$\gamma_x \leqslant \frac{x_m}{x} \cdot S\%$$

测量中总要满足 $x \leqslant x_m$，可见当仪表的准确度等级确定后，x 越接近 x_m，测量的示值相对误差越小，测量准确度越高。因此，在测量中选择仪表量程时，应使指针尽量接近满偏转，一般最好指示在满度值的 2/3 以上的区域。例如，使用万用表测量 8V 电压时，不要选择 50V 挡位，而应选择 10V 挡位。同时，应该注意，这个结论只适用于正向线性刻度的电压表、电流表等类型的仪表。

而对于反向刻度的仪表即随着被测量数值增大而指针偏转角度变小的仪表，如万用表的欧姆挡，由于在设计或检定仪表时均以中值电阻为基准，故在使用这类仪表进行测量时应尽可能使表针指在中心位置附近区域，因为此时测量准确度最高。

例 4 已知被测电压的实际值为 10V 左右，用量程和准确度等级分别为 150V、0.5 级和 15V、1.5 级两块电压表测量，哪块表测量得准确？

解：若用 150V、0.5 级电压表，可求得测量的最大绝对误差为

$$\Delta x_{m1}=\pm 0.5\%\times 150\text{ V}=\pm 0.75\text{V}$$

用15V、1.5级电压表测量，可得：

$$\Delta x_{m2}=\pm 1.5\%\times 15\text{ V}=\pm 0.225\text{V}$$

显然，由于$|\Delta x_{m1}|>|\Delta x_{m2}|$，选用15V、1.5级的电压表测量更准确。由此例可见，测量中应根据被测量的大小，合理选择仪表量程，并兼顾准确度等级，而不能片面追求仪表的准确度级别。

3）分贝误差

在电子测量时经常会遇到用分贝（dB）数来表示相对误差，这种误差称为分贝误差γ_{dB}。它具有以下规律，对于电压、电流等量有

$$\gamma_{dB}=20\lg(1+\frac{\Delta x_x}{x})\text{dB}$$

对于电功率有

$$\gamma_{dB}=10\lg(1+\frac{\Delta x_x}{x})\text{dB}$$

分贝误差γ_{dB}数与示值相对误差γ_x有以下关系，

对于电压、电流等量有$\gamma_{dB}\approx 8.69\gamma_x$（dB）；

对于电功率有$\gamma_{dB}\approx 4.3\gamma_x$（dB）。

例如，某毫伏表测1MHz以下信号电压的误差为0.5dB，用示值相对误差表示为

$$\gamma_x=\frac{\gamma_{dB}}{8.69}=\frac{0.5}{8.69}=0.0575\approx 5.8\%$$

2.2　任务一：用模拟示波器测量电信号波形参数

任务目标

- 进一步熟悉函数信号发生器及模拟示波器的使用要点；
- 掌握通用示波器的操作方法，会用其测量电信号波形的常用参数；
- 能对测量的结果及误差进行正确分析。

2.2.1　测量知识：模拟示波器测量技术

示波器的基本测量技术，就是利用它进行时域分析。可以用示波器测量电压、时间、相位及其他物理量。

由于示波器可将被测信号显示在屏幕上，因此可以借助其X、Y坐标标尺测量被测信号的许多参量，如幅度，周期，脉冲的宽度、前后沿，调幅信号的调幅系数等。

一、电压测量

利用示波器可以测量直流电压，也可以测量交流电压；可以测量各种波形电压的瞬时值，

也可以测量脉冲电压波形各部分的电压，如上冲量等。

电压测量方法是先在示波器屏幕上测出被测电压的波形高度，然后和相应通道的偏转因数相乘即可。测量时应注意将偏转因数的微调旋钮置于“校准”位置（顺时针旋到底），还要注意输入探头衰减开关的位置。于是可得电压测量换算公式

$$U = y \times D_{\mathrm{y}} \times K_{\mathrm{y}} \tag{2-2-1}$$

式中，U —— 欲测量的电压值，根据实际测量可以是正弦波的峰-峰值（$U_{\mathrm{P\text{-}P}}$），脉冲的幅值（U_{A}）等。单位为伏（V）；

y —— 欲测量波形的高度，单位为厘米（cm）或格（div）；

D_{y} —— 偏转灵敏度，单位为伏/厘米（V/cm）或伏/格（V/div）；

K_{y} —— 探头衰减系数，一般为 1 或 10。

1. 直流电压测量

用于测量直流电压的示波器，其通频带必须从直流（DC）开始，若其下限频率不是零，则不能用于直流电压测量。

测量方法如下。

（1）将示波器各旋钮调到适当位置，使屏幕上出现扫描线，将电压输入耦合方式开关置于“⊥”位置，然后调节 Y 轴“移位”旋钮使扫描线位于荧光屏幕中间。如使用双踪示波器，应将垂直方式开关置于所使用的通道。

（2）确定被测电压极性。接入被测电压，将耦合方式开关置于“DC”位，注意扫描光迹的偏移方向，若光迹向上偏移，则被测电压为正极性，否则为负极性。

（3）将耦合方式开关再置于“⊥”位，然后按照直流电压极性的相反方向，将扫描线调到荧光屏刻度线的最低或最高位置上，将此定为零电平线，此后不再动 Y“移位”旋钮。

（4）测量直流电压值。将耦合方式开关再拨到“DC”位置上，选择合适的 Y 轴偏转灵敏度（V/div），使屏幕显示尽可能多的覆盖垂直分度（但不要超过有效面积），以提高测量准确度。

如在测量时，示波器的 Y 偏转灵敏度开关置于 0.5V/div，被测信号经衰减 10 倍的探头接入，屏幕上扫描光迹向上偏移 5.5 格（见图 2.2.1），则被测电压极性为正，其大小为

$$U = 5.5\mathrm{div} \times 0.5\mathrm{V/div} \times 10 = 27.5\mathrm{V}$$

2. 正弦波峰-峰值测量

使用示波器测量电压的优点是在确定其大小的同时可观察波形是否失真，还可同时显示其频率和相位，但示波器只能测出被测电压的峰值、峰-峰值、任意时刻的电压瞬时值或任意两点间的电位差值，如要求电压有效值或平均值，则必须经过换算。

测量时先将耦合方式开关置于“⊥”位置，调节扫描线至屏幕中心（或所需位置），以此作为零电平线，以后不再调动。

将耦合方式开关置“AC”位置，接入被测电压，选择合适的 Y 轴偏转灵敏度（V/div），使显示的波形的垂直偏转尽可能大但不要超过屏幕有效面积，还应调节有关旋钮，使屏幕上显示一个或几个稳定波形。

若偏转灵敏度为 1 V/div，探头未衰减，被测正弦波峰-峰值如图 2.2.2 所示占 6.0 格，则其峰-峰值为

$$U_{\mathrm{P-P}} = 6.0\mathrm{div} \times 1\mathrm{V/div} = 6.0\mathrm{V}$$

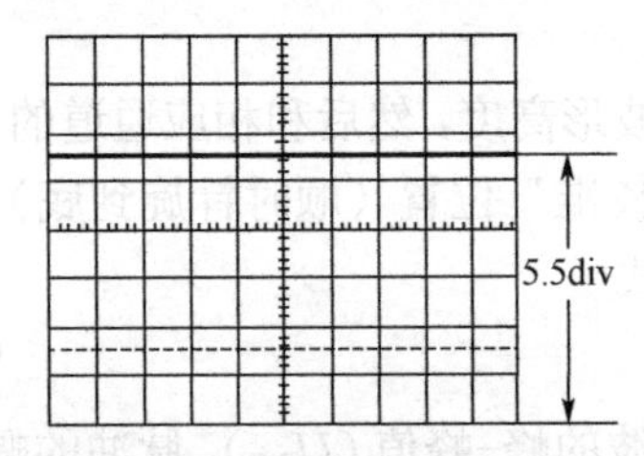

图 2.2.1 直流电压的测量

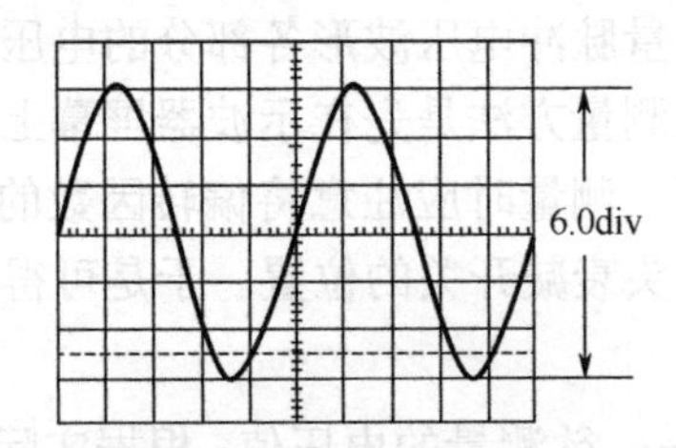

图 2.2.2 正弦电压的测量

幅值为

$$U_m = \frac{U_{p-p}}{2} = \frac{6.0V}{2} = 3.0V$$

有效值为

$$U = \frac{U_m}{\sqrt{2}} = \frac{3.0V}{\sqrt{2}} = 2.1V$$

3. 合成电压测量

在实际测量中，除了单纯的直流或交流电压测量外，往往需要测量既有交流分量又有直流分量的合成电压和脉冲电压，测量方法如下。

先确定扫描光迹的零电平线位置，此后不要再调动Y“移位”。

接入被测电压，将输入耦合开关置于“DC”位，调节有关旋钮使荧光屏上显示稳定的波形，选择合适的Y轴偏转灵敏度（V/div），使光迹获得足够偏转但不超过有效面积。测量电压方法与前面介绍相同。

若荧光屏显示的波形图如图2.2.3所示，用10：1探头，“V/div”开关在2 V/div挡，“微调”旋钮置于“校准”位。则得：

交流分量电压峰-峰值为

$$U_{P-P} = 2V/div \times 4.0div \times 10 = 80V$$

直流分量电压为

$$U_D = 2V/div \times 3.0div \times 10 = 60V$$

由于波形在零电平线的上方，所以测得的直流电压为正电压。

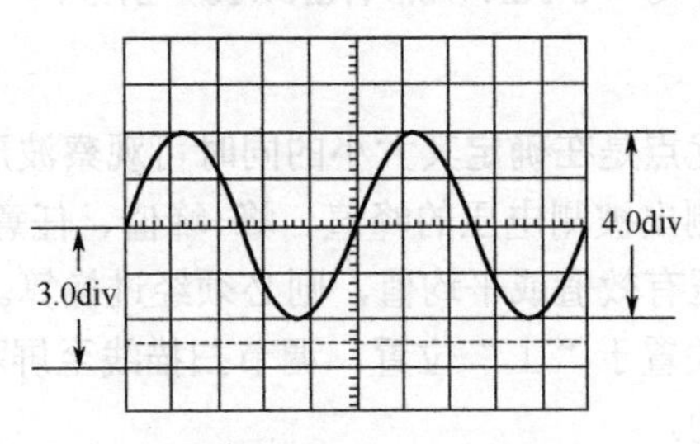

图 2.2.3 合成电压的测量

二、时间测量

时间测量包括测量信号周期（频率也可由周期计算出），脉冲宽度、前后沿等。

用示波器测量时间时应注意时基因数的微调应置于“校准”位置（顺时针旋到底），同时还要注意有没有扫描扩展。计算公式为

$$T = \frac{x \times D_x}{K_x} \tag{2-2-2}$$

式中，T —— 欲测量的时间值，可以是周期，脉冲宽度等，单位为秒（s）；

x —— 欲测量波形的宽度，单位为厘米（cm）或格（div）；

D_x —— 时基因数，单位为秒/厘米（s/cm）或秒/格（s/div）；

K_x —— 水平扩展倍数，一般为 1 或 10。

1. 正弦周期测量

当接入被测信号后，应调节示波器的有关旋钮，使波形的高度和宽度均比较合适，并移动波形至屏幕中心区和选择表示一个周期的被测点 A、B，将这两点移到刻度线上以便读取具体长度值，见图 2.2.4。读出 $\overline{AB} = x$ div，扫描因数 D_x（t/cm）及 X 轴扩展倍率 K_x，则可推算出被测信号周期。

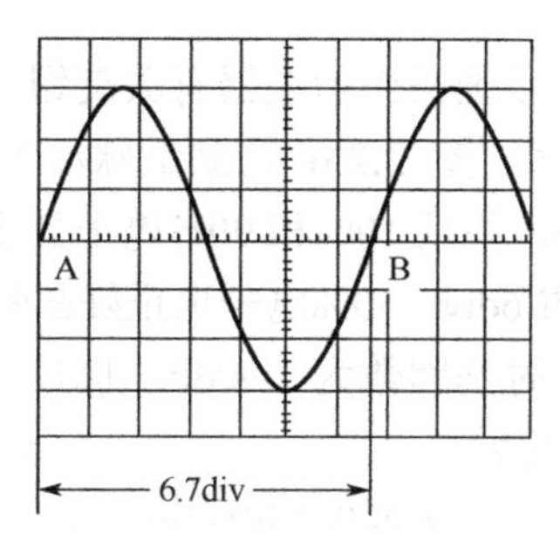

图 2.2.4　信号周期的测量

若从图 2.2.4 中知道信号一个周期的 x=6.7div，D_x=10ms/div，扫描扩展置于常态（不扩展），求被测信号周期。

$$T = 6.7\text{div} \times 10\text{ms/div} = 67\text{ms}$$

根据信号频率和周期互为倒数的关系，用前面所述的方法，先测得信号周期，再换算为频率。

$$f = \frac{1}{T} = \frac{1}{67\text{ms}} \approx 14.9\text{Hz}$$

这种测量精确度不太高，常用作频率的粗略测量。

2. 矩形脉冲宽度和上升时间测量

对于同一被测信号中任意两点间的时间间隔的测量方法与周期测量法相同。下面以测量矩形脉冲的上升沿时间与脉冲宽度为例进行讨论。

先来了解矩形脉冲信号主要参数。

（1）脉冲幅度 U_A：脉冲顶量值和底量值之差。

（2）脉冲周期和重复频率：周期性脉冲相邻两脉冲相同位置之间的时间间隔称为脉冲周期，用 T 表示。脉冲周期的倒数称为重复频率。

（3）脉冲宽度 t_w（或 τ）：脉冲前后沿 50%处的时间间隔。

（4）脉冲的占空比 ε：脉冲宽度 t_w 与脉冲周期 T 的比值称为占空比或空度系数。即

$$\varepsilon = \frac{t_w}{T}$$

（5）上升时间 t_r：指由 10%U_A 电平处上升到 90%U_A 电平处所需的时间，也叫脉冲前沿。

（6）下降时间 t_f：由脉冲 $90\%U_A$ 电平处下降到 $10\%U_A$ 电平处所需的时间，也叫脉冲后沿，如图 2.2.5 所示。

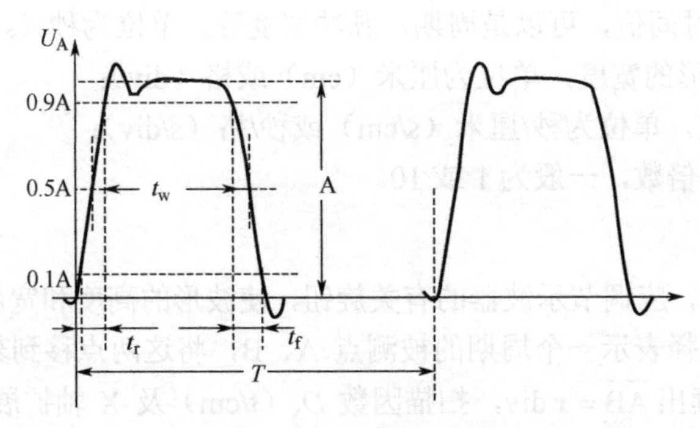

图 2.2.5　矩形脉冲参数

开始测量。接入被测信号后，正确操作示波器有关旋钮，使脉冲的相应部分在水平方向充分展开，并在垂直方向有足够幅度。图 2.2.6 是测量脉冲上升沿和脉冲宽度的具体实例。在图 2.2.6（a）中，脉冲幅度占 5div，并且 10%和 90%电平处于网格上，很容易读出上升沿的时间。在图 2.2.6（b）中，脉冲幅度占 6div，50%电平也正好在网格横线上，很容易确定脉冲宽度。

若测脉冲宽度和上升时间时，时基因数为 1μs/div，脉冲宽度占 6.0div，上升时间占 1.5div，扫描扩展均为 10 倍，则该上升时间为

$$t_r = \frac{1.5\text{div} \times 1\mu\text{s/div}}{10} = 0.15\ \mu\text{s}$$

脉冲宽度为

$$t_w = \frac{6.0\text{div} \times 1\mu\text{s/div}}{10} = 0.60\ \mu\text{s}$$

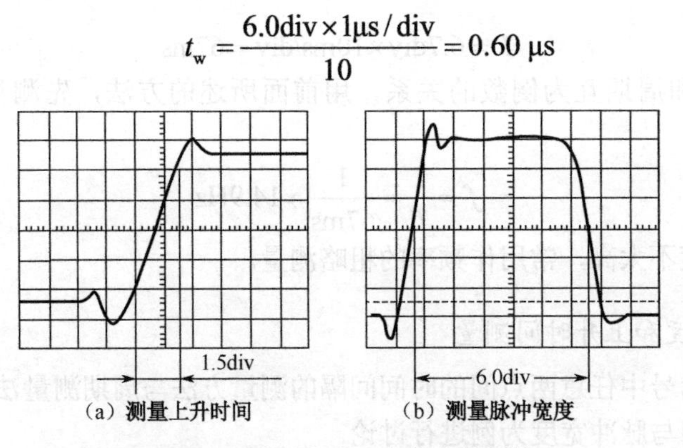

（a）测量上升时间　　（b）测量脉冲宽度

图 2.2.6　脉冲上升沿和宽度的测量

测量时需注意，示波器的 Y 通道本身存在固有的上升时间，这对测量结果有影响，尤其是当被测脉冲的上升时间接近于仪器本身固有上升时间时，误差更大，此时必须加以修正。修正公式为

$$t_r = \sqrt{t_{rx}^2 - t_{r0}^2} \tag{2-2-3}$$

式中，t_r——被测脉冲实际上升时间；

t_{rx}——屏幕上显示的上升时间；

t_{r0}——示波器本身固有上升时间。

一般当示波器本身上升时间小于被测信号上升时间的三分之一时，可忽略 t_{r0} 的影响；否则，必须按上式修正。

3. 测量两个信号（主要指脉冲信号）的时间差

用双踪示波器测量两个脉冲信号之间的时间间隔很方便。将两个被测信号分别接到 Y 轴两个通道的输入端（如 LM8020A 型双踪四线示波器的 CH1 和 CH2），采用“断续”或“交替”显示。注意，要采用内触发，并且触发源选择时间领先的信号所接入的通道，要注意在“交替”显示时不得采用 CH1 和 CH2 交替触发。

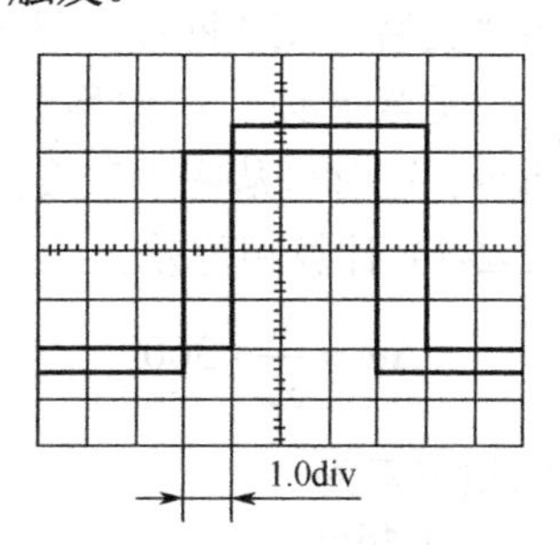

图 2.2.7　用双踪示波器测量时间间隔

若荧光屏上显示如图 2.2.7 中的两个波形，根据波形的时刻 t_1 与波形的时刻 t_2 在屏幕上的位置及所选用的扫描因数确定时间间隔。若时基因数为 5ms/div，时间间隔 x 为 1.0div，扫描扩展置于常态，则该时间间隔为

$$t_d=1.0\text{div}\times 5\text{ms/div}=5.0\text{ms}$$

注意

当脉冲宽度很窄时，不宜采用“断续”显示。

三、比值测量

有些参数可通过计算两个电压或时间之比的方法获得，此时，若分子、分母上所使用的时基因数和偏转因数相同，则在计算中可将其约去。因此，测量这些参数时只要将波形上两个宽度或高度相比即可，不需要将时基因数或偏转因数代入计算。于是，时基因数和偏转因数的微调无需置于“校准”位置，将波形调至合适大小即可。但应注意，在读取波形上两个宽度值或是高度值之间时基因数或是偏转因数不应再调整。可通过求比值测量的参数包括相位差、李沙育图形法测量等也可归为此类。下面通过例子加以说明。

1. 正弦波相位差测量

相差位指两个频率相同的正弦信号之间的相位差，亦即其初相位之差。

对于任意两个同频率不同相位的正弦信号，设其表达式为

$$u_1=U_{m1} \tag{2-2-4}$$

$$u_2=U_{m2}\sin(\omega t+\varphi_2) \tag{2-2-5}$$

若以 u_1 为参考电压，则 u_2 相对于 u_1 的相位差为

$$\Delta\varphi=(\omega t_2+\varphi_2)-(\omega t+\varphi_1)=\varphi_2-\varphi_1 \tag{2-2-6}$$

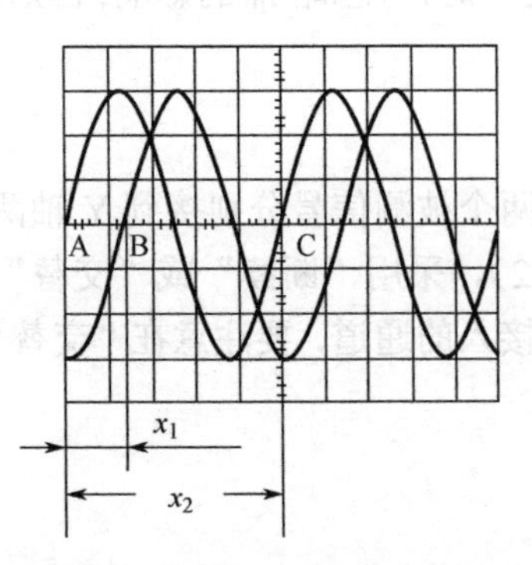

图 2.2.8　用双踪示波器测量相位差

可见，它们的相位差是一个常量，即其初相位之差。若以 u_1 作为参考电压，当 $\Delta\varphi>0$ 时，认为 u_2 超前 u_1；若 $\Delta\varphi<0$ 时，认为 u_2 滞后 u_1。

相位差的测量本质上和两个脉冲信号之间时间间隔的测量相同，故其测量方法也相同，一般用双踪示波器进行测量。

使用双踪示波器测量相位时，可将被测信号分别接入 Y 系统的两个通道输入端，选择相位超前的信号作触发源，采用"交替"或"断续"显示。

适当调整"Y 位移"，使两个信号重叠起来，如图 2.2.8 所示。这时可从图中直接读出 x_1=AB 和 x_2=AC 的长度，按式（2-2-7）计算相位差。

$$\Delta\varphi=\frac{x_1}{x_2}\times 360° \tag{2-2-7}$$

若 x_1 为 1.4div，x_2 为 5.0div，则相位差为

$$\Delta\varphi=\frac{1.4\text{div}}{5.0\text{div}}\times 360°=100.8°$$

在测量相位时，X 轴扫描因数"微调"旋钮不一定要置于"校准"位置，但其位置一经确定，在整个测量过程中不得变动。

注意，在采用"交替"显示时，一定要采用相位超前的信号作固定的内触发源，而不是使 X 系统受两个通道的信号轮流触发；否则，会产生相位误差。如被测信号的频率较低，应尽量采用"断续"显示方式，亦可避免产生相位误差。

2. 李沙育图形法测量

当示波器工作于 X-Y 方式，并从 X 轴和 Y 轴输入正弦波时，可在屏幕上显示李沙育图形，根据图形，可测量两信号的频率比。如图 2.2.9 所示为三种不同频率比李沙育图形。

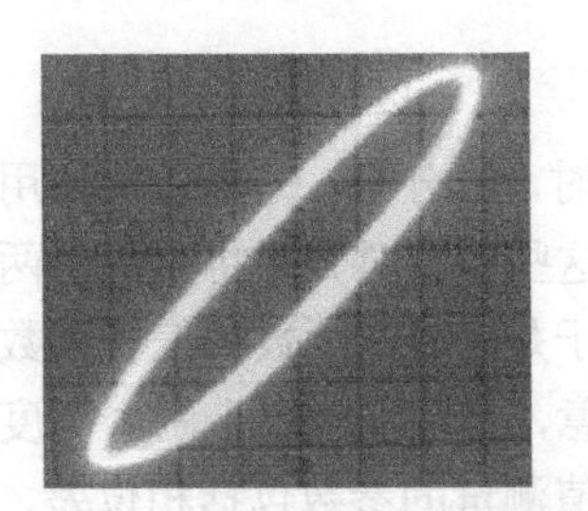 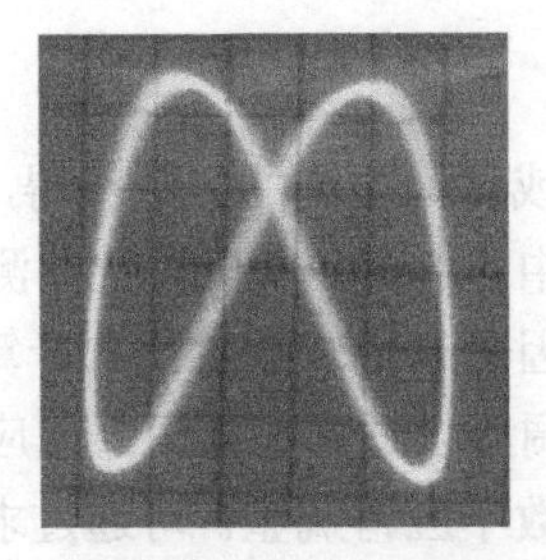 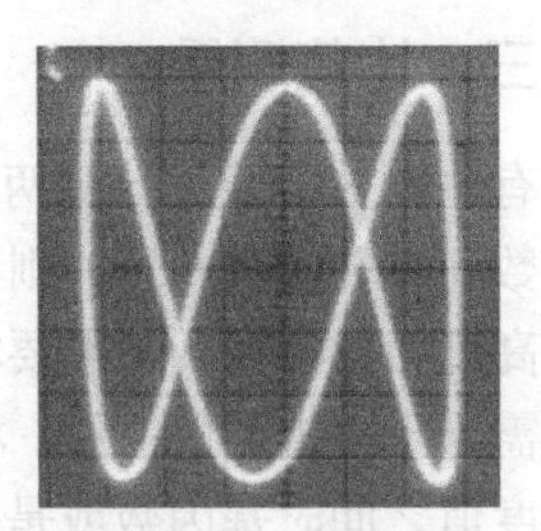

图 2.2.9　三种不同频率比的李沙育图形

在 X-Y 显示方式时，如果 X 轴和 Y 轴信号电压为零，则荧光屏仅在中心位置显示一个光点，它对应于坐标原点。加上正弦信号后，由于信号每周期内会有两次信号值为零，因此通过水平轴的次数应等于加在 Y 轴信号周期数的两倍，通过垂直轴的次数应等于加在 X 轴信号周期数的两倍。一般，若水平线和垂直线与李沙育图形的交点分别为 $n_H=m$，$n_V=n$，则

$$\frac{T_x}{T_y}=\frac{f_y}{f_x}=\frac{n_H}{n_V}=\frac{m}{n} \tag{2-2-8}$$

例如，图 2.2.10 中，在"8"字分别作一条水平线和一条垂直线，可见，通过水平线的次

数为 4 次，通过垂直线的次数为 2 次，可得

$$\frac{T_x}{T_y}=\frac{f_y}{f_x}=\frac{4}{2}=2$$

若已知其中一个信号的频率，则可算得另一个信号的频率。

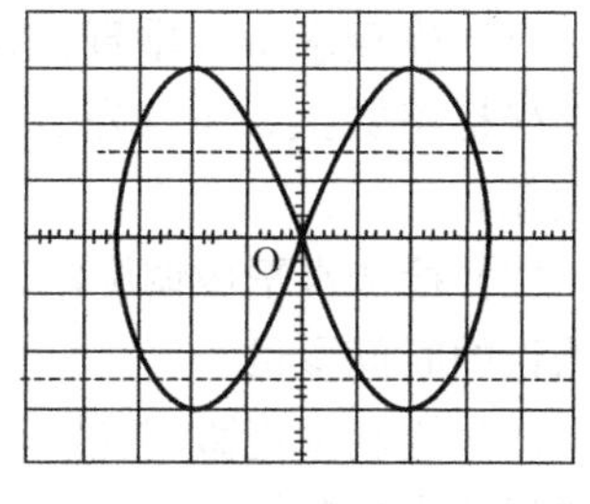

图 2.2.10　李沙育图形法测频率比

注意，当所作的水平线和垂直线与图形的交点是两条光迹的交点（如图 2.2.10 中的 O 点）时，应算作相交两次。

当两个信号的周期不成整数倍时，显示的波形不稳定，且会周期性变化。此法准确度较差，一般只用于进行粗测和频率比较。

3. 调幅系数测量

单音调制时，调幅波可用公式表示为：

$$u=U_m(1+m\sin\Omega t)\sin\omega t \tag{2-2-9}$$

式中，U_m —— 载波振荡的振幅；

Ω —— 低频调制信号的频率；

ω —— 载波振荡的频率；

m —— 调幅系数。

测量调幅系数的方法之一是将调幅波信号直接加至示波器予以观察，如图 2.2.11 所示。注意，图中虚线（称为包络）是为了便于说明画上去的，并不会在示波器屏幕上显示出来。调幅系数计算公式为

$$m=\frac{\Delta U}{U_m}=\frac{y_1-y_2}{y_1+y_2}\times 100\% \tag{2-2-10}$$

若图 2.2.11 中 y_1 为 6.0div，y_2 为 2.0div，则该调幅波的调幅系数为

$$m=\frac{6.0\text{div}-2.0\text{div}}{6.0\text{div}+2.0\text{div}}\times 100\%=50\%$$

另一种是将已调波加至 Y 轴，X 轴接入低频调制信号，采用 X-Y 显示方式，这时如果调制信号与加至 X 轴的信号同相，则上下呈一条斜线，图形为梯形，如图 2.2.12 所示，因而这种方法也称为梯形法。

这里需要说明的是，由于一般情况下被测调幅信号中的载波频率远大于调制信号，且两者之间相位关系不确定，所以实际上显示的是以包络为边界的明亮区域。

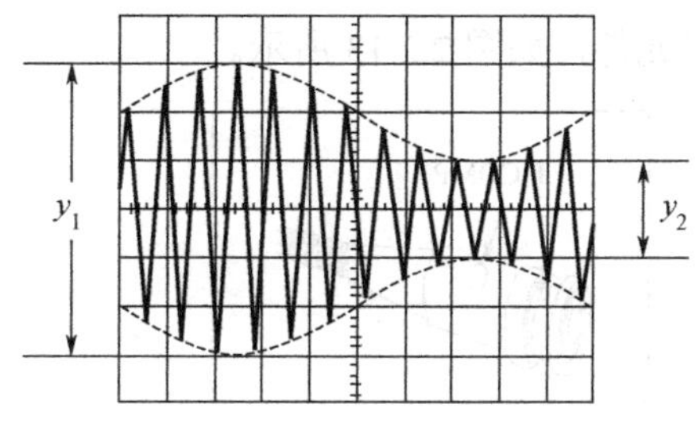

图 2.2.11　调幅系数测量

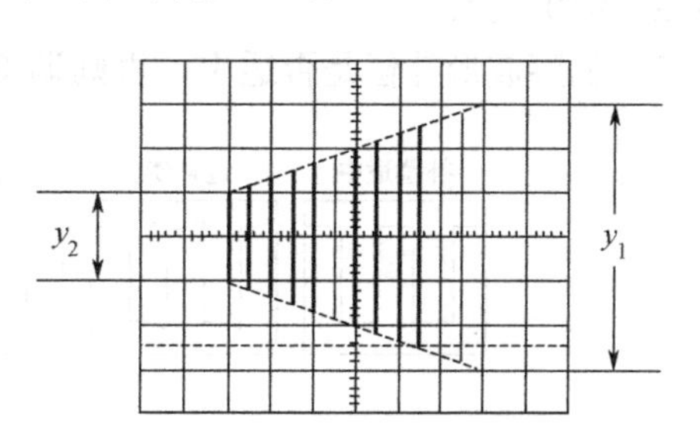

图 2.2.12　梯形法测调幅系数

四、常见测量错误及分析

测量结果是否正确，不仅与采用的测量方法有关，而且与示波器面板上的多种开关和旋钮的状态有关。测量值读数错误或精度不高的检查方法及原因分析如下。

（1）检查水平（垂直）位移旋钮。如果未能灵活使用位移旋钮，那么波形上的测量点占据的坐标格数上、下（左、右）需要估读，势必会引起视觉误差，造成时间量（电压量）测量误差。

（2）检测水平微调旋钮，如果未将其顺时针旋到底，放置在“校准”状态，那么势必会读出错误的时间参量。

（3）检测垂直微调旋钮。如果未将其顺时针旋到底，放置在“校准”状态，那么势必会读出错误的电压参量。

（4）检查水平扫描速率旋钮（TIME/DIV）。若挡位值过大，则波形过密，造成周期或频率的测量误差。

（5）检查垂直分辨率旋钮（VOLTS/DIV）。若挡位值过大，则波形幅值过小，造成电压幅度的测量误差。

（6）检查扫描扩展旋钮。当需要观察微小的波形变化时，需将此旋钮按下，最终数值应将测量结果乘以 1/10，若没有乘以 1/10，则会造成测量值大于实际值。

2.2.2 任务实施：模拟示波器的使用

一、任务器材准备

（1）双踪示波器____台，型号________________________________。

（2）函数信号发生器____台，型号________________________________。

二、任务内容

1. 测量前的准备工作

接通电源，调节各控件寻找光点和水平基线。调整亮度、聚焦，使亮度适中，扫描线清晰。

2. 示波器的探极补偿调整

（1）用专用探头将示波器本机校准信号（CAL）接入示波器 CH1 插座，并将探头衰减开关拨至“×10”挡。

（2）观察波形补偿是否适中，否则调整探头补偿元件，如图 2.2.13 所示。

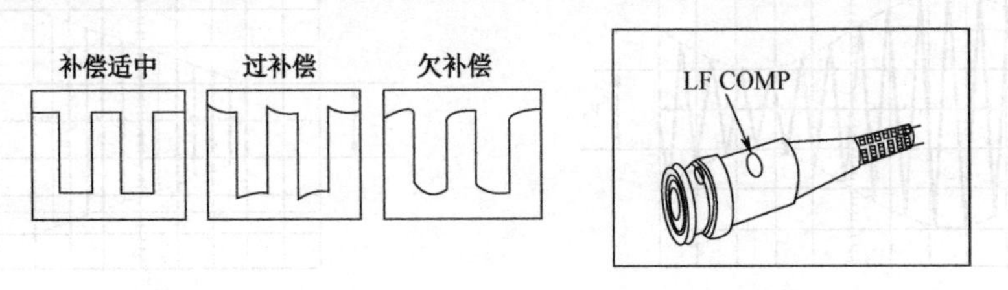

（a）波形　　（b）调整位置

图 2.2.13　探极补偿调整

记录相关参数，绘出波形图，填于实践记录表 2.2.1 中。

注意

将垂直和水平微调旋钮均置于校正位置（CAL）。

表 2.2.1　实践记录表

被测信号	垂直偏转因数(V/div)	峰-峰高度(div)	峰-峰电压(Vp-p)	时基因数(t/div)	一个周期长度(div)	周　期(ms)	频　率(Hz)	波形图
校正信号								

3．正弦交流信号的测量

将被测信号（信号发生器输出）接入示波器 CH1 通道，将“DC-⊥-AC”置于“AC”，“高频 触发 自动”置于“触发”，“内外”置于“内”，并根据被测信号的幅度和频率调节“V/div”和“t/div”使波形置于有效面积内，调节“电平”使波形稳定，并将“微调”置满刻度。调节信号发生器使其输出的正弦信号频率和电压值如实践记录表 2.2.2 所示，使用毫伏表监测，记录和处理相关数据。

表 2.2.2　实践记录表

信号发生器输出电压		电压测量				频率测量			
频率(Hz)	U_{P-P}(V)	偏转因数(V/div)	高度H/div	计算电压有效值(V)	毫伏表测量值（V）	时间因数(t/div)	周期宽度(L/div)	计算周期(ms)	计算频率 f (Hz)
500	1								
1k	2								
200k	3								
500k	4								
1M	5								

4．方波信号的测量

调节信号发生器使其输出的方波信号频率和电压值如实践记录表 2.2.3 所示，同时记录和处理相关数据。

5．直流电压的测量

（1）首先将触发方式置于“自动”或“高频”，将 Y 轴耦合开关置于“⊥”，此时显示的时基线为零电平的参考基准线（一般调到中心位置）。

（2）将“⊥”→“DC”，加入被测信号（2 号干电池），此时，时基线在 Y 轴方向产生位移。

（3）此时“t/div”的指示值（“微调”位于“校准”位置），与时基线在 Y 轴方向位移度数的乘积为测得的直流电压值。

（4）将结果记录在实践记录表 2.2.4 中。如误差较大，请重新测量，并找出产生误差较大的原因。

表 2.2.3 实践记录表

信号发生器输出电压		电压测量				频率测量			
频率（Hz）	Up-p（V）	偏转因数（V/div）	高度（H/div）	计算电压有效值（V）	毫伏表测量值（V）	时间因数（t/div）	周期宽度（L/div）	计算周期（ms）	计算频率 f（Hz）
500	1								
1k	2								
200k	3								
500k	4								
1M	5								

表 2.2.4 实践记录表

Y轴输入耦合选择开关位置	偏转因数（V/div）	光迹移动格数	计算被测电压值（V）	万用表测得电压值（V）	误　差

6. 显示波形的观测

（1）选择不同的触发极性，观察对波形显示的影响。

（2）调节触发电平，观察对波形显示的影响。

（3）选择不同的扫描速度，观察对波形显示的影响。

（4）观察扫描扩展（×10）前后的波形变化。

（5）观察交替和断续扫描。

（6）观察波形叠加。

7. 测量两正弦波的相位差

相位差是指两个同频率的正弦波初相位之差。用双踪示波器测量相位差的电路连接如图 2.2.14 所示。

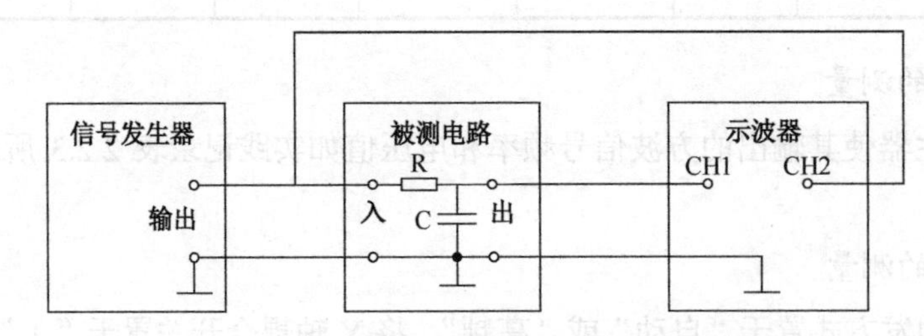

图 2.2.14 用双踪示波器测量相位差的电路连接

在测量相位差时，时基因数“微调”旋钮不一定要置于“校准”位置，但其位置一经确定，在整个测量过程中不得变动。测量相位差的步骤如下。

（1）将两信号分别送入“CH1”和“CH2”输入插座。

（2）根据信号频率，将垂直方式置于“交替”或“断续”。

（3）设置内触发源为参考信号通道。

（4）将 CH1 和 CH2 输入耦合方式置“GND”，调节 CH1、CH2 移位旋钮，使两条扫描基线重合。

（5）将 CH1、CH2 耦合方式开关置“AC”，调整垂直偏转和微调旋钮，使两个波形的显示幅度一致。

（6）如图 2.2.15 所示，读出两波形水平方向差距格数 D 及信号周期所占格数 T，则相位差为

$$\theta = \frac{D}{T} \times 360^{\circ}$$

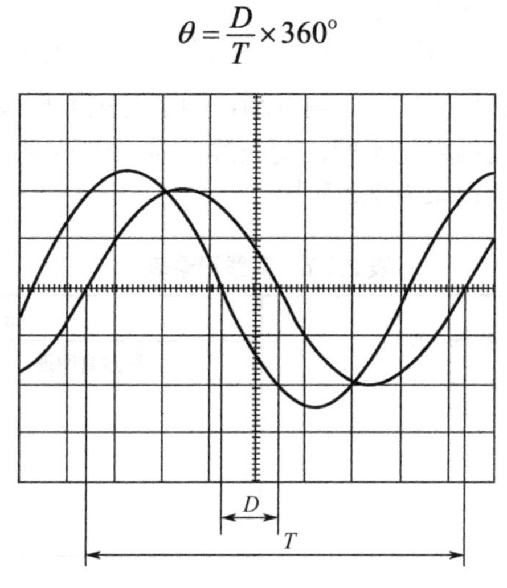

图 2.2.15　测量两正弦波的相位差

按图 2.2.14 接好电路，将测量结果填入实践记录表 2.2.5 中。

表 2.2.5　实践记录表

信号发生器输出信号	时基因数微调旋钮位置	一个周期的长度（格数）	两波形在 X 轴方向的差距（格数）	相位差	波　形
f=1kHz，U_{P-P}=1V					

*8. 观察李沙育图形

一般只用于进行粗测和频率比较。李沙育图形与频率比的关系如表 2.2.6 所示。

表 2.2.6　李沙育图形与频率比的关系

$\frac{f_y}{f_x}$	1	2	$\frac{3}{1}$	$\frac{1}{3}$	$\frac{2}{3}$	$\frac{3}{2}$
李沙育图形						

按图2.2.16接线，测量步骤如下：

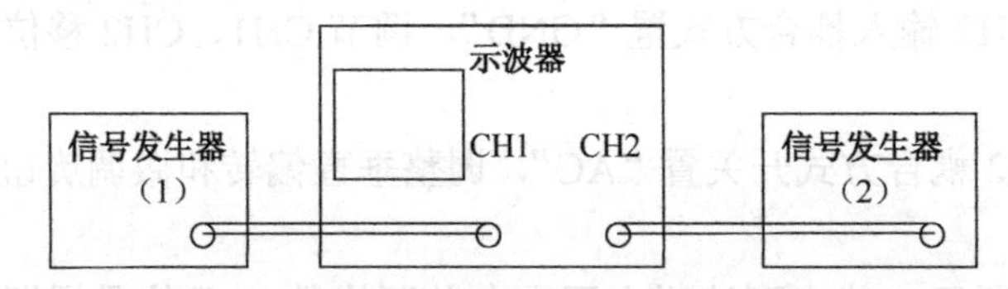

图2.2.16　用双踪示波器观察李沙育图形的电路连接

（1）首先使示波器工作于X-Y方式。

（2）将频率已知的信号加至“CH1”输入端，如选定CH1通道输入信号频率为 $f_x = 100\text{Hz}$。

（3）将频率未知的信号加至“CH2”输入端，调节有关面板装置，改变CH2通道输入信号的频率，根据两被测正弦波频率比不同，荧光屏上显示出不同的李沙育图形。

（4）将测量结果填入实践记录表2.2.7中。

表2.2.7　实践记录表

f_x	测量步骤	测量结果	
		李沙育图形	f_y
100Hz			

注意

（1）测量信号幅度时，垂直偏转因数微调旋钮必须放在校准位置；探头若经衰减接入，则测量得到的幅度值必须乘以衰减倍数。

（2）测量信号周期时，扫描微调旋钮放在校准位置；若在测量周期时，水平扩展旋钮“×10”按下，则测得上升时间必须除以10。

三、任务总结及思考

（1）简单说明实践结果（测量值）与参考值（或理论结果）的差异。

（2）简要总结本实践仪器仪表的规范使用注意事项及实践体会。

（3）读波形所占格数时，怎样读才能尽量减小误差？

（4）在测量直流电压时，时基线向下移动，如何解释？

四、任务知识点习题

（1）使用通用模拟式双踪示波器观察某信号波形分别如图 2.2.17（a）、（b）、（c）、（d）所示，已知垂直与水平系统的偏转因数处于校准状态，扫描因数与垂直偏转因数分别为：10μs/div、1V/div。其中，（a）、（b）两图使用探头衰减为“×1”，（c）、（d）两图使用探头衰减为“×10”。请读取各波形的周期、峰-峰值。

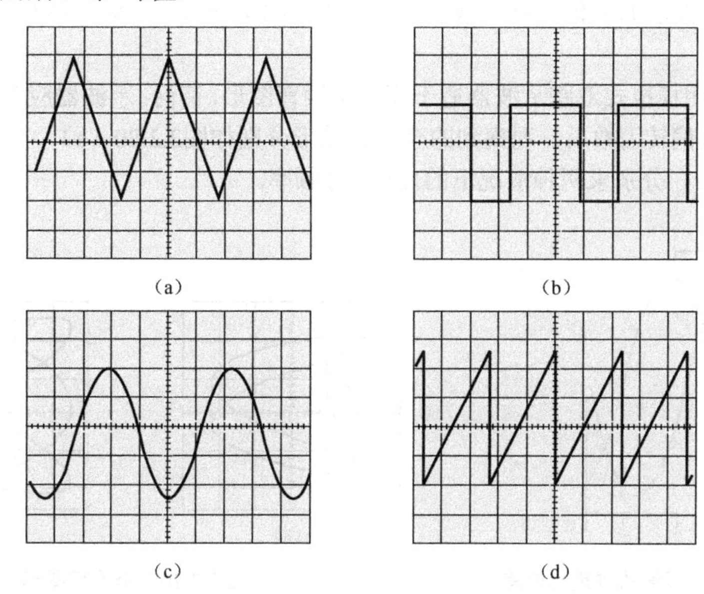

图 2.2.17　使用通用模拟式双踪示波器观察某信号波形

（2）使用通用模拟式双踪示波器观察某信号波形如图 2.2.18（a）所示，已知垂直与水平系统的偏转因数处于校准状态，扫描因数与垂直偏转因数分别为：2μs/div、0.5mV/div，请读取信号的周期、峰-峰值。若使用“水平×10”扩展观察，请在（b）图中画出扩展后的信号波形。

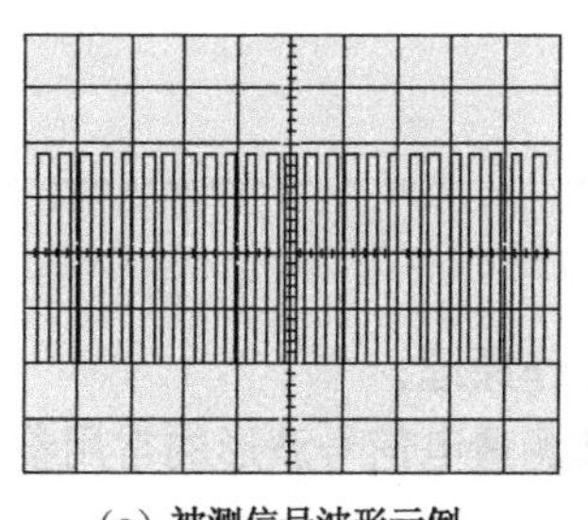

（a）被测信号波形示例

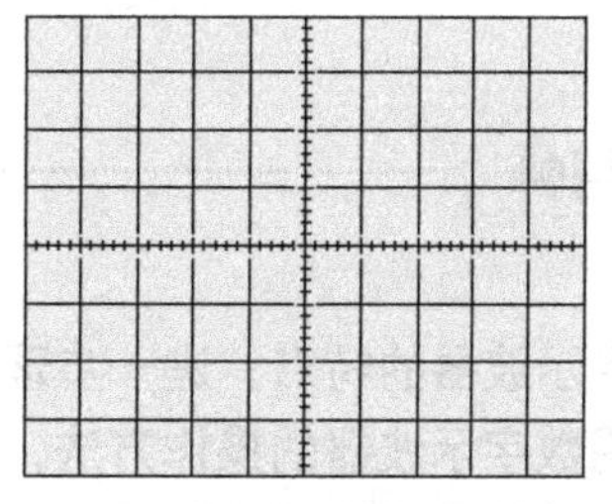

（b）水平扩展后的波形

图 2.2.18

（3）已知示波器的偏转因数为 D_y=0.5V/div，荧光屏有效高度为 10div，扫描时间因数为 0.1ms/div。被测信号为正弦波，荧光屏上显示波形的总高度为 8div，两个周期的波形在 X 方向占 10div。求该测信号的频率 f_y、振幅 U_m、有效值 U_{rms}。

（4）某示波器 X 通道的工作特性：时基因数范围为 0.2μs/div 到 1s/div，扫描扩展为“×10”。荧光屏 X 方向有效宽度为 10div。试估算该示波器能观察的正弦波的上限频率（以观察到一个完整周期波形计算）。

（5）某示波器 X 方向最小偏转因数为 0.01μs/div，其屏幕 X 方向有效宽度为 10div，如要观察两个完整周期波形，问示波器最高工作频率是多少？

（6）某示波器 X 偏转因数的最大值为 0.5s/div，其 X 方向有效长度为 10 div，如欲观察两个完整周期波形，问示波器的最低工作频率是多少？

（7）采用通用示波器测量矩形脉冲的上升沿。已知示波器的上升时间为 15ns，荧光屏上显示的脉冲的上升沿为 50ns，问矩形脉冲的实际上升沿为多少？

（8）用双踪示波法测量相位差，显示图形如图 2.2.19 所示，测得 x_1=3div，x_2=9div，求相位差 $\Delta\varphi$。

（9）设置某通用模拟式双踪示波器适于观察李沙育图形，请问：示波器应工作于何种方式？若选择合适的通道偏转因数后，观察到的李沙育图形分别如图2.2.20（a）、（b）所示，已知Y轴信号频率为3kHz，分别求两种情况下的X轴信号频率。

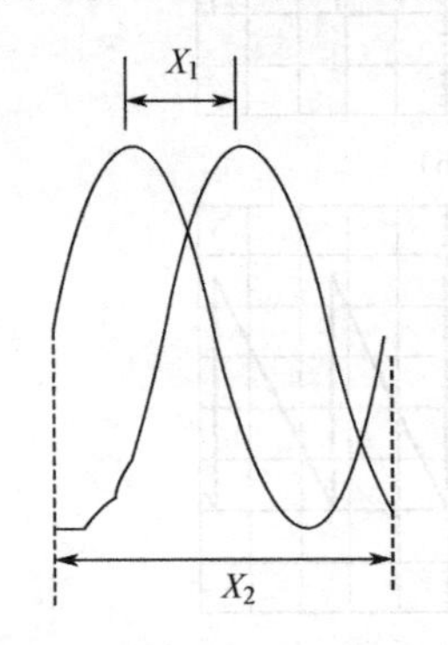

图 2.2.19　用双踪示波法测量相位差

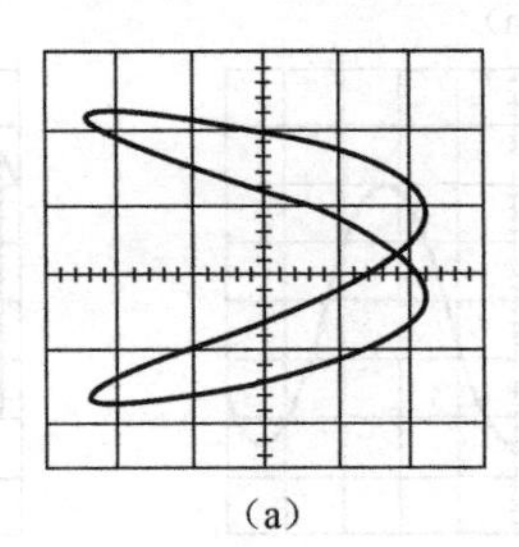

(a)

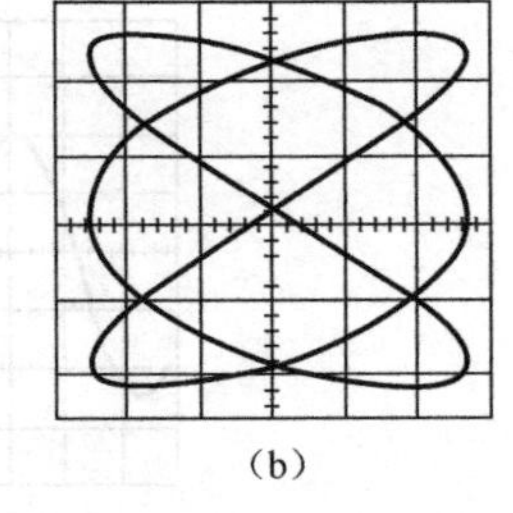

(b)

图 2.2.20　李沙育图形

2.3 任务二：用数字示波器测量电信号波形参数

任务目标

- 了解数字示波器的特点，进一步理解其工作原理；
- 掌握通用数字示波器的操作方法，会用其测量电信号波形的常用参数；
- 能对测量的结果及误差进行正确分析。

2.3.1 测量知识：数字示波器测量技术

与模拟示波器相比较，数字示波器的主要特点是信号存储和数据处理能力。因此，利用数字存储示波器进行测量时不仅方便，而且有许多测量功能是模拟示波器所不能胜任的，例如，测量信号有效值、频谱等。

从使用角度来说，数字存储示波器面板布置简洁，键盘和显示器的人机接口，以及操作菜单化，经常提示操作方法和步骤，直至显示测量结果，给操作者带来很大方便，大大提高测量效率。

在数字存储示波器中，一旦信号被采集、存储，就可以在仪器内部按测量要求进行数据处理，最后给出测量结果。

下面以 UTD2102CEX-EDU 数字存储示波器为例讲解数字示波器使用方法。

一、UTD2102CEX-EDU 数字存储示波器的仪器设置

1. 设置垂直系统

1）CHX 菜单

数字示波器每个通道有独立的垂直菜单，每个项目都按不同的通道单独设置。

按一下 CH1 或 CH2 功能按键，则激活通道 1 或 2，系统显示对应通道的操作菜单。菜单具体说明见表 2.3.1，此时可通过菜单结构实现各项专门功能。

表 2.3.1 CHX 通道功能菜单

功能菜单	设　定	说　明	功能菜单	设　定	说　明
耦合	交流 直流 接地	阻挡输入信号的直流成分 通过输入信号的交流和直流部分 断开输入信号	探头	1× 10× 100× 1000×	根据探头衰减系数选取其中一个值，以保持垂直偏转系数的读数正确。共有四种：1×、10×、100×、1000×
带宽限制	打开 关闭	限制带宽至 20MHz，以减少显示噪声。 满带宽	反相	开 关	打开波形反向功能。 波形正常显示
伏/格	粗调 细调	粗调按 1-2-5 进制设定垂直偏转系数。微调则在粗调设置范围之间进一步细分，以改善垂直分辨率			

（1）选择耦合方式。

以信号施加到 CH1 通道为例，被测信号是一含有直流分量的正弦信号。

按 F1 可在环形菜单中选择耦合方式。耦合方式有交流、直流和接地三项。

例如，按 F1 选择交流，设置为交流耦合方式，则被测信号含有的直流分量被阻隔，波形显示如图 2.3.1 所示，这种方式方便用户用更高的灵敏度显示信号的交流分量。

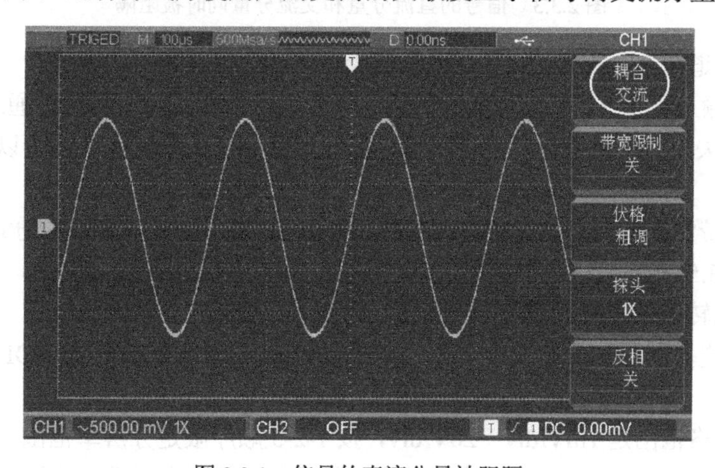

图 2.3.1 信号的直流分量被阻隔

按F1选择直流，输入到CH1通道被测信号的直流分量和交流分量都可以通过。波形显示如图2.3.2所示，用户可以通过观察波形与信号地之间的差距来快速测量信号的直流分量。

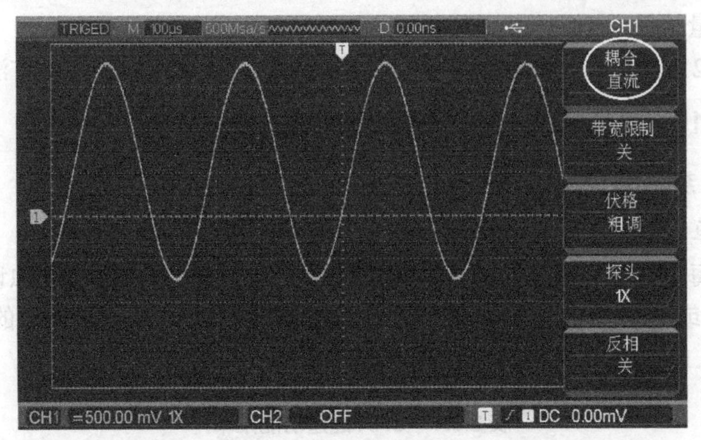

图2.3.2　信号的直流分量和交流分量同时被显示

按F1选择接地，通道设置为接地方式。被测信号含有的直流分量和交流分量都被阻隔，波形显示如图2.3.3所示。这在种方式下，尽管屏幕上不显示波形，但输入信号仍与通道电路保持连接。

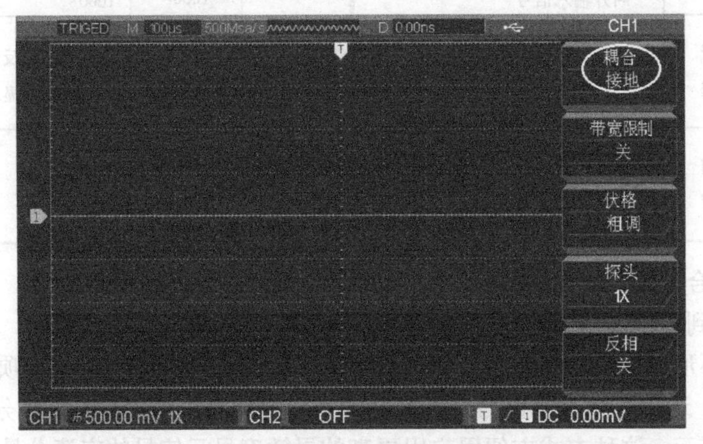

图2.3.3　信号的直流分量和交流分量同时被阻隔

（2）设置通道带宽限制。

以在CH1输入一个25MHz左右的正弦信号为例；按CH1打开CH1通道，然后按F2，设置带宽限制为关，此时通道带宽为全带宽，被测信号含有的高频分量都可以通过，波形显示如图2.3.4所示。

按F2设置带宽限制为开，此时被测信号中高于20MHz的噪声和高频分量被大幅度衰减，波形显示如图2.3.5所示。

（3）垂直偏转灵敏度（伏/格）调节方式。

按F3可确定垂直偏转灵敏度调节方式：粗调和细调。在“伏/格”（VOLTS/DIV）钮上选择分辨率。

粗调时，伏/格范围是1mV/div～20V/div，按1-2-5顺序限定分辨率范围。细调则在当前粗调设置范围内进一步细分，以更小的步进改变偏转系数，从而实现垂直偏转系数在所有垂直挡位内无间断地连续可调，改善分辨率。调节 VOLTS/DIV 旋钮时可通过观察屏幕下方 CHX 的数值变化来理解粗调和细调这两种方式。

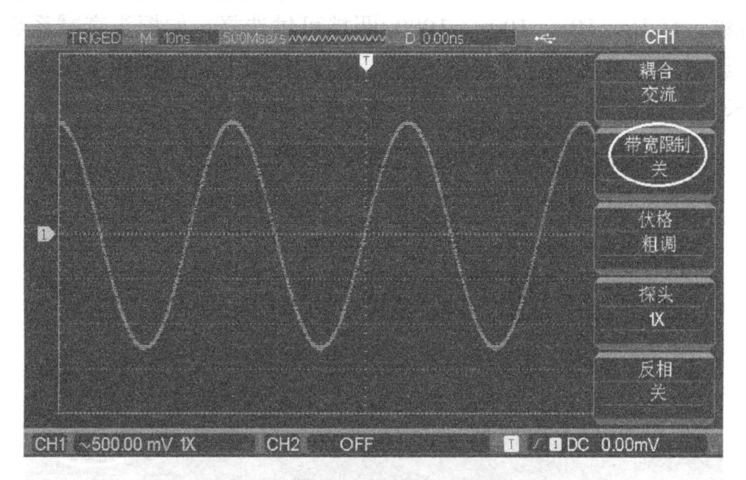

图 2.3.4　带宽限制关闭时的波形显示

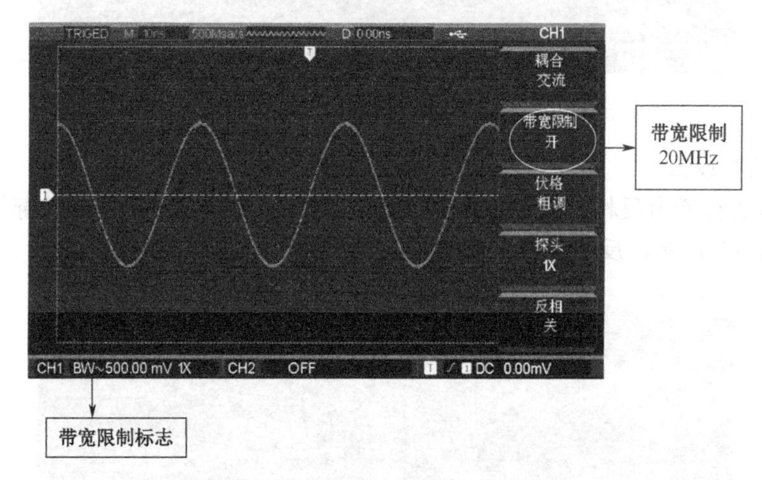

图 2.3.5　带宽限制打开时的波形显示

垂直偏转灵敏度调节方式子菜单如图 2.3.6 所示。

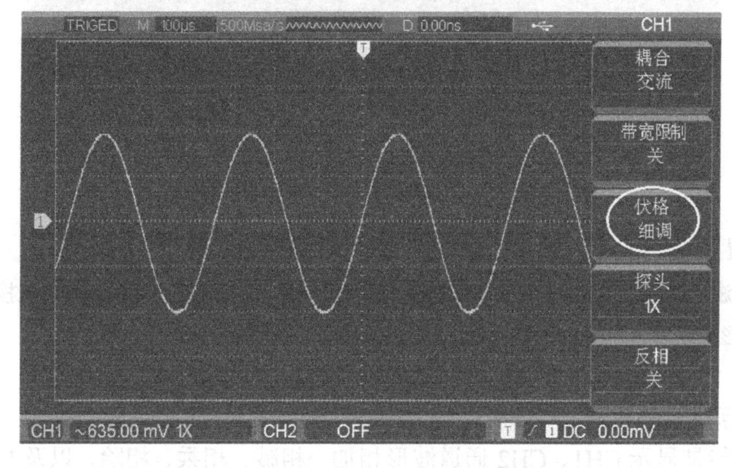

图 2.3.6　垂直偏转灵敏度调节方式子菜单

（4）确定探头衰减倍数。

为了配合探头的衰减系数设定，需要在通道操作菜单中相应设置探头衰减系数。按 F4 可选择探头衰减倍数。有 1×、10×、100×、1000×四挡可供选择。如探头衰减系数为 10：1，则通道菜单中探头系数相应设置成 10×，其余类推，以确保电压读数正确。

图 2.3.7 的示例为应用 10：1 探头时的设置及垂直挡位的显示。

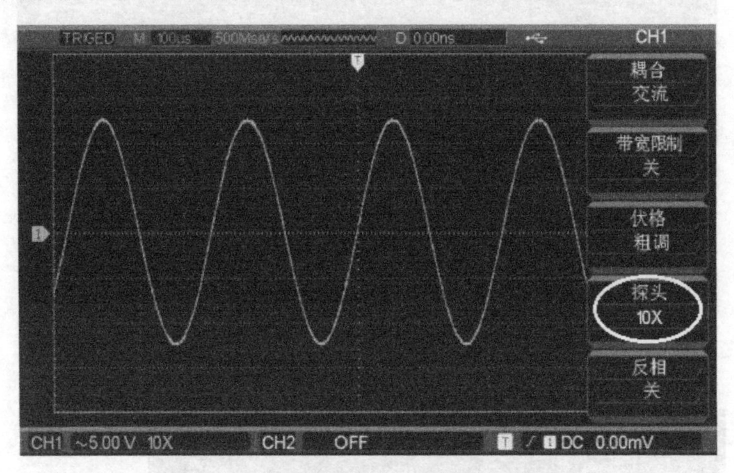

图 2.3.7 菜单中的探头衰减系数设定

（5）通道反相设置。

按 F5 可以进行通道反相设置。选择波形反相“开”，则显示信号的相位翻转 180°。未反相的波形如图 2.3.8 所示，反相后的波形如图 2.3.9 所示。

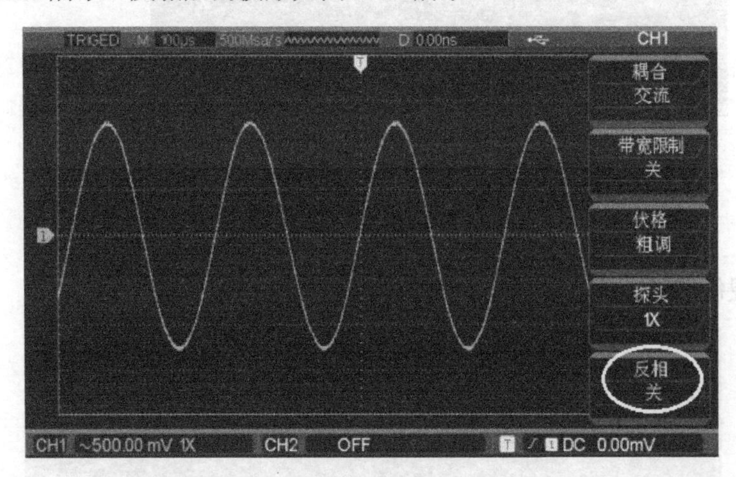

图 2.3.8 垂直通道反相设置（未反相）

注意

要使波形消失，按 CH1 或 CH2 功能按键，显示垂直功能表。再按一次功能按键，则关闭波形。在波形关闭后，仍可使用输入通道作为触发源或进行数字值显示。

2）数学运算功能的实现

数学运算功能是显示 CH1、CH2 通道波形相加、相减、相乘、相除，以及 FFT 运算的结果。

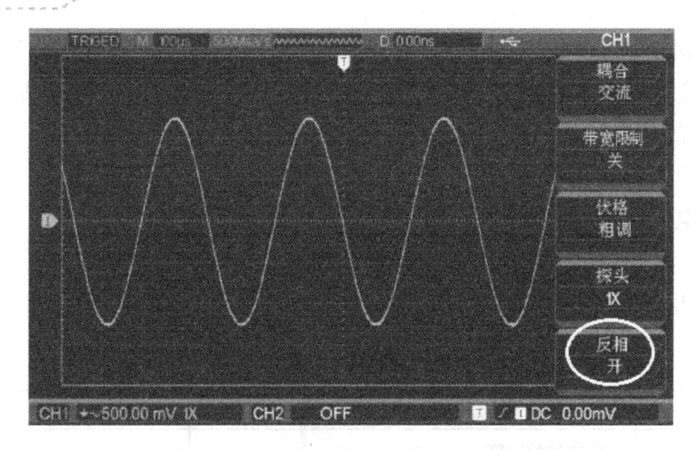

图 2.3.9　垂直通道反相设置（反相）

按 MATH（数学值功能表）键，即显示波形数学值操作。再次按 MATH 键，则关闭数学波形显示。其菜单如表 2.3.2 所示。

表 2.3.2　数学运算菜单

功 能 菜 单	设　　定	说　　明
类型	数学	进行＋、−、×、÷运算
信源 1	CH1	设定信源 1 为 CH1 通道波形
	CH2	设定信源 1 为 CH2 通道波形
算子	＋	信源 1＋信源 2
	−	信源 1−信源 2
	×	信源 1×信源 2
	÷	信源 1÷信源 2
信源 2	CH1	设定信源 2 为 CH1 通道波形
	CH2	设定信源 2 为 CH2 通道波形

（1）数学。

图 2.3.10 示例为 CH1、CH2 通道波形数学运算（相加）的运算结果显示。

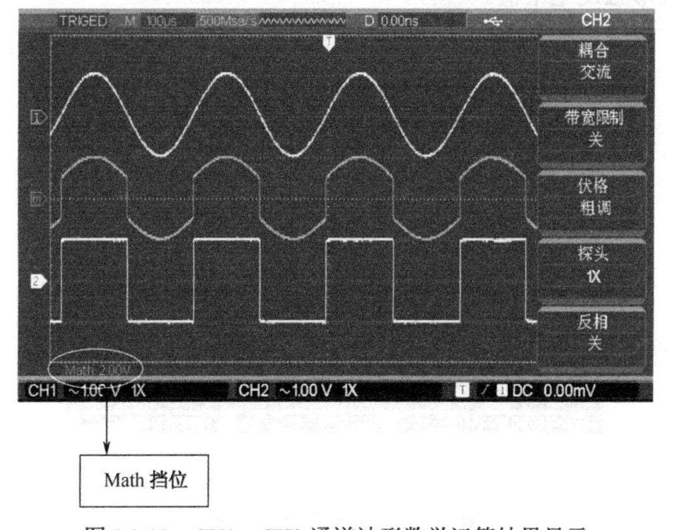

图 2.3.10　CH1、CH2 通道波形数学运算结果显示

（2）*FFT 频谱分析。

使用（快速傅立叶变换）数学运算，可将时域（YT）时域信号转换成频域信号。可以方便的观察下列类型的信号：

① 测量系统中谐波含量和失真；

② 表现直流电源中的噪声特性；

③ 分析振动。

其菜单说明如表 2.3.3 所示。

表 2.3.3　FFT 菜单

功能菜单	设　定	说　明	功能菜单	设　定	说　明
类型	FFT	FFT 数学运算	窗	Hanning	设定 Hanning 窗函数
信源	CH1	设定 CH1 为 FFT 运算波形		Hamming	设定 Hamming 窗函数
	CH2	设定 CH2 为 FFT 运算波形		Blackman	设定 Blacklman 窗函数
垂直单位	Vrms dBVrms	设置垂直单位为 Vrms 或 dBVrms		Rectangle	设定 Rectangle 窗函数

2. 设置水平系统

使用水平控制旋钮可改变水平刻度（时基）、触发在内存中的水平位置（触发位置）。屏幕水平方向上的垂直中点是波形的时间参考点。改变水平刻度会导致波形相对屏幕中心扩张或收缩，水平位置改变时即相对于波形触发点的位置变化。

触发点是指实际触发点相对于存储器中点的位置。转动水平 POSITION 旋钮，可水平移动触发点。

1）水平系统参数

屏幕显示的水平系统参数如图 2.3.11 所示，其中：

① 触发位置离开水平中点的距离（时间）。

② 标识触发点在内存中的位置。

③ 水平时基（主时基）显示，即“秒/格”。

④ 标识当前波形触发电平值。

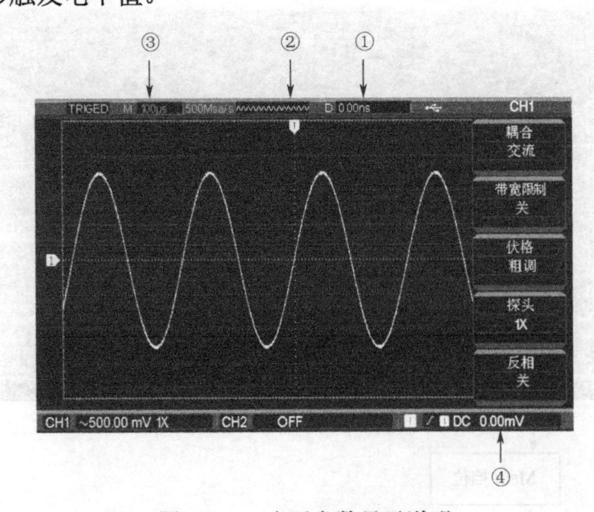

图 2.3.11　水平参数显示说明

2）HORIZONTAL MENU（水平系统菜单）

水平系统的菜单说明见表 2.3.4。按 F1 可以开启视窗扩展，再按 F1 可以关闭视窗扩展而回到主时基。在这个菜单下，还可以设置触发释抑时间。

表 2.3.4 水平系统菜单

功能菜单	设 定	说 明
类型	主窗口 视窗扩展	打开主时基 打开扩展时基
时基设置	正常 独立时基	CH1/CH2 时基挡位相同 CH1 和 CH2 可设置不同的时基
——		
触发释抑		调节释抑时间

（1）视窗扩展。

视窗扩展用来放大一段波形，以便查看图像细节。视窗扩展的设定不能慢于主时基的设定。

在扩展时基下，分两个显示区域，如图 2.3.12 所示。上半部分显示的是原波形，此区域可以通过转动水平 POSITION 旋钮左右移动，或转动水平 SCALE 旋钮扩大和减小选择区域。下半部分是选定的原波形区域经过水平扩展的波形。值得注意的是，扩展时基相对于主时基提高了分辨率。由于整个下半部分显示的波形对应于上半部分选定的区域，因此转动水平 SCALE 旋钮减小选择区域可以提高扩展时基，即提高了波形的水平扩展倍数。

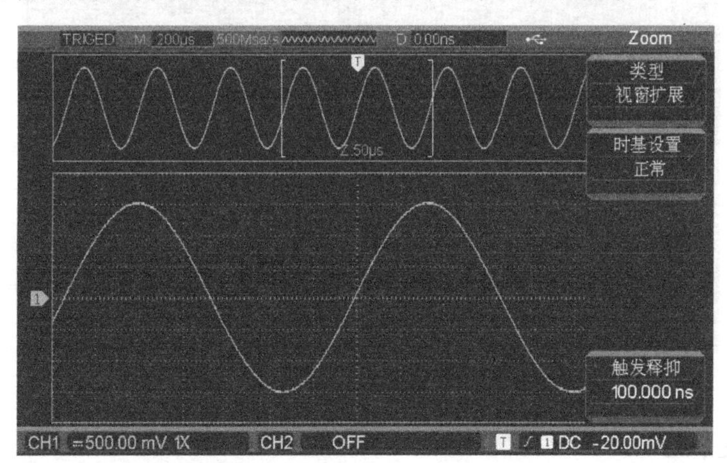

图 2.3.12 视窗扩展下的屏幕显示

（2）独立时基。

按 F2 可以选择独立时基，独立时基下，CH1 和 CH2 可以分别设置成不同的时基挡位，以便双通道同时观察不同频率的信号。如图 2.3.13 所示，CH1 为 100kHz 正弦波，CH2 为 10Hz 方波，此时使用独立时基可以很好地同时观察这两个频率相差很大的信号。在此状态下，按 CH1 键激活 CH1 通道后可以通过水平 SCALE 旋钮改变 CH1 的时基挡位，按 CH2 键激活 CH2 通道后则可以相应改变 CH2 的时基挡位。

（3）触发释抑时间调整。

旋动面板上部的多用途旋钮控制器，可设置触发释抑时间。

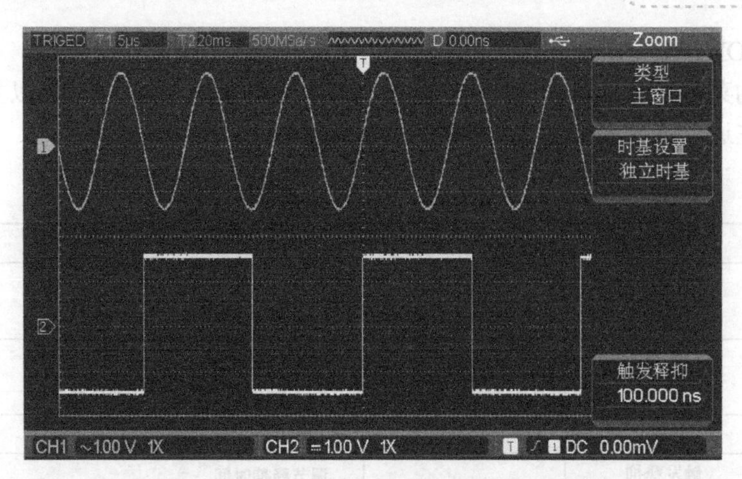

图 2.3.13 独立时基同时显示两个频率不同的信号

使用触发释抑时间调整，可用于观察复杂波形（如脉冲串系列）。释抑时间是指数字存储示波器重新启用触发电路所等待的时间。在释抑期间，数字存储示波器不会触发，直至释抑时间结束。例如，一组脉冲系列，要求在该脉冲系列的第一个脉冲触发，则可以将释抑时间设置为脉冲串宽度，如图 2.3.14 所示。

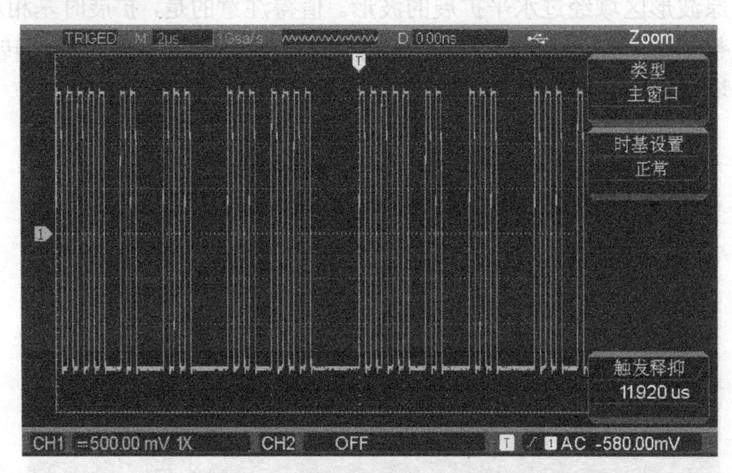

图 2.3.14 触发释抑用以同步复杂波形

3. 设置触发系统

触发决定了数字存储示波器何时开始采集数据和显示波形。一旦触发被正确设定，它可以将不稳定的显示转换成有意义的波形。数字存储示波器在开始采集数据时，先收集足够的数据用来在触发点的左方画出波形。数字存储示波器在等待触发条件发生的同时连续地采集数据。当检测到触发后，数字存储示波器连续地采集足够多的数据以在触发点的右方画出波形。

按下 TRIGGER MENU 键，可以进行触发设置，触发系统菜单如图 2.3.15 所示，

触发（Trigger）有五种类型：边沿、脉宽、视频、斜率和交替触发。每类触发使用不同的功能表。

1）边沿触发

边沿触发方式是在输入信号边沿的触发阈值上触发。选取“边沿触发”，即在输入信号的上升沿、下降沿触发。边沿触发具有下列选项：信源选择、斜率、触发方式、触发耦合。有关

内容与普通示波器相类似，如表 2.3.5 所示。

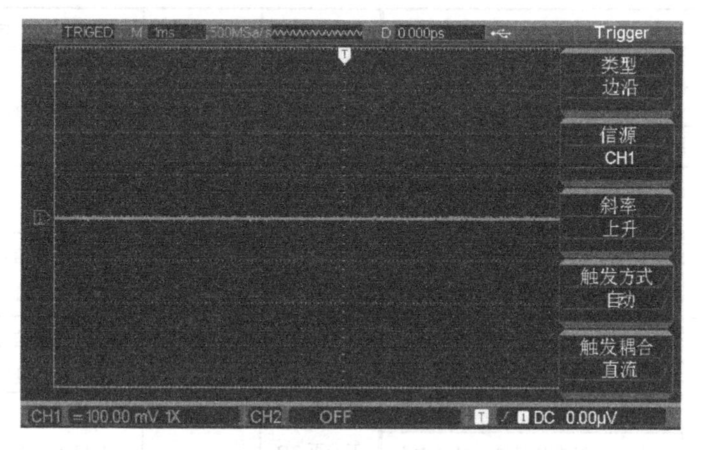

图 2.3.15　触发系统菜单

表 2.3.5　边沿触发设置菜单

功能菜单	设　定	说　明
类型	边沿	
信源选择	CH1	设置 CH1 作为信源触发信号
	CH2	设置 CH2 作为信源触发信号
	EXT	设置外触发输入通道作为信源触发信号
	AC Line	设置市电触发
	Alter	CH1、CH2 分别交替地触发各自的信号
斜率	上升	设置在信号上升边沿触发
	下降	设置在信号下降边沿触发
	上升/下降	设置在信号上升/下降边沿触发

功能菜单	设　定	说　明
类型	边沿	
触发方式	自动	设置在没有检测到触发条件下也能采集波形
	正常	设置只有满足触发条件时才采集波形
	单次	设置当检测到一次触发时采样一个波形，然后停止
触发耦合	交流	阻挡输入信号的直流成分
	直流	通过输入信号的交流和直流成分
	高频抑制	抑制信号中的 80kHz 以上的高频分量
	低频抑制	抑制信号中的 80kHz 以下的低频分量

2）脉宽触发

脉宽触发是根据脉冲的宽度来确定触发时刻。可以通过设定脉宽条件捕捉异常脉冲。脉宽触发设置的菜单分为两页显示，其选项说明见表 2.3.6（a）、（b）。

表 2.3.6（a）　脉宽触发设置菜单（第一页）

功能菜单	设　定	说　明
类型	脉宽	
信源选择	CH1	设置 CH1 作为信源触发信号
	CH2	设置 CH2 作为信源触发信号
	EXT	设置外触发输入通道作为信源触发信号
	AC Line	设置市电进行触发
	Alter	CH1 和 CH2 的信号交替触发

功能菜单	设　定	说　明
类型	脉宽	
脉宽条件	大于	当脉冲宽度大于设定值时触发
	小于	当脉冲宽度小于设定值时触发
	等于	当脉冲宽度等于设定值时触发
脉宽设置		设置脉冲宽度 20ns～10s，通过前面板上部的多用途旋钮调节
下一页 1/2	—	进入下一页

表 2.3.6（b） 脉宽触发设置菜单（第二页）

功能菜单	设　定	说　明	功能菜单	设　定	说　明
类型	脉宽		类型	脉宽	
触发极性	正脉宽	设置正脉宽作为触发信号	触发耦合	直流	触发信号的交流和直流分量可以通过
	负脉宽	设置负脉宽作为触发信号			
触发方式	自动	在没有触发信号输入时，系统自动采集波形数据，在屏幕上显示扫描基线；当有触发信号产生时，则自动转为触发扫描		交流	触发信号的直流成分被阻挡
				高频抑制	阻止触发信号的高频成分通过，只允许低频分量通过
	正常	无触发信号时停止数据采集，当有触发信号产生时，则产生触发扫描		低频抑制	阻止触发信号的低频成分通过，只允许高频分量通过
	单次	每当有触发信号输入时，产生一次触发，然后停止	下一页 2/2	—	返回上一页

3）视频触发

选择视频触发后，即可在 NTSC 或 PAL 标准视频信号的视频场或视频行上触发。触发耦合预设为直流。视频触发具有下列选项：视频制式、信源、视频同步，选项说明见表 2.3.7。

表 2.3.7 视频触发设置菜单

功能菜单	设　定	说　明	功能菜单	设　定	说　明
类型	视频		类型	视频	
信源选择	CH1	CH1 作为触发信号	视频同步	所有行	设置视频行触发同步
	CH2	CH2 作为触发信号			
	EXT	外触发输入通道作为触发信号		指定行	设置在指定视频行触发同步，通过面板上部的多用途旋钮调节
	AC Line	设置市电进行触发			
	Alter	CH1 和 CH2 作为交替触发信号		奇数场	设置在视频奇数场上触发同步
视频制式	PAL	适用于 PAL 制式的视频信号		偶数场	设置在视频偶数场上触发同步
	NTSC	适用于 NTSC 制式的视频信号			

当选择标准制式为 PAL，同步方式为行同步时，屏幕显示如图 2.3.16 所示。当同步方式为场同步时，屏幕显示如图 2.3.17 所示。

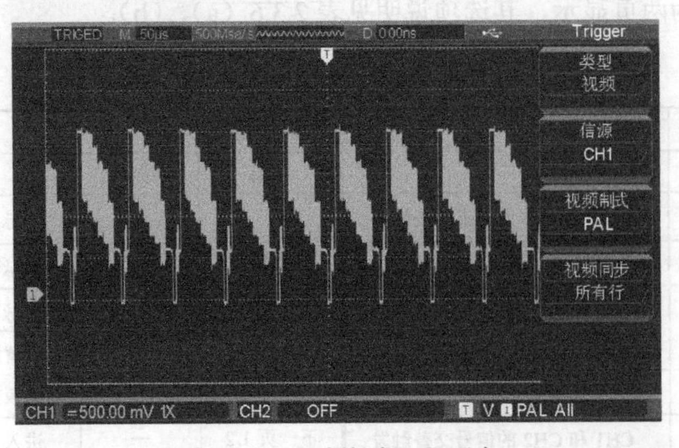

图 2.3.16 视频触发：行同步

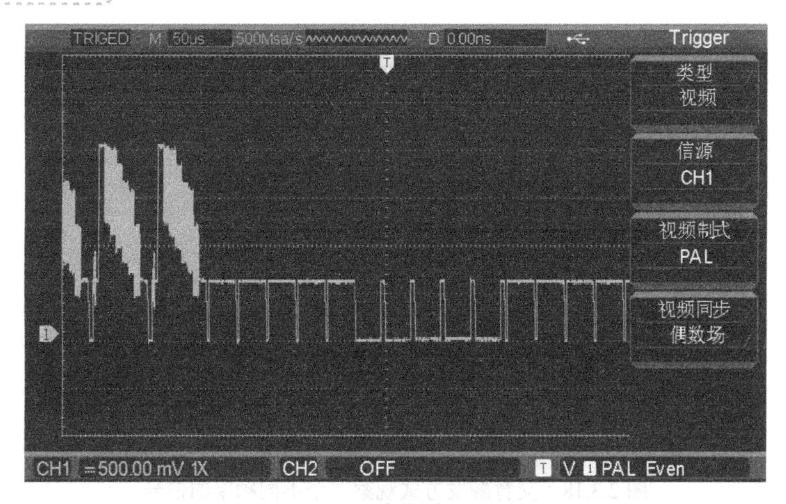

图 2.3.17　视频触发：场同步

4）斜率触发

斜率触发时，触发信号来自于两个垂直通道，当信号中含有边沿时间的斜率满足指定时间的正斜率或负斜率时触发。斜率触发设置的菜单分为两页显示，其选项说明见表 2.3.8（a）、（b）。

表 2.3.8（a）　斜率触发设置菜单（第一页）

功能菜单	设　定	说　明	功能菜单	设　定	说　明
类型	视频		类型	视频	
信源选择	CH1	设置 CH2 作为信源触发信号	斜率条件	大于	当边沿斜率大于设定值时触发
	CH2	设置 CH1 作为信源触发信号		小于	当边沿斜率小于设定值时触发
斜率	上升	在触发信号边沿斜率上升时产生触发		等于	当边沿斜率等于设定值时触发
	下降	在触发信号边沿斜率下降时产生触发	1/2	—	进入下一页

表 2.3.8（b）　斜率触发设置菜单（第二页）

功能菜单	设　定	说　明	功能菜单	设　定	说　明
类型	斜率		类型	斜率	
阈值	低电平	设置低电平阈值电平，信号低电平必须小于设定值	时间设置	20ns～10s	设置压摆率时间
	高电平	设置高电平阈值电平，信号高电平必须大于设定值	压摆率		设置压摆率
	高低电平	同时设置高低电平阈值	2/2	—	返回上一页

5）交替触发

在交替触发时，触发信号来自于两个垂直通道，这种触发方式可用于同时观察信号频率不相关的两个信号。触发交替波形显示如图 2.3.18 所示，触发交替菜单可在 Trigger 菜单下的“信源”项下进行选择。

4. 控制功能键

数字示波器各种常用控制功能键如图 2.3.19 所示，下面分别加以介绍。

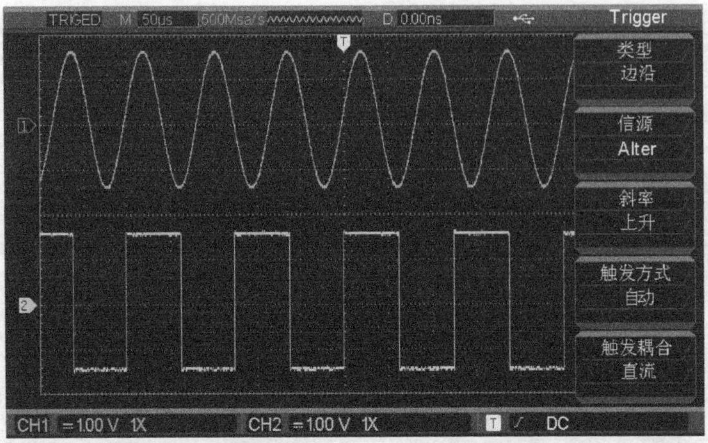

图 2.3.18　交替触发方式观察二个不同频率的信号

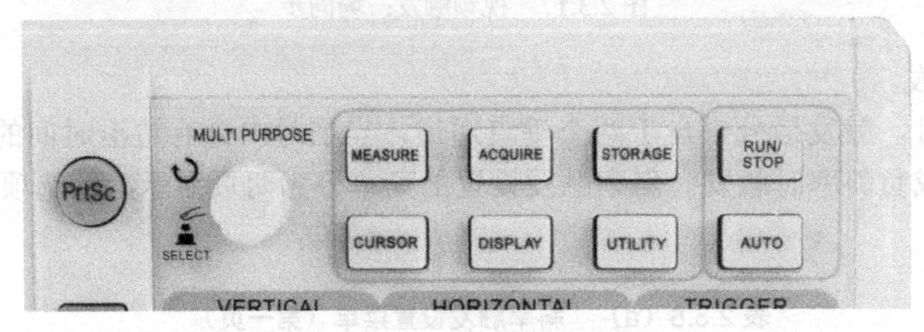

图 2.3.19　常用控制功能键

1）采样（ACQUIRE）

在控制区的 ACQUIRE 为采样系统的功能按键。按此钮弹出采样设置菜单，通过菜单控制按钮调整采样方式，观察因此造成的波形显示变化。采样菜单的内容见表 2.3.9。

表 2.3.9　采样菜单

功能菜单	设　定	说　明	功能菜单	设　定	说　明
获取方式	采样	打开普通采样方式	采样方式	实时	设置采样方式为实时采样
	峰值检测	打开峰值检测方式		等效	设置采样方式为等效采样
	高分辨率	设置高分辨率显示	快速采集	开	以高的屏幕刷新率的方式采集，以便更真实地反映波形动态效果
	平均	设置平均采样方式并显示平均次数			
平均次数	2～256	设置平均次数，以 2 的倍数步进，从 2、4、8、16、32、64、128、256。改变平均次数通过左侧的多用途旋钮选择		关	关闭快速采集
			—		

采样方式分为等效和实时两种。

实时采样：即一次采集完所需要的数据。

等效采样：即重复采样方式。等效采样方式利于细致观察重复的周期性信号，使用等效采样方式可得到比实时采样高得多的水平分辨率。

峰值检测方式：在这种获取方式下，数字存储示波器在每个采样间隔中找到输入信号的最大值和最小值并使用这些值显示波形。这样，数字存储示波器就可以获取并显示窄脉冲，否则这些窄脉冲在“采样”方式下可能已被漏掉。在这种方式下，噪声看起来也会更大。

平均方式：在这种获取方式下，数字存储示波器获取几个波形，求其平均值，然后显示最终波形。可以使用此方式来减少随机噪声。如果信号中包含较大的噪声，当未采用平均方式和采用 32 次平均方式时，采样的波形显示如图 2.3.20 及图 2.3.21 所示。

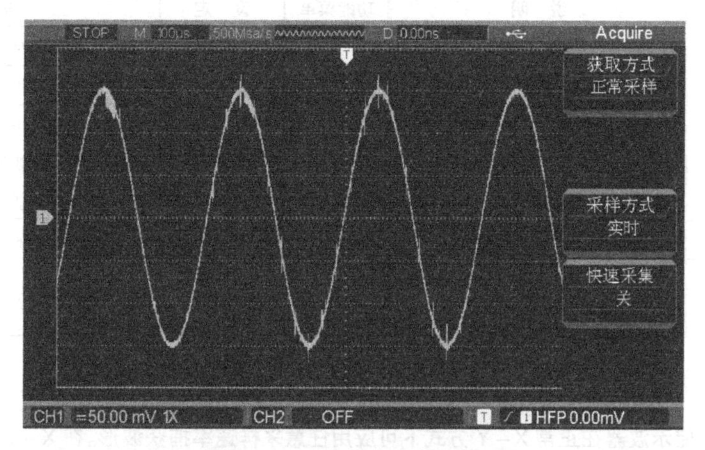

图 2.3.20　未采用平均的波形

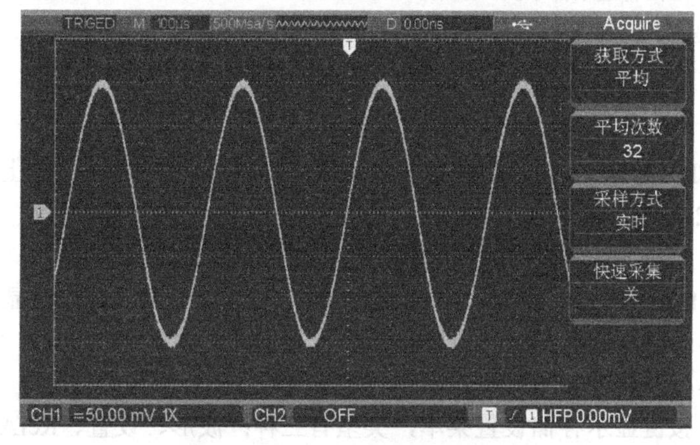

图 2.3.21　采用 32 次平均的波形

注意

（1）观察单次信号请选用实时采样方式。

（2）观察高频周期性信号请选用等效采样方式。

（3）希望观察信号的包络避免混淆，应选用峰值检测方式 。

（4）期望减少所显示信号中的随机噪声，应选用平均获取方式，且平均值的次数可以以 2 的倍数步进，在 2～256 设置平均次数选择。

2）显示（DISPLAY）

在控制区的 DISPLAY 为显示系统的功能按键。按此控制钮，即可选择波形的显示方式并改变整个显示外观。显示系统菜单的内容见表 2.3.10。

其中点显示只显示取样点，而矢量显示将增补显示中相邻取样点之间的空间。

表 2.3.10　显示系统菜单

功能菜单	设　定	说　明
类型	矢量	采样点之间通过连线的方式显示
	点	只显示采集点
格式	YT	数字存储示波器工作方式
	XY	X-Y 显示器方式，CH1 为 X 输入，CH2 为 Y 输

功能菜单	设　定	说　明
持续时间	关闭	屏幕波形实时更新
	1/2/5s	屏幕波形按 1/2/5s 时间间隔更新
	无限	屏幕上原有的波形数据一直保持显示，如果有新的数据将不断加入显示，直至该功能被关闭
栅格亮度	1%～100%	设置刻度线的亮度
波形亮度	1%～100%	设置波形亮度

注意

数字存储示波器在正常 X－Y 方式下可应用任意采样速率捕获波形。在 X－Y 方式下同样可以通过调节时基挡位调整采样率。一般情况下，将采样率适当降低，可以得到较好显示效果的李沙育图形。但是自动测试模式、光标测量模式、参考或数学运算波形、视窗扩展、触发控制等功能在 X－Y 显示方式中不起作用。

X-Y 方式须 CH1 和 CH2 同时使用。选择 X-Y 显示方式以后，水平轴上显示 CH1 电压，垂直轴上显示 CH2 电压。

3）储存/调出（STORAGE）

在控制区的 STORAGE 为存储系统的功能按键，使用 STORAGE 按键显示存储设置菜单，可将示波器的波形或设置状态保存到内部存储区或 U 盘上，并能通过 RefA（或 RefB）从其中调出所保存的波形，或通过 STORAGE 按键调出设置状态。

按 STORAGE 按键显示存储设置菜单，类型有三种：波形、设置、RefA/RefB。

（1）波形。

选择类型波形进入下面波形存储菜单，见表 2.3.11，波形保存完后在类型下选择 RefA（或 RefB）中调出。

表 2.3.11　波形存储菜单

功能菜单	设　定	说　明
类型	波形	选择波形保存和调出菜单
信源	CH1	选择波形来自 CH1 通道
	CH2	选择波形来自 CH2 通道
磁盘	DSO	选择数字存储示波器内部存储器
	USB	选择外部 U 盘

功能菜单	设　定	说　明
存储位置	1～20	设置波形在内部存储区的存储位置，通过多用途旋钮选择
	1～200	存储到 USB 上则有 200 组波形位置。设置波形在 U 盘上的存储位置。（只有插入 U 盘并把磁盘菜单选择为“USB”时才能使用此功能。）
保存	—	存储波形

用数字示波器内部存储器进行波形存储如图 2.3.22 所示，用外部 U 盘进行波形存储如

图 2.3.23 所示。

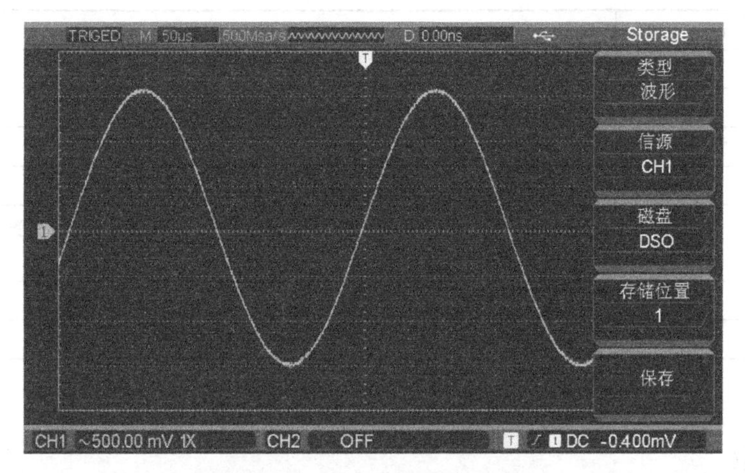

图 2.3.22　内部存储器波形存储

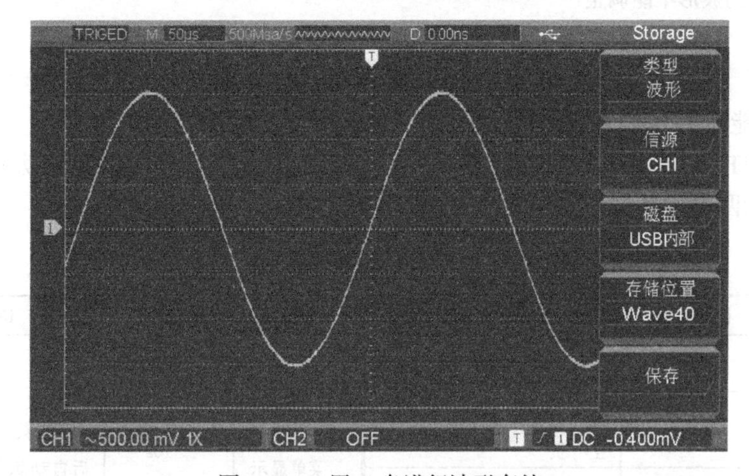

图 2.3.23　用 U 盘进行波形存储

（2）设置。

选择设置进入存储设置菜单，菜单如图 2.3.24 所示，菜单说明见表 2.3.12。

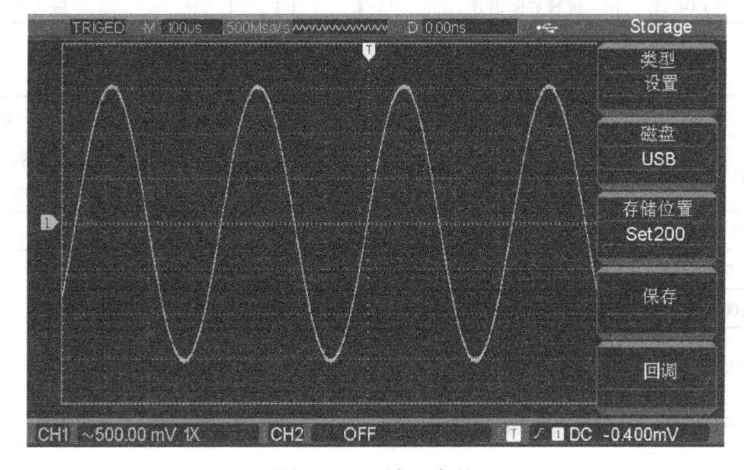

图 2.3.24　波形存储

表 2.3.12　存储菜单

功能菜单	设　定	说　明
设置		选择面板设置菜单
磁盘	DSO	选择数字存储示波器内部存储器
	USB	选择外部 U 盘
存储位置	1～20	设置波形在内部存储区的存储位置，通过多用途旋钮选择
	1～200	存储到 USB 上则有 200 组波形位置。设置波形在 U 盘上的存储位置。（只有插入 U 盘并把磁盘菜单选择为“USB”时才能使用此功能。）
保存		保存设置
回调		调出设置

注意

调用的波形不能调整！

4）辅助功能设置（UTILITY）

控制区的 UTILITY 为辅助功能按键。使用 UTILITY 按键弹出辅助系统功能设置菜单，菜单显示一共分为四页，其选项说明见表 2.3.13（a）、（b）、（c）、（d）。

表 2.3.13（a）　辅助功能菜单（第一页）

功能菜单	设　定	说　明	功能菜单	设　定	说　明
自校正	确定	执行自校正操作	菜单显示	5s 10s 20s 手动	设置菜单过 5s、10s、20s 后自动隐藏或者通过手动按下多功能旋钮进行隐藏
	取消	取消自校正操作，并返回上一页			
出厂设置	确定	执行自校正操作			
	取消	取消自校正操作，并返回上一页			
语言	多国语言	选择界面语言	1/4	—	进入下一页

表 2.3.13（b）　辅助功能菜单（第二页）

功能菜单	设　定	说　明	功能菜单	设　定	说　明
波形录制	见表 2.3.14	设置波形录制操作	键盘锁	—	锁定控制面板按钮及旋钮（多用途旋钮除外）
通过测试	见表 2.3.15	设置波形 Pass/Fail 操作	2/4	—	进入下一页
方波输出	10Hz	本机信号按 10Hz 的频率输出			
	100Hz	本机信号按 100Hz 的频率输出			
	1kHz	本机信号按 1kHz 的频率输出（默认显示）			
	10kHz	本机信号按 10kHz 的频率输出			

表 2.3.13（c） 辅助功能菜单（第三页）

功能菜单	设 定	说 明	功能菜单	设 定	说 明
睡眠时间	关 5/15/30/60 分	数字存储示波器正常工作 在设定睡眠时间内若无操作控制面板，数字存储示波器关闭显示及数字处理系统进入睡眠状态，操作任意功能按键唤醒示波器正常工作	测量单位	电压	设置通道垂直刻度系数以电压“V”形式显示
				电流	设置通道垂直刻度系数以电流“A”形式显示
			频率计	—	打开/关闭频率计功能
			第一页 3/4	—	进入下一页

表 2.3.13（d） 辅助功能菜单（第四页）

功能菜单	设 定	说 明	功能菜单	设 定	说 明
扫描录制	见表 2.3.16	进入 SCAN 模式时录制波形	—		
系统信息	—	显示当前示波器系统信息	—		
			4/4	—	返回第一页

自校正：自校正程序可以校正由于环境等变化导致数字存储示波器产生的测量误差，最大程度地提高示波器在环境温度下的精确度。可以根据需要运行该程序。自校正的具体步骤详见项目一。

语言选择：UTD2102CEX-EDU 数字存储示波器有多种语言种类。要想选择显示语言，按下 UTILITY 菜单按钮，即可选择适当的语言。

表 2.3.14（a）波形录制菜单（第一页）

功能菜单	设 定	说 明	功能菜单	设 定	说 明
录制设置	设置		录制间隔	—	不间断录制 设置录制波形数据的时间间隔
信源	CH1	选择 CH1 作为录制信号源			
	CH2	选择 CH2 作为录制信号源			
	CH1+CH2	选择 CH1+CH2 作为录制信号源			
录制长度	正常 屏幕	录制原始数据 录制屏幕数据	结束帧	— 1～2500	按存储器最大记录长度录制指定波录制波形的帧数

表 2.3.14（b）波形录制菜单（第二页）

功能菜单	设 定	说 明	功能菜单	设 定	说 明
录制操作	操作		停止	—	停止录制
播放	—	回放键。当按下该键时，进入回放，并且在屏幕左上角显示当前被回放的屏数编号，此时如果旋转面板上部的多用途旋钮控制器，可使回放中止，但继续旋转则可选择其中某一屏的波形反复回放	录制	—	（1）录制键，按下该键，即进行录制，同时在屏幕左上方显示已被录制的屏数 （2）最多录制 2500 屏数据
			快速录制	—	录制时波形不刷新屏幕，以提高总的录制时间

表 2.3.15（a） 通过测试菜单（第一页）

功能菜单	设　定	说　明	功能菜单	设　定	说　明
允许测试	打开	打开 Pass/Fail 功能	显示信息	打开	打开波形通过/失败次数信息
	关闭	关闭 Pass/Fail 功能		关闭	关闭波形通过/失败次数信息
输出	失败	检测波形失败时输出并提示			
	通过	检测波形通过时输出并提示			
信源	CH1	选择 CH1 作为检测信号源	1/2		进入下一页
	CH2	选择 CH2 作为检测信号源			

表 2.3.15（b） 通过测试菜单（第二页）

功能菜单	设　定	说　明	功能菜单	设　定	说　明
操作	关闭	停止 Pass/Fail 功能	—		
	打开	开始 Pass/Fail 功能			
停止设置	停止类型	设置测试通过或失败时停止	2/2		返回第一页
	停止条件	设置停止的条件为“≥”“≤”			
	阈值	设置满足条件的最大次数			
	返回	返回到上一菜单			
模板设置	参考波形	按 CH1 或 CH2 波形创建模板			
	水平容限	设置 X 轴所允许的容限值			
	垂直容限	设置 Y 轴所允许的容限值			
	创建模板	按设置的容限值和参考波形绘制一个容限区域			
	返回	返回到上一菜单			

表 2.3.16（a） 扫描录制菜单（第一页）

功能菜单	设　定	说　明
类型	设置	
播放延时	50ms～15s	设置播放帧与帧之间的时间间隔
循环播放	关闭	关闭循环播放
	打开	循环播放已录制波形

表 2.3.16（b） 扫描录制菜单（第二页）

功能菜单	设　定	说　明
类型	操作	
扫描播放	—	播放已录制波形
扫描停止	—	停止数据采集
扫描录制	—	启动数据采集

5）自动测量（MEASURE）

MEASURE 为自动测量功能按键。按此按钮，显示自动测量功能菜单，进入自动测量操作。本仪器可测量 34 种波形参数。自动测量菜单选项说明见表 2.3.17。

表 2.3.17　自动测量菜单

功能菜单	设　定	说　明	功能菜单	设　定	说　明
信源	CH1	选择被测波形来自 CH1 通道	测量统计	关	关闭统计
	CH2	选择被测波形来自 CH2 通道		开	打开已定制参数的当前值，平均值，最大值和最小值
所有参数	关	关闭所有参数界面	清除测量	—	清除屏幕上定义的参数测量值
	开	打开所有参数测量界面			
用户定义	关	关闭用户定义的选择参数测量界面			
	开	选择为开时，弹出所有可定制的参数，旋多功能定制并显示在屏幕下方，最多可定制 4 种参数			

（1）可以自动测量的电压参数包括以下几种。

最大值（Max）：波形最高点至 GND（地）的电压值。

最小值（Min）：波形最低点至 GND（地）的电压值。

顶端值（High）：波形平顶至 GND（地）的电压值。

底端值（Low）：波形底端至 GND（地）的电压值。

中间值（Middle）：波形顶端与底端电压值和的一半。

峰-峰值（Pk-Pk）：波形最高点至最低点的电压值。

幅度（Ampl）：波形顶端至底端的电压值。

平均值（Mean）：屏幕显示波形的平均幅值。

周期平均值（CycMean）：1 个周期内信号的平均幅值。

均方根值（RMS）：屏幕显示波形的有效值。

周期均方根值（Cyc RMS）：即有效值。依据交流信号在 1 周期时所换算产生的能量，对应于产生等值能量的直流电压，即均方根值。

面积（Area）：屏幕显示波形的电压与时间的乘积。

周期面积（Cyc Area）：屏幕显示波形一个周期内电压与时间的乘积。

过冲（OverSht）：波形最大值与顶端值之差与幅值的比值。

预冲（PreSht）：波形最小值与底端值之差与幅值的比值。

（2）可以自动测量信号的频率、周期、上升时间、下降时间、正脉宽、负脉宽、延迟、正占空比、负占空比等时间参数的自动测量。以下为这些时间参数的定义。

上升时间（Rise）：波形幅度从 10%上升至 90%所经历的时间。

下降时间（Fall）：波形幅度从 90%下降至 10%所经历的时间。

正脉宽（+Width）：正脉冲在 50%幅度时的脉冲宽度。

负脉宽（-Width）：负脉冲在 50%幅度时的脉冲宽度。

正占空比（+Duty）：正脉宽与周期的比值。

负占空比（-Duty）：负脉宽与周期的比值。

RiseDelay 延迟（上升沿）：CH1 上升沿到 CH2 上升沿的延迟时间。

FallDelay 延迟（下降沿）：CH1 下降沿到 CH2 下降沿的延迟时间。

相位（Phase）：CH1 初始相位和 CH2 初始相位之间的差。

FRR：CH1 与 CH2 的第一个上升沿之间的时间。

FRF：CH1 第一个上升沿和 CH2 第一个下降沿之间的时间。

FFR：CH1 第一个下降沿和 CH2 第一个上升沿之间的时间。

FFF：CH1 与 CH2 的第一个下降沿之间的时间。

LRR：CH1 第一个上升沿和 CH2 最后一个上升沿之间的时间。

LRF：CH1 第一个上升沿和 CH2 最后一个下降沿之间的时间。

LFR：CH1 第一个下降沿和 CH2 最后一个上升沿之间的时间。

LFF：CH1 第一个下降沿和 CH2 最后一个下降沿之间的时间。

（3）例如，要求测量 CH 2 通道某信号的峰-峰值，其步骤如下。

① 按 F1 选择信源为 CH2。

② 按 F3 打开用户定义，旋转多用途旋钮（MULTI PURPOSE），使红色选择方框选中“PK-PK”，如图 2.3.25 所示。

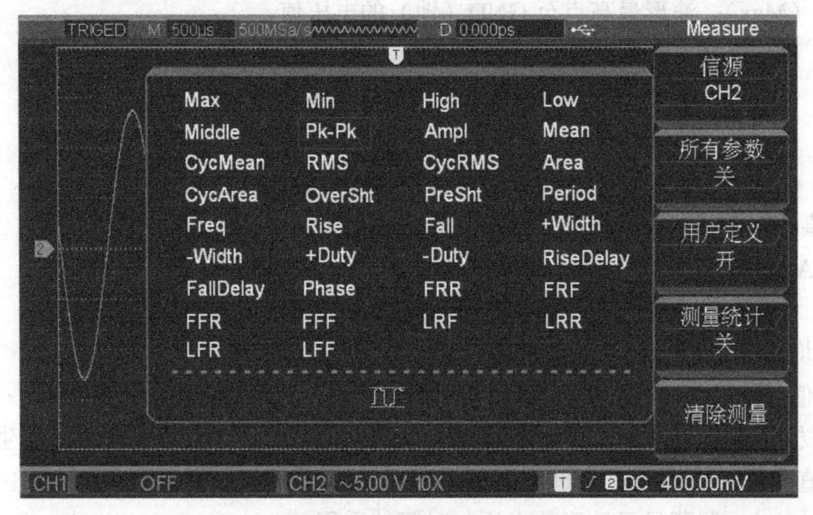

图 2.3.25 打开用户定义

③ 按下 SELECT（多用途旋钮）键对所做的选择做确定，此时在显示区域左下方将会显示“PK-PK”，如图 2.3.26 所示。

④ 选择完毕后，按 F3 关闭用户定义，返回测量菜单首页，所要测量的峰-峰值已经显示在屏幕上了。如图 2.3.27 所示。

注意

在基准波形或数学值波形上，或在使用 X–Y 状态或扫描状态时，都不能进行自动测量。

6）光标测量（CURSOR）

控制区的 CURSOR 为光标测量功能按键。按下 CURSOR 按钮则显示测量光标（光标 1 和光标 2）以及光标菜单。

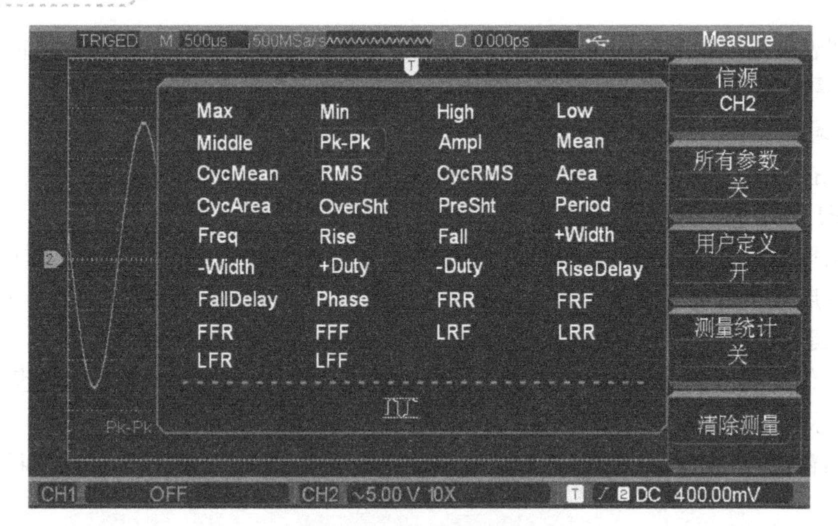

图 2.3.26　选定“PK-PK”

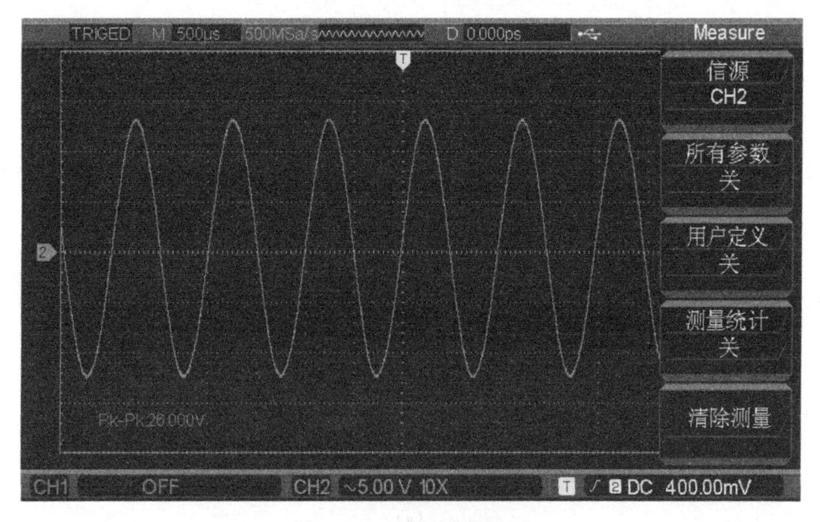

图 2.3.27　峰-峰值显示

光标测量有电压和时间两种类型，其中“电压”用来测定振幅，“时间”用来测定时间和频率。光标测量菜单选项说明见表 2.3.18。

表 2.3.18　光标测量菜单

功能菜单	设　定	说　明	功能菜单	设　定	说　明
类型	关闭 时间 电压	关闭光标测量功能 设置测量参数为时间 设置测量参数为电压	模式	独立 跟踪	用多用途旋钮调节两光标差值 用多用途旋钮调节两光标差值或固定差值调节光标的位置
信源	CH1 CH2	测量 CH1 通道信号 测量 CH2 通道信号	垂直光标	秒 赫兹	选择测量参数为时间 选择测量参数为频率
			—		

电压/时间测量方式：按下多功能旋钮（SELECT 键）可以选择调整哪一个光标，通过旋转多用途旋钮控制器来调整光标在屏幕上的位置。当光标功能打开时，测量数值自动显示于屏幕右上角。其中 Δ 代表增量，显示光标间的差异，Δ 的读数即为二个光标之间的电压 ΔV 或时间

ΔT 值。@代表被选中的光标的位置（时间以触发位置为基准，电压以接地点为基准）。

（1）测量电压。

操作步骤如下：

① 首先按下 CURSOR 键，显示光标测量菜单。

② 按 F1 键显示类型选项，有关闭、时间、电压三项。默认为关闭。

③ 继续按 F1（或旋转多用途旋钮）选中实线电压，按面板上的 SELECT 键进行确定。

④ 此时屏幕上出现二根水平线，一根为实线，另一根为虚线，分别为光标 1 和光标 2，按下 SELECT 键可以在光标 1 和光标 2 之间进行切换。

⑤ 实线代表被选中的光标，旋转多用途旋钮分别将两根光标移动到需要测量的位置，即可获得两光标间的指示电压的增量 ΔV 大小。

⑥ 数据窗口中，增量 Δ 的数值为高电平减低电平之差，@的数值为实线光标所在位置电压值。

分别选中光标 1 和光标 2 时的屏幕显示如图 2.3.28（a）、（b）所示。

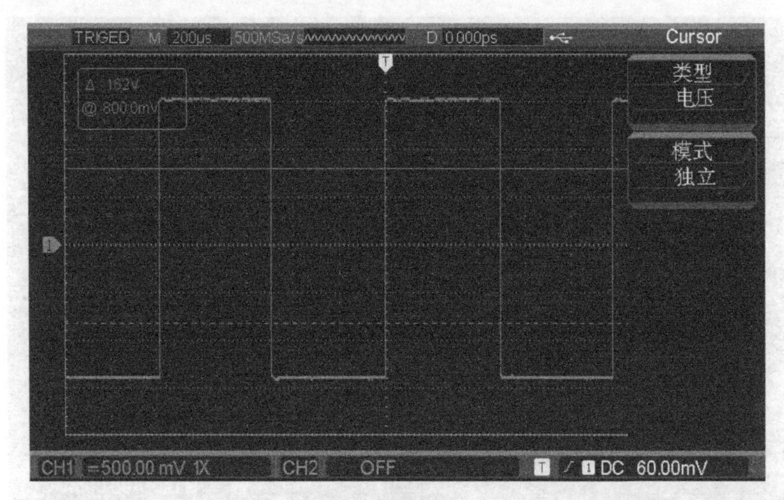

（a）

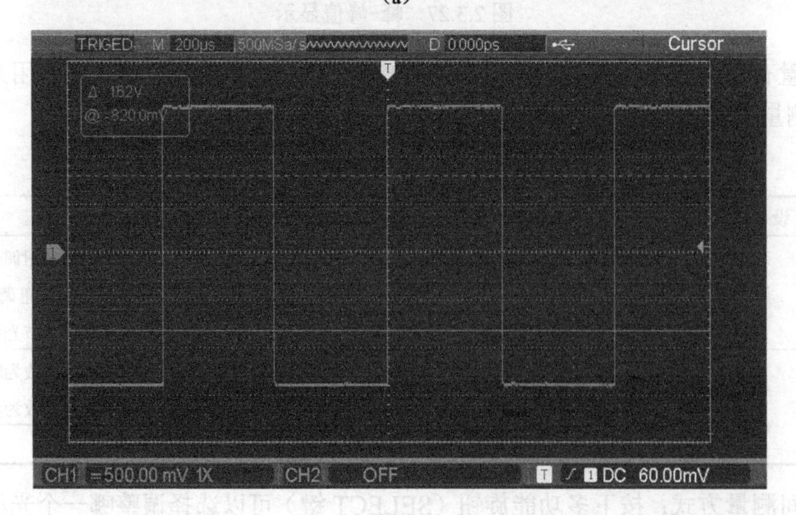

（b）

图 2.3.28 光标电压测量

（2）测量时间。

操作步骤如下。

① 通过按 F1（或旋转多用途旋钮）选择时间，按 SELECT 键确定。

② 屏幕上出现二根垂直线，垂直光标测量单位默认为秒，此时移动光标即可获得两光标间的时间的增量大小。增量为右边光标的时间减左边光标的时间之差。

如果将垂直光标测量单位设置为赫兹，则增量显示的是两光标所指示时间增量的倒数所表示的频率大小。

③ 屏幕显示如图 2.3.29（a）、（b）所示，测量时间时，数据窗口中 Δ 和@将同时显示两组数据，@显示的是实线光标与波形交点所在位置的时间值和电压值，Δ 显示的是光标 1 和 2 与波形两个交点处的时间增量和电压增量。

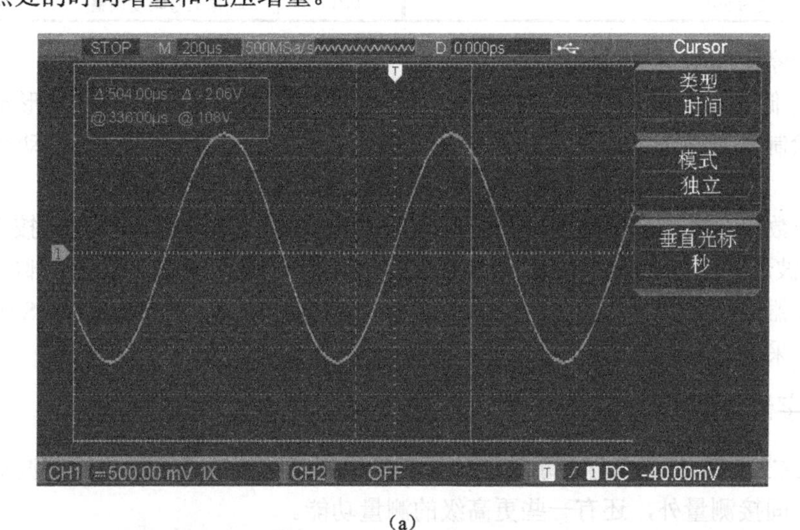

（a）

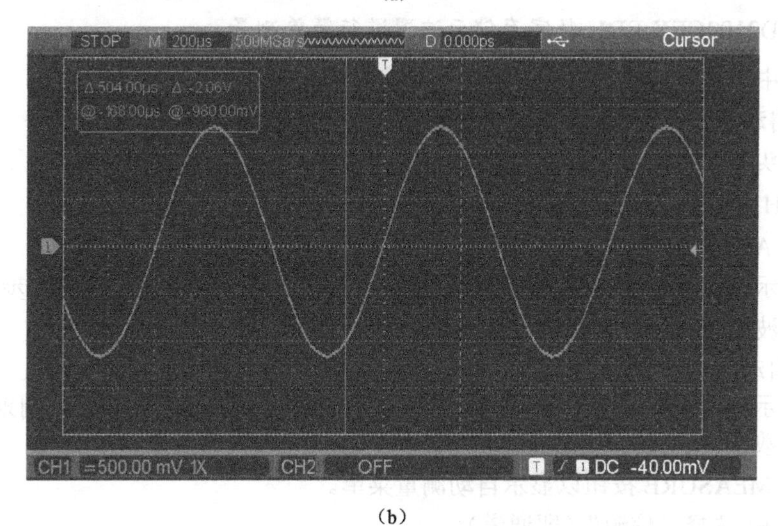

（b）

图 2.3.29　光标时间测量

7）自动设置（AUTOSET）

自动设置用以简化操作，按下 AUTOSET 按键时，数字存储示波器能自动根据波形的幅度和频率，调整垂直偏转系数和水平时基挡位，以产生适宜观察的输入信号波形。按下此键后，一般情况下可以获得稳定的波形显示。在进行自动设置时，系统设置说明见表2.3.19。

表2.3.19　自动设置时的系统设置

功　能	设　置	功　能	设　置
获取方式	采样	触发模式	自动
显示格式	设置为YT	触发源	设置为CH1，但如果CH1无信号，CH2施加信号时，则设置到CH2
水平位置	自动调整		
秒/格	根据信号频率调整	触发斜率	上升
触发耦合	直流耦合	触发类型	边沿
触发释抑	最小值	垂直带宽	根据信号幅度和频率调整
触发电平	设为50%	伏/格	根据信号幅度调整

8）运行/停止（RUN/STOP）

在数字存储示波器前面板上最右上角，有一个按键：RUN/STOP，在波形不能稳定的情况下，若想绘制信号波形或者对某一时刻的波形进行观察，按此按钮可以启动或停止进行波形获取。

如果希望数字存储示波器连续采集波形，可按下 RUN/STOP 按钮，再次按下按钮则停止采集。该键使波形采样在运行和停止间切换。在运行状态下该键绿灯亮，屏幕上部显示“AUTO”，数字存储示波器连续采集波形，而在停止状态下该键红灯亮，屏幕上部显示“STOP”，数字存储示波器停止采集。

二、数字示波器测量实例

UTD2102CEX-EDU数字存储示波器除了可像模拟示波器一样利用显示的波形、时基因数、偏转因数进行间接测量外，还有一些更高级的测量功能。

1. 用UTD2102CEX-EDU数字存储示波器进行简单测量

观测电路中一未知信号，迅速显示和测量信号的频率和幅度。

1）使用自动设置

（1）将探头菜单衰减系数设定为10×，　并将探头上的开关设定为10×。

（2）将CH1的探头连接到电路被测点。

（3）按下AUTO按钮。

数字存储示波器将自动设置使波形显示达到最佳。在此基础上，可以进一步调节垂直、水平挡位，直至波形的显示符合要求。

2）进行自动测量

数字存储示波器可对大多数显示信号进行自动测量。测量信号的频率、周期和峰-峰值等电压和时间参数。

（1）按下MEASURE按钮以显示自动测量菜单。

（2）按下F1选择“信源”（即通道）。

（3）按下F3定义时间和电压参数，如Ampl、RMS、Freq、+Width；此时，峰-峰值和频率等的测量值分别显示在屏幕的下方。

图2.3.30是某次测量结果显示的图形。

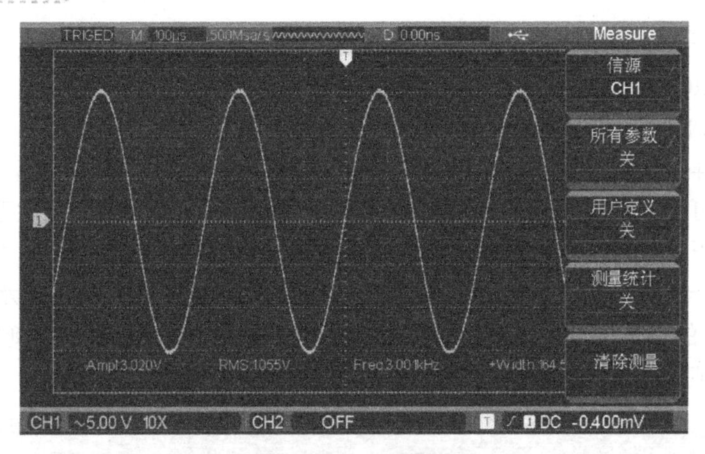

图 2.3.30　自动测量

2. 观察正弦波信号通过电路产生的延时

将数字存储示波器 CH1 通道与电路信号输入端相接，CH2 通道则与输出端相接。

（1）按下 AUTO 按钮，然后调节垂直、水平挡位，直至波形的显示符合测试要求。

（2）按 CH1 按键选择 CH1，旋转垂直位置旋钮，调整 CH1 波形的垂直位置。

（3）按 CH2 按键选择 CH2，调整 CH2 波形的垂直位置。使 CH1、CH2 的波形既不重叠在一起，又利于观察比较。如图 2.3.31 所示。

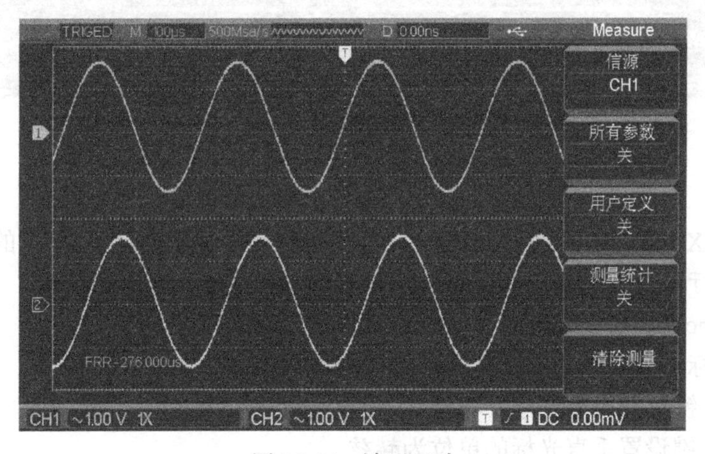

图 2.3.31　波形延时

3. 捕捉单次信号

数字存储示波器的优势和特点在于可以方便地捕捉脉冲、毛刺等非周期性的信号，若捕捉一个单次信号，首先需要对此信号有一定的检验知识，才能设置触发电平和触发沿。例如，如果脉冲是一个 TTL 电平的逻辑信号，触发电平应该设置成 2V 左右，触发沿设置成上升沿触发。如果对于信号的情况不确定，可以通过自动或普通的触发方式先行观察，以确定触发电平和触发沿。

进行触发设定的操作步骤如下。

（1）按下触发控制区域 MENU 按钮，显示触发设置菜单。

（2）在此菜单下分别应用 F1～F5 菜单操作键设置触发类型为边沿、触发源选择为 CH1、斜率为上升、触发方式为单次、触发耦合为交流。

（3）调整水平时基和垂直挡位至适合的范围。

（4）旋转 TRIGGER LEVEL 旋钮，调整适合的触发电平。

（5）按 RUN/STOP 执行按钮等待符合触发条件的信号出现。如果有某一信号达到设定的触发电平，即采样一次，显示在屏幕上。

利用此功能可以轻易捕捉到偶然发生的事件，例如，幅度较大的突发性毛刺：将触发电平设置到刚刚高于正常信号电平，按 RUN/STOP 按钮开始等待，则当毛刺发生时，机器自动触发并把触发前后一段时间的波形记录下来。通过旋转面板上水平控制区域的水平 POSITION 旋钮，改变触发位置的水平位置可以得到不同长度的负延迟触发，便于观察毛刺发生之前的波形。

图 2.3.32 为某次测量时的波形图。

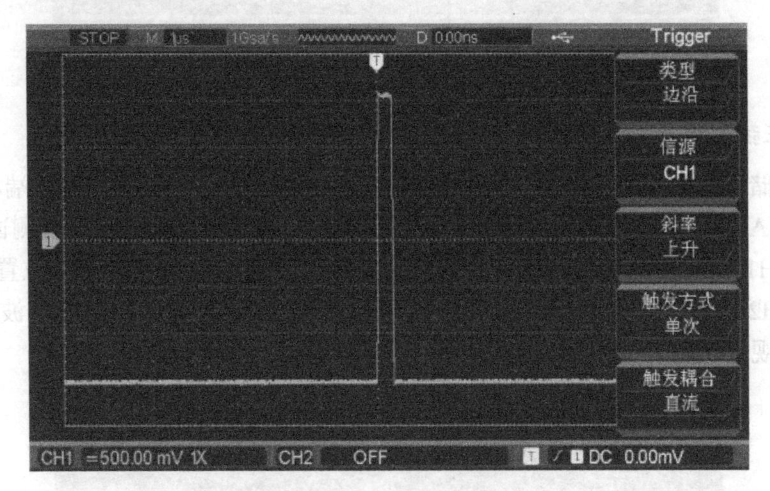

图 2.3.32　单次信号

4. 光标测量

UTD2102CEX-EDU 数字存储示波器可以自动测量 34 种波形参数。所有的自动测量参数都可以通过光标进行测量。使用光标可迅速地对波形进行时间和电压测量。

（1）测量 Sinc 第一个波峰的频率。

（1）按下光标按钮（CURSOR）显示光标测量菜单。

（2）按下 F1 键打开类型选项，再按 F1 设置光标类型为时间。

（3）按下 F3 键设置垂直光标的单位为赫兹。

（4）旋转多用途旋钮控制器将光标 1 置于 Sinc 的第一个峰值处。

（5）按多用途旋钮使光标 2 被选中，然后再旋转多用途旋钮，将光标 2 置于 Sinc 的第二个峰值处，测量结果如图 2.3.33 所示。

5. X-Y 功能的应用

可以利用 X-Y 功能查看两通道信号的相位差。

例如，测试信号经过一电路产生的相位变化。将数字存储示波器与电路连接，监测电路的输入输出信号。以 X-Y 坐标图的形式查看电路的输入输出，操作步骤如下。

（1）将探头菜单衰减系数设定为 10×，并将探头上的开关设定为 10×。

（2）将 CH1 的探头连接至电路的输入，将 CH2 的探头连接至电路的输出。

（3）若通道未被显示，则按下 CH1 和 CH2 菜单按键，打开二个通道。

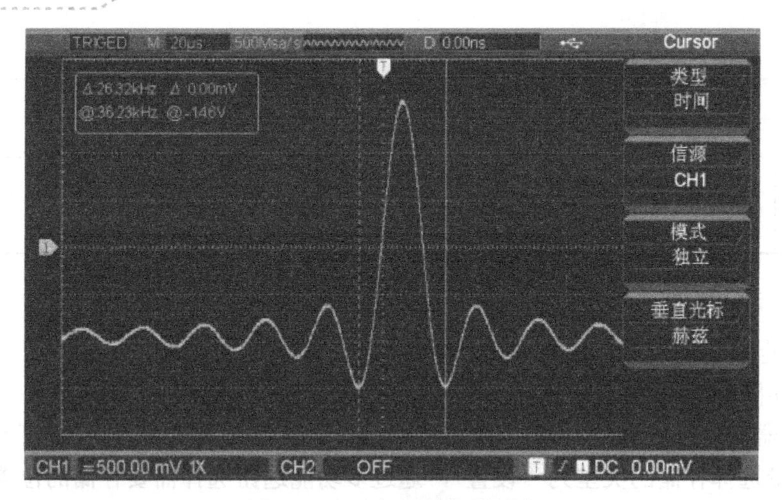

图 2.3.33 光标测量信号频率

（4）按下 AUTO 按钮。

（5）调整垂直标度旋钮使两路信号显示的幅值大约相等。

（6）按 DISPLAY 菜单按键，调出显示控制菜单。

（7）按 F2 选择 X-Y。数字存储示波器将以李沙育图形模式显示该电路的输入输出特征。

（8）调整垂直标度和垂直位置旋钮使波形达到最佳效果。

（9）应用椭圆示波图形法观测并计算出相位差。

椭圆示波图形法如图 2.3.34 所示，根据 $\sin\theta$=A/B 或 C/D，其中 θ 为通道间的相差角。因此可得出相差角即 θ=±arcsin（A/B）或者 θ=±arcsin（C/D）。如果椭圆的主轴在 I、III 象限内，那么所求得的相位差角应在 I、IV 象限内，即在（0～π/2）或（3π/2～2π）内。如果椭圆的主轴在 II、IV 象限内，那么所求得的相位差角应在（π/2～π）或（π～3π/2）内。

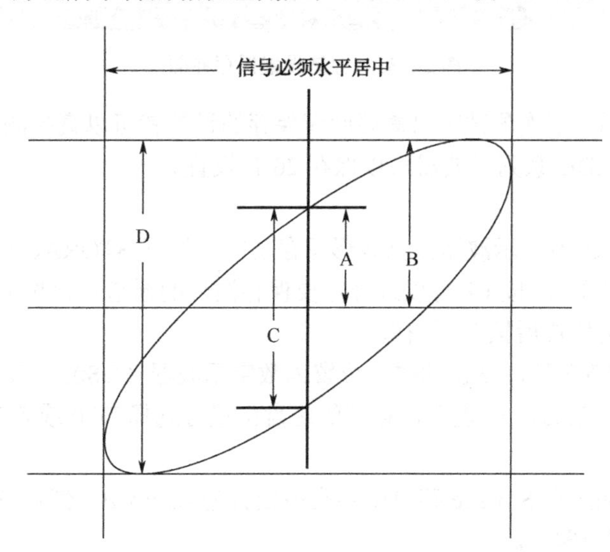

图 2.3.34 椭圆示波图形法

另外，如果二个被测信号的频率或相位差为整数倍时，根据图形可以推算出两信号之间频率及相位关系，如表 2.3.20 所示。

表 2.3.20　X-Y 相位差表

信号 频率比	相位差					
	0 度	45 度	90 度	180 度	270 度	360 度
1：1						

6. *存储和调出波形*

示波器的存储功能包括：设置存储、波形存储、屏幕拷贝功能。

1）设置存储功能

选择示波器的显示通道，触发通道，垂直和水平挡等完成示波器设置。按下 STORAGE 键，在通过按 F1 键选择存储的类型为“设置”，通过多功能选钮选择需要存储的位置，再按 F4 保存。如图 2.3.35 所示。

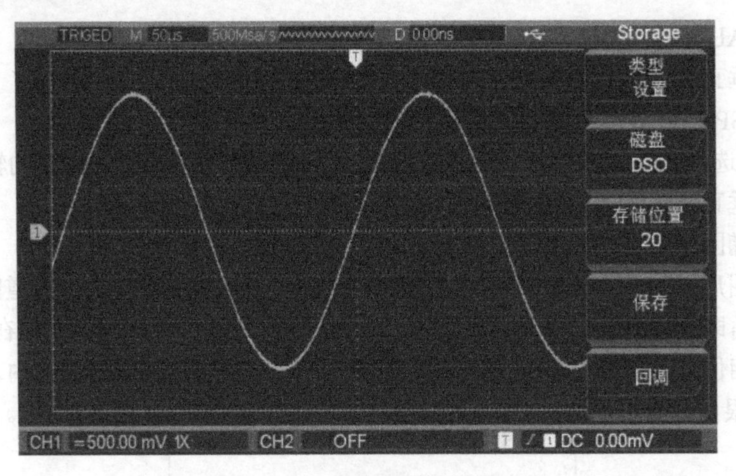

图 2.3.35　存储设置保存界面

当设置保存完成后，下次测试时只需要回调保存的设置就可以直接测试，减少重新设置的过程。UTD2102CEX-EDU 系列示波器可以保存 20 种设置。

2）波形存储功能

UTD2102CEX-EDU 系列示波器提供波形保存功能。按下 STORAGE 键，再通过按 F1 键选择存储的类型为“波形”；按 F2 可以选择需要保存波形的通道；再按 F3 指定磁盘位置，旋转多用途旋钮选择存储位置后按 F5 保存。

在未插入 U 盘的情况下，默认的磁盘位置为数字示波器（DS0），波形保存到数字示波器内部如图 2.3.36 所示。在插入 U 盘后，存储的磁盘位置可选择 DS0 或者 USB，波形保存到 U 盘如图 2.3.37 所示。

存储的波形可以通过在 Storage 菜单中将类型设置为 REFA/B。然后依次按 F2、F3 选择存储位置，最后按 F4 回调即可。

3）屏幕拷贝功能

在控制面板左上方有一个 PrtSc 键，可以将屏幕上显示的画面拷屏到 U 盘中。如图 2.3.38 所示。

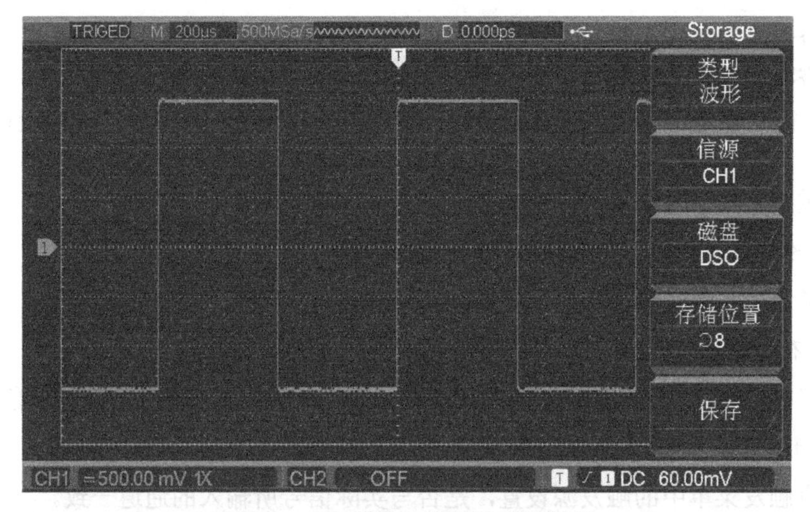

图 2.3.36　波形保存到数字示波器内部

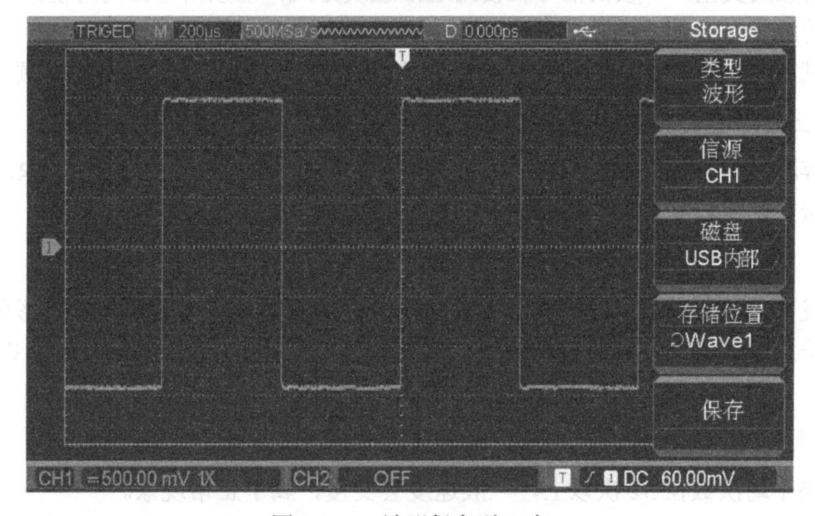

图 2.3.37　波形保存到 U 盘

在插入 U 盘后，按下该键将进行屏幕拷贝操作，显示的画面会以“.BMP”格式保存在 U 盘上。

图 2.3.38　屏幕拷贝键

三、常见操作错误分析

数字示波器面板上的旋钮和按钮比较多，特别是调用功能区的按钮后，主菜单下还需选择二级菜单，因此刚开始操作时，可能会出现一系列的问题，常见操作错误及检查方法如下。

1. 按下电源开关数字存储示波器仍然黑屏，没有任何显示

（1）检查电源接头是否接好，供电电源是否正常。

（2）检查电源开关是否按到位。

（3）做完上述检查后，重新启动仪器。

2. 采集信号后，画面中并未出现信号的波形

（1）检查探头是否正常连接在信号连接线上。

（2）检查信号连接线是否正常接在BNC（即通道连接器）上。

（3）检查探头是否与待测物正常连接。

（4）检查待测物是否有信号产生（可将有信号产生的通道与有问题的通道接在一起来确定问题所在）。

（5）再重新采集信号一次。

3. 测量的电压幅度值比实际值大10倍或小10倍

检查通道衰减系数是否与实际使用的探头衰减比例相符。

4. 波形不稳定并有毛刺

检查测试电缆的接地线与被测电路的连接状态。地线连接不好是造成这种现象的主要原因。

5. 有波形出现，但是不能稳定显示

（1）检查触发菜单中的触发源设置，是否与实际信号所输入的通道一致。

（2）检查触发类型，一般的信号应使用边沿触发方式，视频信号应使用视频触发方式。只有采用适合的触发方式，才能稳定显示波形。

（3）尝试改变耦合方式为高频抑制和低频抑制显示，以滤除干扰触发的高频或低频噪声。

6. 屏幕上始终有无法调节，不受控制的波形存在

检查储存/调出（SAVE/RECALL）功能菜单下的基准A（RefA）或基准B（RefB）的状态，如处于开启状态则应将其关闭。

7. 按下“RUN/STOP”按钮后无任何显示

检查触发菜单的触发方式是否在正常或单次挡，且触发电平是否已超出波形范围，若是，则将触发电平居中，或者设置触发方式为自动挡。另外，按自动设定“AUTO”按钮可自动完成以上设置。

8. 选择打开平均采样方式时间后，显示速度变慢

（1）如果平均次数在32次以上，一般速度会变慢，属于正常现象。

（2）可减少平均次数。

9. 波形显示呈阶梯状

（1）此现象正常。可能水平时基挡位过低，增大水平时基以提高水平分辨率，可以改善显示。

（2）显示类型为矢量，采样点间的连线，可能造成波形阶梯状显示。将显示类型设置为点显示方式，即可解决。

四、系统提示信息说明

调节已到极限：提示在当前状态下，多用途旋钮的调节已到达终端，不能再继续调整。当垂直偏转系数开关、时基开关、X移位、垂直移位和触发电平调节到终端时，就会显示该提示，如图2.3.39所示。

USB设备安装成功：当U盘插入到数字存储示波器时，如果连接正确，屏幕出现该提示，如图2.3.40所示。

USB设备已移除：当U盘从数字存储示波器上拔下时，屏幕出现该提示。

Saving：当进行波形存储时，屏幕显示该提示，并在其下方有进度条出现。

Loading：当进行波形调出时，屏幕显示该提示，并在其下方有进度条出现。

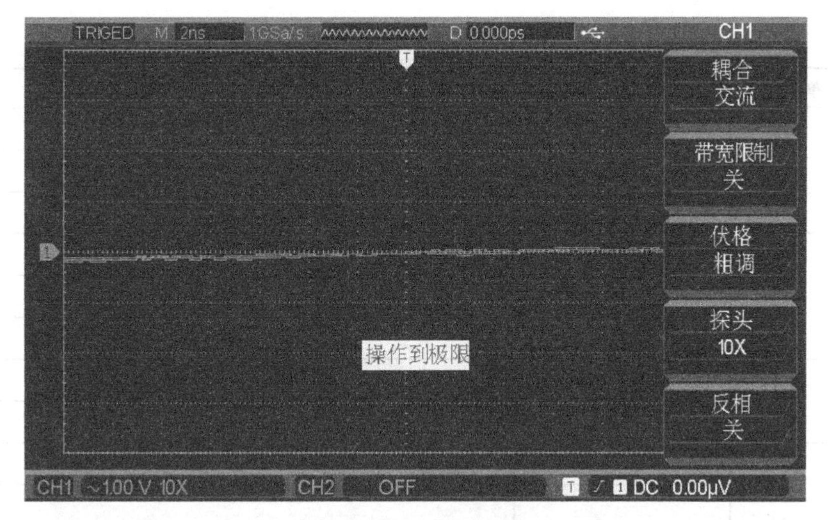

图 2.3.39　操作到极限

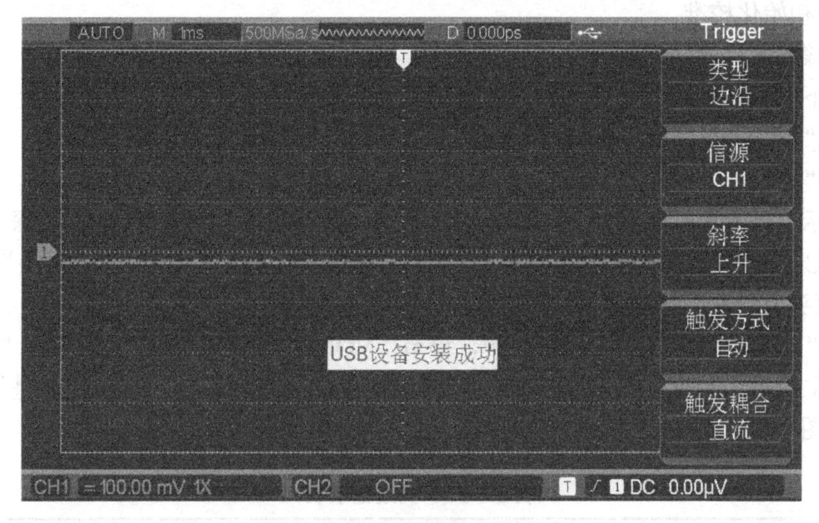

图 2.3.40　USB 设备安装成功

2.3.2　任务实施：数字示波器的使用

一、任务器材准备

（1）数字示波器____台，型号____________________________。

（2）函数信号发生器____台，型号____________________________。

二、任务内容

1. 主要功能与基本使用

了解数字实时示波器的面板部件及其主要功能、产品主要性能及使用注意事项，将主要的面板部件及菜单的功能填写于实践记录表 2.3.21（表格大小可根据实际需要进行增减）。

2. 简单测量

以函数信号发生器输出信号作为被测信号，进行简单测量。例如，波形显示，频率测量，周期测量等。将测量结果记入实践记录表中。

表 2.3.21　实践记录表

序　号	单　元	名称与面板标注	面板部件功能概述

1）仪器初始化校准

操作步骤如下。

（1）按下电源开关。

（2）按“UTILITY（辅助功能）”键。

（3）按“自校正”菜单操作键，机器进行自校正。

（4）用示波器专用探头将“PROBE COMP”（探极补偿器）端连接到 CH1 探头连接器。

（5）按 CH1 通道按键，示波器显示出 CH1 通道菜单以后，按 F4 键将“探头”设定为“10×”，并将探头上的开关拨至“×10”位置。

（6）按“AUTOSET（自动设置）”键，调节“VOLTS/DIV”、“SEC/DIV”和“POSITION”旋钮，使显示方波的周期为一格、幅值为一格，读出 CH1 垂直标尺的读数和主时基设定值（M），画出其波形图并填入实践记录表 2.3.22 中。

表 2.3.22　实践记录表

CH1	M	幅　度	频　率	波　形

2）自动测量

用函数信号发生器分别输出正弦波、方波和三角波，使用数字示波器的“MEASURE（测量）”功能测量信号的相关参数，将结果记录在实践记录表 2.3.23 中。反复进行训练，直到熟练掌握。

表 2.3.23　实践记录表

信　号	探极衰减	测试结果				波形图
		频率	周期	峰-峰值	均方根值	
正弦波信号						
方波信号						
三角波信号						

3. 光标测量

用函数信号发生器输出一个信号，接入激活通道，按下光标“CURSOR”按钮显示光标菜单，对被测信号进行时间和电压的测量，记录结果。

1）测量脉冲宽度

在示波器上显示一个完整的脉冲；选择光标菜单中的“时间”，旋转多用途旋钮将光标 1 置于脉冲上升沿的中点；光标 2 置于脉冲下降沿的中点；光标菜单的增量时间，即为脉冲宽度的测量值。将结果记录在实践记录表 2.3.24 中。

表 2.3.24　实践记录表

方波信号	探极衰减	光标 1 数据	光标 2 数据	脉宽（增量）
1kHz、5Vp-p				

2）测量正弦波峰-峰值电压

在示波器上显示一个正弦波；选择光标菜单中的“电压”，旋转多用途旋钮将光标 1 置于正向峰值处；光标 2 置于负向峰值处；光标菜单的增量读数即为正弦波峰-峰值。将结果记录在实践记录表 2.3.25 中。

表 2.3.25　实践记录表

正弦波信号	探极衰减	光标 1 数据	光标 2 数据	峰-峰值电压（增量）
1kHz、5Vp-p				

4. 存储和调出波形

要求储存一个三角波、一个方波，并在观察其他波形时进行调出。

将待存储信号经探极输入至激活通道；调节有关控件，使仪器显示信号波形；调出相应控制菜单；反复练习信号的存储和调出，直到熟练掌握。操作步骤请自行拟出。

三、任务总结及思考

（1）简要总结本实践仪器仪表的规范使用、注意事项及实践体会。

（2）实践过程中，仪器设备有无异常现象，分析说明产生异常现象的主要原因及解决措施。

（3）数字示波器具备哪些模拟示波器不具备的功能？

四、任务知识点习题

（1）数字存储示波器经过探头补偿后下列图中补偿正确的是________。

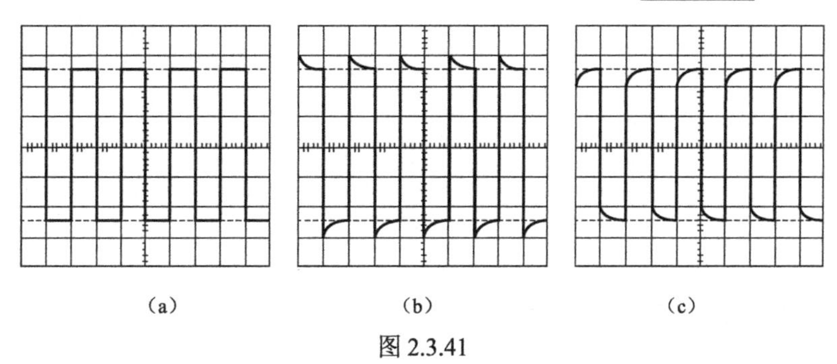

（a）　（b）　（c）

图 2.3.41

（2）数字存储示波器中的耦合方式有哪些？

（3）若示波器实际所用的探头衰减倍数为10，而在示波器中所设定的探头衰减倍数为×1，则利用MEASURE功能菜单测量信号的峰-峰值时，所得的读数将会比实际值大还是小？

（4）如何利用光标功能来测量波形的峰-峰值电压、频率和周期？

（5）数字存储示波器可以自动测量的电压参数主要有哪些？可以自动测量的时间参数主要有哪些？

2.4 项目总结

本项目通过模拟示波器和数字示波器测量信号的电压、频率、时间等参数。

（1）介绍了电子测量仪器的误差和正确使用方法，重点介绍了误差的分类和各类误差的计算方法。

（2）示波器是时域分析最典型的仪器，也是电子测量领域中品种最多、数量最大、最常用的一种仪器，通过波形可完成电压、周期、频率和时间等基本参数的测量。

（3）模拟示波器可将被测信号显示在屏幕上，借助其X、Y坐标标尺定量测量被测信号的许多参量，如幅度，周期，脉冲的宽度、前后沿，调幅信号的调幅系数等。

（4）数字示波器与模拟示波器相比较，数字示波器除了可利用坐标标尺进行测量外，还有许多先进的自动测量功能。

（5）数字存储示波器面板布置简洁，直接显示测量结果，给操作者带来很大方便，大大提高测量效率。

项目三

电信号参数测量

3.1 项目背景

常见的测量电压的仪器是电压表和示波器。一般的电压测量仪器主要指各类电压表，在工频（50Hz）和要求不高的低频测量时，可使用万用表电压挡，定量测量时，大都使用电子电压表。电子电压表根据显示方式可分为模拟式电压表和数字式电压表。模拟电子电压表主要是交流毫伏表或电子毫伏表，其灵敏度高，广泛用于较宽频率范围的信号电压值测量。数字电压表因测量准确度高、分辨力高、测量速度快、输入阻抗大、过载能力强、抗干扰能力强等优点，在电压测量领域得到广泛应用。

电子计数器又称频率计，其基本功能是测量信号的频率和周期。电子计数器是一种出现最早，使用最广泛的数字化测量仪器。与示波器测量相比，电子计数器测频范围更宽、精确度更高。它利用电子计数法原理，在一定的时间间隔内对输入信号脉冲进行累加计数，并将计数结果以数字形式显示出来，以达到测量输入信号的频率、周期、时间间隔和频率比、输入脉冲计数等参数的目的。

本项目通过数字电压表和电子计数器分别实现电信号的电压、频率和时间的测量。

3.2 任务一：电压测量

任务目标

➢ 了解电压测量的特点，电压测量对仪器的基本要求，电子电压表的分类。理解交流电压的基本参数；
- 能画出放大–检波式和检波–放大式模拟电子电压表的组成框图，理解各组成部分的作用。了解这两类电子电压表的特点及适用范围；
- 理解数字电压表的主要技术性能；
- 掌握模拟电压表和数字电压表的选用原则；
- 能正确选用和使用电子电压表进行电压测量。

3.2.1 测量知识：电压测量技术

在电子学领域中，电压是最基本的参数之一。电子电路中的许多参数，如频率特性、谐波失真度、调制度等都可视为电压的派生量；各种电路的工作状态，如饱和、截止、谐振、平衡等都可用电压的形式反映出来；电子设备的各种信号，主要以电压量来表现；很多电子测量仪器都用电压量来指示。在非电量测量中，多利用各类传感器件装置将非电参数转换成电压参数。电压测量是电子测量的基本内容，是电子测量的基础。电压测量所用的仪器主要是电子电压表。

一、电压测量的特点

在测量中，需要适应的现场状况较为复杂。无论是信号本身，还是现场测量要求都可能存在较大的差异。这些差异对电压测量的主要仪器提出了相应的要求，主要包括以下几个方面。

1. 被测电压频率范围宽

电子电路中电压的频率可以从零赫兹（直流）到数百兆赫兹（MHz），乃至数十吉赫兹（GHz）的范围内变化。

2. 被测电压值范围广

被测电压值范围是选定电压表量程范围的依据。通常待测电压的上限达到数百千伏，下限值低至纳伏。随着超导器件的应用，现在电压测量可达到皮伏（pV）量级。

3. 输入阻抗高

电压测量仪器的输入阻抗是被测电路的额外负载。为了减小电压表接入时对被测电路工作状态的影响，要求尽可能高的输入阻抗，即输入电阻大，输入电容小。

4. 抗干扰能力强

电压测量一般是在充满各种干扰的条件下进行的，特别是对于高灵敏电压表（如数字电压表、高频毫伏表），干扰将会引入明显的测量误差，这就要求电压表具有相当强的抗干扰能力。

5. 测量精确度高

目前数字电压表测量直流电压的精确度可达 10^{-7} 数量级，测量交流电压只能达 10^{-2}～10^{-4} 数量级。一般模拟式电压表精确度均在 10^{-2} 数量级以下。

6. 被测电压波形多样

电子电路中的电压波形除正弦波电压外，还有大量非正弦电压，而且被测电压中往往是交流与直流并存。

二、交流电压的基本参数

交流电压除了用具体的函数关系式表达其大小随时间的变化规律外，通常用峰值、平均值、有效值等参数来表征。

1. 峰值

峰值是交变电压 $u(t)$ 在所观察的时间内或一个周期内偏离零电平的最大电压幅值，记为 U_P，正、负峰值不等时分别用 U_{P+}和 U_{P-}表示，如图 3.2.1 所示。

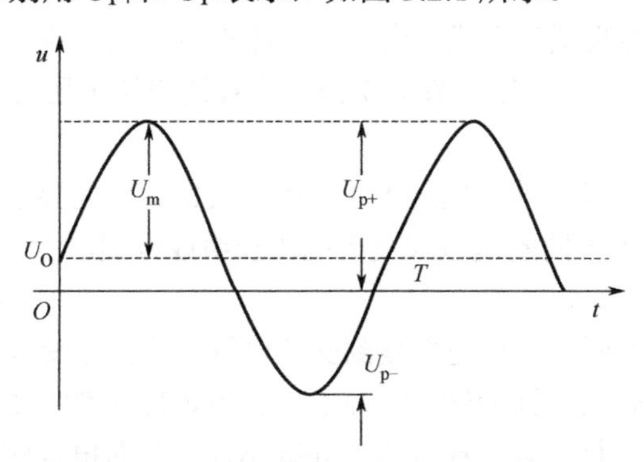

图 3.2.1 交流电压的峰值和幅值

$u(t)$ 在一个周期内偏离直流分量（平均值）U_0 的最大值称为幅值或振幅值，记为 U_m，正、负幅值不等时分别用 U_{m+}、U_{m-}表示，如图 3.2.1 所示。

峰值是以零为参考电平计算的，振幅值则以直流分量为参考电平计算。对于正弦交流信号而言，当不含直流分量时，其振幅值等于峰值，且正负峰值相等。

2. 平均值

平均值简称均值，是指波形中的直流成分，所以对于常见的正、负半周期波形对称且不含直流分量的纯交流电压信号而言，按照数学定义，其平均值为零。因此，信号电压的数学平均值定义在实践应用中存在一定的局限性。在电子测量中，通常所说的交流电压的平均值是指经过检波后的平均值。根据检波器的种类不同又可分为半波平均值和全波平均值。

交流电压经全波检波后的平均值称为全波平均值，用 $\overline{U}$ 表示。

$$\overline{U} = \frac{1}{T}\int_0^T |u(t)| dt$$

本书中提到的平均值如不特别指明，均是指全波平均值。

3. 有效值

有效值的定义是：交流电压 $u(t)$ 在一个周期内施加于一纯电阻负载上所产生的热量与一直流电压在同样情况下产生的热量相等时，这个直流电压值就是交流电压有效值。

有效值又称均方根值，用 U 表示，其数学定义为

$$U = \sqrt{\frac{1}{T}\int_0^T u^2(t)dt}$$

作为表征交流电压的一个参量，有效值比峰值、平均值应用更为普遍。通常所说的交流电压的量值就是指它的有效值。

三、模拟电子电压表

电子电压表是最常用的电压测量仪器，用于测量电路的交、直流电压。电子电压表根据显示方式可分为模拟式电压表和数字式电压表。模拟电子电压表主要为交流电子电压表，常称为交流毫伏表或电子毫伏表，其灵敏度高，广泛用于较宽频率范围的信号电压值测量。

1. 模拟式电压表的主要测量方案

模拟式电压表又叫指针式电压表，采用磁电式直流电流表头作为电压指示器。测量直流电压时，可直接或经放大或经衰减后变成一定量的直流电流驱动直流表头的指针偏转以指示电压值。测量交流电压时，先经过交流-直流变换器，将被测交流电压转换成与之成比例的直流电压后，再进行直流电压的测量。

为了满足不同的测量对象，被测电压大小、频率及精确度的要求，检波器在电压表中所处的位置也不同，从而形成了不同的模拟式交流电压表组成方案。

1）检波-放大式

方案方框图如图 3.2.2 所示。它先将被测交流电压经检波器变成直流电压，然后经直流放大器放大，最后驱动直流表头指针偏转。这种电压表的频带宽度主要取决于检波电路的频率响应，若把特殊的高频检波二极管置于探极内，并减小连接分布电容的影响，工作频率上限可达吉赫（GHz）级。因此，这种组成方案的电压表一般属于高频电压表或超高频电压表。但电压表灵敏度受检波器的非线性限制，若采用一般直流放大器，灵敏度只能达到 0.1V 左右。若采用调制式直流放大器，灵敏度则可提高到毫伏级。

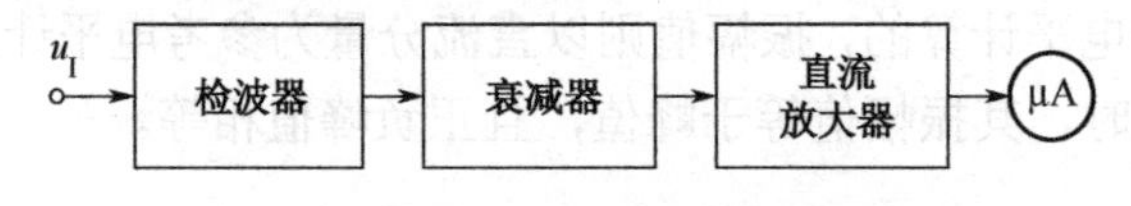

图 3.2.2　检波-放大式电压表方案框图

2）放大-检波式

方案方框图如图 3.2.3 所示。被测电压先经宽带放大器放大，然后再检波。由于信号首先被放大，在检波时已有足够的幅度，可避免小信号检波时的非线性影响，因此灵敏度较高，一般可达毫伏级。其工作频率范围因受放大器带宽的限制而较窄，典型的频率范围为 20Hz～10MHz，所以这种电压表也称为视频毫伏表。

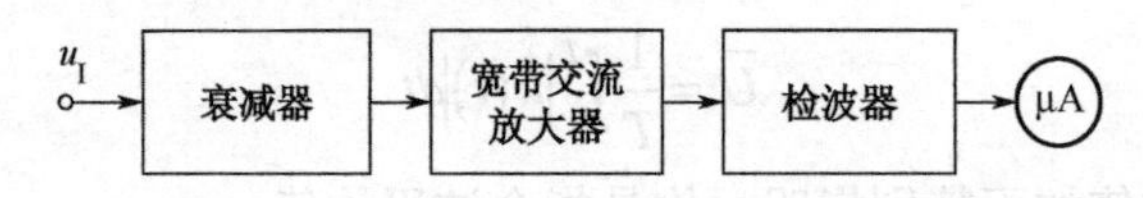

图 3.2.3　放大-检波式电压表方案框图

3）外差式电压表

外差式电压表与外差式收音机的原理相似。电路结构如图 3.2.4 所示，被测信号通过输入电路后，在混频器中与本机振荡器的振荡信号混频，输出频率固定的中频信号，经中频放大器放大后进入均值检波器变换成直流电压，驱动直流表头指针偏转。

由于外差式电压表的中频是固定不变的，中频放大器具有良好的频率选择性和相当高的增益，从而解决了放大器的带宽与增益的矛盾。又因中频放大器通带极窄，在实现高增益的同时，可以有效地削弱干扰和噪声的影响，使电压表的灵敏度提高到微伏级，故这种电压表又称为高频微伏表。

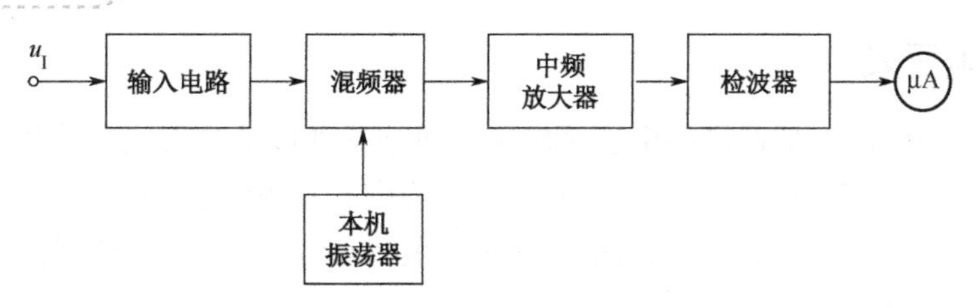

图 3.2.4　外差式电压表方案框图

检波-放大式电压表虽然频率范围较宽，但灵敏度不高；放大-检波式电压表灵敏度较高，而频率范围又较窄。频率响应和灵敏度互相矛盾，很难兼顾。外差式电压表有效地解决了上述矛盾。

2. 模拟式电子电压表的主要类型

模拟电压表又叫指针式电压表，一般都采用磁电式直流电流表头作为被测电压的指示器。测量交流电压时，必须经过交流-直流变换器即检波器，将被测交流电压先转换成直流电压后，再进行测量。

在模拟式交流电压表中，检波器是其核心。交流电压有三种表征值：均值、峰值和有效值。根据其输出直流信号与被测电压的哪种表征值成比例，可将检波器分为均值响应、峰值响应和有效值响应三种类型。

模拟式电子电压表根据其内部所使用的检波器不同，可分为均值电压表、峰值电压表和有效值电压表三种。

1）均值电压表

均值电压表以均值检波器作为交直流变换器。均值检波器即整流器，它输出的直流电压（即检波后波形的平均值）与输入交流电压的平均值成正比，而与输入电压的波形无关，故称为均值检波器。

均值检波器的输入阻抗较低，因此，通常在均值检波器前加入放大器等高输入阻抗电路构成放大-检波式电压表。宽带交流放大器是决定均值电压表性能的关键，用于信号的放大，以提高均值电压表的测量灵敏度。均值电压表的优点是性能稳定、灵敏度高，缺点是测量频率范围受放大器带宽的限制，其测量频率范围窄。

2）峰值电压表

峰值电压表以峰值检波器作为交直流变换器。峰值检波器输出的直流电压与输入交流电压的峰值成正比，与波形无关。

峰值电压表的电路组成一般为“检波-放大式”。由于峰值检波器体积小，故可以做成探头与被测电路直接相接。因此，通过交流信号的测试线很短，分布参数及引入的干扰信号比较小；而且由于采用调制式直流放大器，使得峰值表的频宽及灵敏度都比较理想。峰值表常用来测量高频交流电压，故又称作“高频毫伏表”或“超高频毫伏表”。峰值电压表的优点是测量频率范围宽，缺点是灵敏度低、稳定性差。

3）有效值电压表

有效值电压表内部所使用的检波电路为有效值检波器，其输出直流电压正比于输入交流电压的有效值。目前常用下述三种有效值检波器。①分段逼近式有效值检波器；②热电转换式有效值电压表；③计算式有效值检波器。不管用哪种方案构成有效值电压表，表头刻度总为被测电压的有效值，而与被测电压波形无关，这也是有效值电压表的最大优点。

四、数字电压表

数字电压表（DVM）是把模拟电压量转换成数字量并以数字形式直接显示测量结果的一种仪表。与模拟式电压表相比，数字电压表具有精确度高、测量速度快、输入阻抗大、数字显示读数准确、抗干扰能力和抗过载能力强、便于实现测量过程自动化等特点。目前，数字电压表在电压测量领域中已得到广泛应用。

1. 数字电压表（DVM）组成

直流数字电压表的组成如图 3.2.5 所示，主要包括模拟电路和数字电路两大部分。模拟电路部分包括输入电路（如阻抗变换、放大电路、量程控制）和 A/D 转换器。A/D 转换器是数字电压表的核心，完成从模拟量到数字量的转换。电压表的技术指标如准确度、分辨率等主要取决于这一部分电路。数字电路部分完成整机逻辑控制、计数、译码（比如将二进制数字转换成十进制数字）和显示等任务。图示 DVM 只能测量直流电压，要测量交流电压需另外加入 AC/DC 转换器。

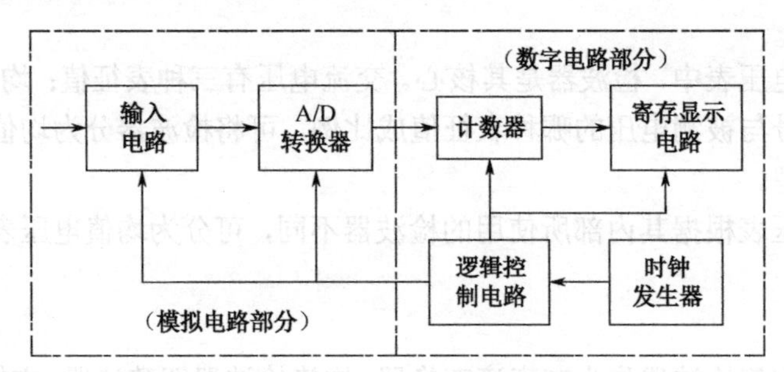

图 3.2.5　直流数字电压表的组成框图

各类 DVM 的主要区别在于 A/D 转换方法的不同。根据 A/D 转换器的转换原理不同，数字电压表可分为比较型、积分型、复合型 3 种。

（1）比较型数字电压表将被测电压与基准电压进行比较，以获得被测电压的量值，是一种直接转换方式。这种电压表的特点是测量精确度高、速度快，但抗干扰能力差。

（2）积分型数字电压表利用积分原理首先把被测电压转换为与之成正比的中间量（时间或频率），再利用计数器测量该中间量。这类 A/D 转换器的特点是抗干扰能力强，成本低，但转换速度慢。

（3）复合型数字电压表是将比较型和积分型结合起来的一种类型，取其各自优点，适用于高精度测量。

2. 数字电压表的主要技术指标

1）测量范围

测量范围包括量程、显示位数和超量程能力。

（1）量程。表示电压表所能测量的最小电压到最大电压范围。与模拟式电压表一样，数字电压表也是借助于衰减器和输入放大器来扩大量程的。其中不经衰减器和输入放大器的量程称为基本量程，它是测量误差最小的量程。

（2）显示位数。显示位数是指数字电压表能够完整显示 0～9 这十个数码的位数，称完整显示位。因此，最大显示数字为 9999 和 19999 的数字电压表均为四位数字电压表。但为区分起见，也常把只能显示 0 和 1 两个数码的显示位称为$\frac{1}{2}$显示位，只能显示 0～5 的显示位称为$\frac{3}{4}$显示位，这两种都是非完整显示位，位于最高位。于是，最大显示数字为 19999 的数字电压表又称作 $4\frac{1}{2}$ 位数字电压表，最大显示数字为 59999 的数字电压表又称为 $4\frac{3}{4}$ 位电压表。

（3）超量程能力。超量程能力是数字电压表的一项重要指标，它是指数字电压表能测量的最大电压超过其量程值的能力。一台数字电压表有无超量程能力，决定于它的量程分挡情况和能够显示的最大数字情况。超量程能力公式：

$$\text{超量程能力}=\frac{\text{能测量出的最大电压}-\text{量程值}}{\text{量程值}}\times 100\%$$

显示位数全是完整位的数字电压表没有超量程能力。

带有$\frac{1}{2}$显示位的数字电压表如按 2V、20V、200V 等分挡，没有超量程能力；若按 1V、10V、100V 等分挡，则具有 100%的超量程能力。

带有$\frac{3}{4}$显示位的数字电压表，如按 5V、50V、500V 等分挡，则具有 20%的超量程能力。

使用具有超量程能力的电压表，在有些情况下可以提高测量精度。

2）分辨力

分辨力是指数字电压表能够显示被测电压的最小变化值的能力，即显示器末位跳变一个字所需的最小电压变化值。在不同量程上，数字电压表的分辨力是不同的。在最小量程上数字电压表具有最高的分辨力。

例如，4 位 DVM 在 1V、10V 量程上的分辨力分别为 0.0001V、0.001V，则此 DVM 的分辨力为 0.0001V。

3）测量误差

数字电压表的测量误差包括固有误差和工作误差，这里只讨论固有误差。

固有误差是指在基准条件下的误差。常以如下形式给出：

$$\Delta U=\pm(\alpha\%\cdot U_x+\beta\%\cdot U_m)$$

式中，U_x——被测电压示值；

U_m——该量程的满度值；

α——误差的相对项系数；

$\alpha\%\cdot U_x$——读数误差，随被测电压而变化；

β——误差的固定项系数；

$\beta\%\cdot U_m$——满度误差，对于给定量程，该值是不变的。

满度误差有时也用与之相当的末位数字的跳变个数来表示，记为±n 个字，即在该量程上末位跳 n 个字时的电压值恰好等于 $\beta\%\cdot U_m$。

例 1　某 5 位 DVM 在 5V 量程测得电压为 2V，已知 5V 量程的固有误差计算式为$\Delta U=\pm(0.005\%U_x+0.004\%U_m)$，试求 DVM 的固有误差、读数误差和满度误差各是多少？满度误差相当于几个字？

解：因为 DVM 位数为 5，且量程为 5V，所以电压表末尾 1 个单位为 0.0001V。

读数误差为：$\pm0.005\%U_x=\pm0.005\%\times2\text{V}=\pm0.0001\text{V}$

满度误差为：$\pm0.004\%U_m=\pm0.004\%\times5\text{V}=\pm0.0002\text{V}$

满度误差相当于：

固有误差：±（0.0001V+0.0002V）=±0.0003V

满度误差相当于±2个字

4）输入电阻和输入偏置电流

数字电压表输入级多采用场效应管电路，所以有比较高的输入电阻，一般不小于 10MΩ，高准确度的可优于 1000MΩ。

输入偏置电流是指仪器内部元器件受温度等影响而表现于输入端的电流。为提高测量精确度，应尽量减小此电流。

5）测量速率

测量速率表示数字电压表在单位时间内以规定的准确度完成的最大测量次数，它主要取决于 A/D 转换器的转换速率。积分型数字电压表速度低，比较型数字电压表速度较高。

3. 电压表的选择和正确使用

1）电压表的选择

不同的测量对象应当选用不同性能的电压表。在选择电压表时主要考虑其频率范围、量程和输入阻抗等指标。

（1）根据被测电压的种类（如直流、交流、脉冲、噪声等）选择电压表的类型。

（2）根据被测电压的大小选择量程适宜的电压表。量程的下限应有一定的灵敏度，量程的上限应尽量不使用分压器，以减小附加误差。

（3）保证被测量电压的频率不超出电压表的频率范围。即使在频率范围之内，也应当注意到电压表各频段的频率附加误差，在可能的情况下，应尽量使用附加误差小的频段。

（4）在其他条件相同的情况下，应尽量选择输入阻抗大的电压表。在测量高频电压时，应尽量选择输入电容小的电压表。

（5）在测量非正弦波电压时，应根据被测电压波形的特征，适当选择电压表的类型（峰值型、均值型或有效值型），以便正确理解读数的含义并对其进行修正。

（6）注意电压表的误差范围，包括固有误差和各种附加误差，以保证测量精确度的要求。

2）电压表的正确使用

选择好电压表以后，在进行具体测量时还应当注意以下几个方面。

（1）正确放置电表。

（2）测量前，要进行机械调零和电气调零。机械调零是就模拟电压表而言的，应在通电之前进行。电气调零在接通电源预热几分钟后进行，且每转换一次量程都应重新进行电气调零。

（3）注意被测电压与电压表之间的连接。测试连接线应尽量短一些，对于高频信号应当用高频同轴电缆连接。测量时应先接地线，再接高电位线；测量完毕时应先拆高电位线，再拆地线。

（4）正确选择量程。如对被测电压的数值大小不清楚，应先将量程选大些，再根据需要转换到较小量程。在使用模拟电压表时，所选量程应尽量使表针偏转大一些（满度 2/3 以上区域），以减小测量误差。

（5）注意输入阻抗的影响。当电压表对被测电路的影响不可忽略时，应进行计算和修正。

3.2.2 测量仪器：交流毫伏表

一、SG2172B 型交流数字毫伏表

SG2172B 型双通道交流数字毫伏表适用于测量频率 5Hz～5MHz、电压 30μV～300V 的正弦波有效值电压。该仪器采用 4 位数字显示，精度高、频响好、输入阻抗高，有 V、dB、dBm 三种显示方式，显示清晰直观、可自动转换量程、使用方便。

1. 主要技术指标

SG2172B 型交流数字毫伏表主要技术指标见表 3.2.1。

表 3.2.1 SG2172B 型交流数字毫伏表技术指标

项　目	技 术 指 标
1. 交流电压测量范围（有效值）	30μV～300V
2. dB 测量范围	−79dB～+50dB（0dB=1V）
3. dBm 测量范围	−77dBm～+52dBm（0dBm=1mW 600Ω）
4. 量程	3mV、30mV、300mV、3V、30V、300V
5. 频率范围	5Hz～5MHz
6. 基准条件下频率影响的电压测量误差	50Hz ±2%满量程读数±8 个字 1kHz 基准（以 1kHz、300mV 满量程为基准，固有误差±3%读数±10 个数字） 100kHz ±2.5%满量程读数±10 个字 2MHz ±3%满量程读数±20 个字 dB 测量误差：电压测量误差±1 个字 dBm 测量误差：电压测量误差±1 个字
7. 输入电阻	1MΩ±10%
8. 输入电容	不大于 30pF
9. 最高分辨力	1μV

2. 主要特征

（1）采用单片机进行测量、数据处理和控制。

（2）具有交流电压、dB 和 dBm 三种测量功能。

（3）精度高，频响好。

3. 面板分布及其功能

1）面板分布

SG2172B 型交流数字毫伏表的面板分布如图 3.2.6 所示。

2）面板控制件说明

（1）电源开关。

（2）量程切换：当测量方式为手动转换量程时，用于改变量程。按一下向左箭头，向小量程方跳一挡；按一下向右箭头开关，向大量程方跳一挡。

（3）自动/手动转换：用于选择测量方式。开机时处于自动状态，按一下开关，转换到手动；再按一下，又回到自动状态。

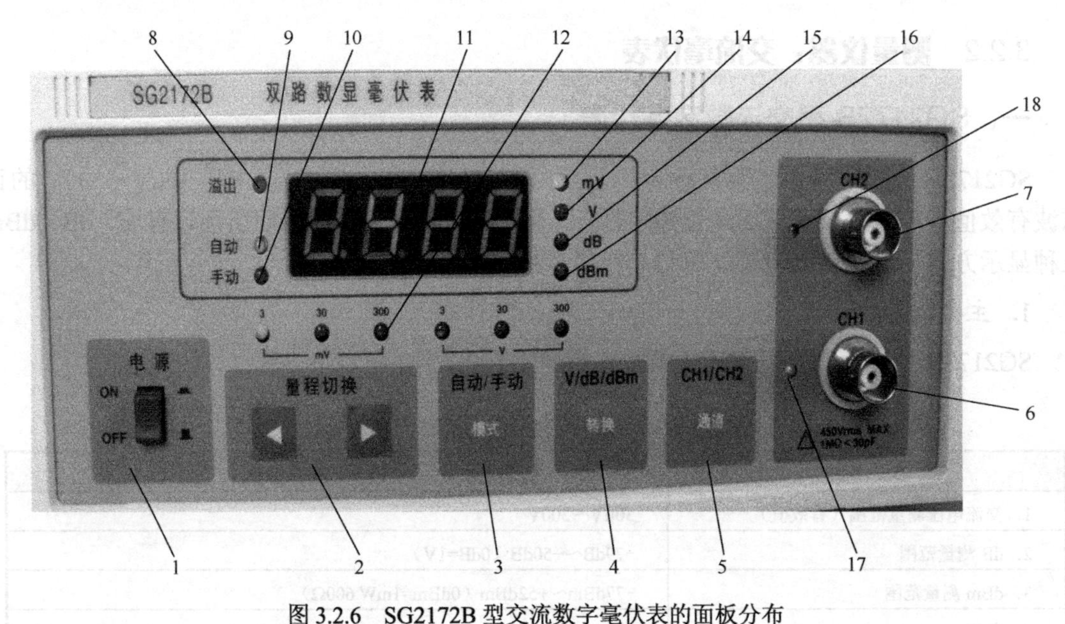

图 3.2.6　SG2172B 型交流数字毫伏表的面板分布

（4）V/dB/dBm：用于选择显示方式。开机时处于 V 方式。每按一下开关，机器便在三种显示方式之间切换。

（5）通道：用于选择输入通道。

（6）CH1：被测信号输入通道 1。

（7）CH2：被测信号输入通道 2。

（8）溢出：过量程或者欠量程指示灯。当测量方式处于“手动”显示数字大于 300 或小于 290 时，该指示灯亮，表示当前量程不合适。

（9）自动：该灯亮时表示当前处于自动转换量程状态。

（10）手动：该灯亮时表示当前处于手动转换量程状态。

（11）显示窗口：4 位 0.5 寸绿色数码管显示。当被测电压超出测量范围时，显示数字会闪烁，表示该数据无效。

（12）量程指示灯：当机器处于手动转换量程状态时，量程指示灯的其中一个点亮表示当前的量程。

（13）mV：电压显示单位。

（14）V：电压显示单位。

（15）dB：dB 显示单位。

（16）dBm：dBm 显示单位。

（17）该指示灯亮时表示当前为 CH1 输入有效。

（18）该指示灯亮时表示当前为 CH2 输入有效。

二、SG2172B 型交流数字毫伏表使用及注意事项

1. SG2172B 型交流数字毫伏表的使用

（1）准备工作。

先检查电源电压是否符合该仪器的电压工作范围，确认无误后方可将电源线插头插入仪器

后面板电源线插座内，如图 3.2.7（a）所示。按下面板电源开关，预热 5～10 分钟后，仪器即可稳定使用，如图 3.2.7（b）所示。

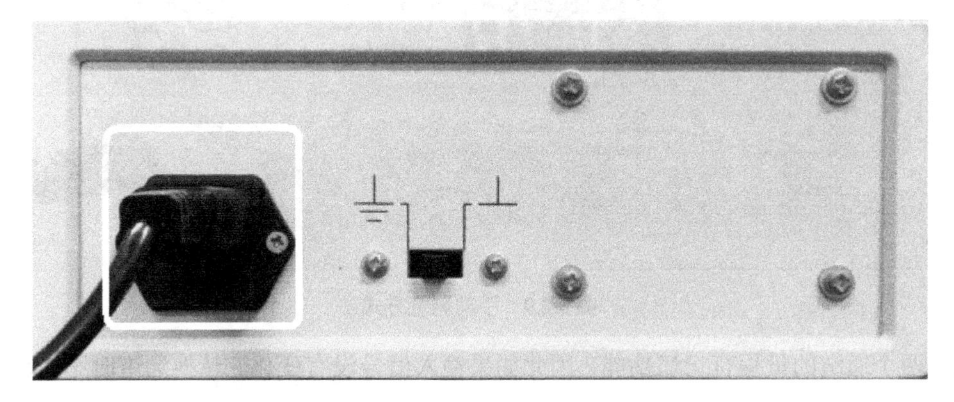

（a）电源线插座

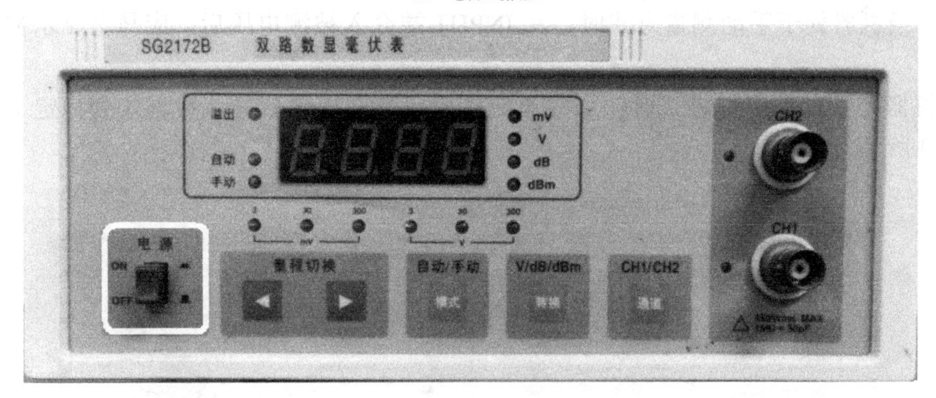

（b）电源开关

图 3.2.7　准备工作

（2）开机时，机器处于 CH1 输入、自动量程、电压显示方式。开机后的状态如图 3.2.8 所示。

图 3.2.8　开机后状态

根据需要选择合适的输入通道、测量方式和显示方式。如果是采用手动测量方式，在加入被测电压前要先选择合适的量程，如图 3.2.9 所示。

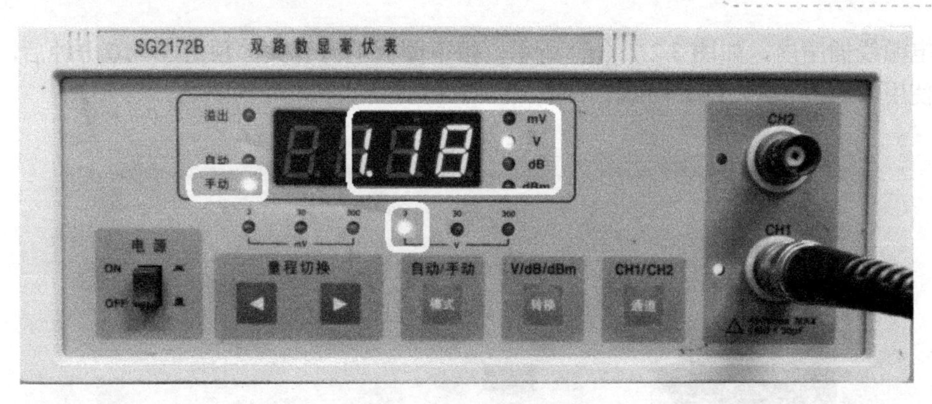

图 3.2.9　手动测量方式

（3）两个通道的量程有记忆功能，因此如果输入信号没有变化。转换通道时不必重新设置量程。

（4）当机器处于手动测量方式时，从 INPUT 端介入被测电压后，应马上显示被测电压数据。

当机器处于自动测量方式时，加入被测电压后需几秒钟后显示数据才会稳定下来，如图 3.2.10 所示。

图 3.2.10　自动测量方式

（5）如果显示数据不闪烁，溢出灯不亮，表示机器工作正常。

如果溢出灯亮，表示数据误差大，用户可根据需要选择是否更换量程。

如果显示数据闪烁，表示被测电压已经超出当前量程范围，必须更换量程。

2．使用注意事项

（1）打开电源后，数码管应当亮，数字表大约有几秒钟不规则的数据乱跳，这是正常现象，过几秒钟后应当稳定下来。

（2）输入短路时有大约满量程 3%个字以下的噪声，这不影响测试精度，不需调零。机器处于手动转换量程状态时，请不要长时间使输入电压大于该量程所能测量的最大电压。

3.2.3　任务实施：用交流数字毫伏表测电压

一、任务器材准备

（1）函数信号发生器________台，型号____________________；

（2）交流数字毫伏表________台，型号__________________。

二、任务内容

调节函数信号发生器，使输出不同频率与幅度的正弦信号，用数字毫伏表进行测量，将结果填入实践记录表 3.2.2 中。

表 3.2.2 实践记录表 用数字毫伏表测试信号发生器的输出电压

频　率	10Hz	100 Hz	1kHz	10 kHz	100 kHz
信号发生器输出 Vp-p	0.1V	0.5 V	1 V	5 V	10 V
数字毫伏表测量					
绝 对 误 差					
相 对 误 差					

三、任务总结及思考

（1）比较实践结果（测量值）与参考值（或理论结果）的差异。

（2）简要总结本实践仪器仪表的规范使用注意事项及实践体会。

四、任务知识点习题

（1）常用的模拟电压表和数字电压表各分为几类？

（2）现有三种数字电压表，其最大计数容量分别为（1）9999；（2）19999；（3）5999。它们各属于几位表？有无超量程能力？如有超量程能力，则超量程能力各为多少？

（3）比较型数字电压表和积分型数字电压表各有哪些特点？

（4）用一种 $4\frac{1}{2}$ 位数字电压表的 2V 量程测量 1.2V 电压。已知该电压表的固有误差为 $\Delta U=\pm(0.05\%\cdot U_x+0.01\%\cdot U_m)$，求由于固有误差产生的测量误差。它的满度误差相当于几个字？

（5）选择填空。

① 一 DVM 的最大显示数字为 19999，在 2V 量程时的分辨力是________。

A．0.001V　　B．0.0001V　　C．0.01V　　D．0.00001V

② 数字电压表的准确度______________指针式仪表的准确度。

A．远高于　　B．低于　　C．近似于　　D．相同于

③ 在一定条件下，其数值（大小及符号）保持恒定或按照一定规律变化的误差称______。

A．系统误差　　B．随机误差　　C．粗大误差　　D．绝对误差

（6）判断题。

请在正确命题后的括号内打对号，错误的打叉号。

① 测量同一个量，绝对误差越小，测量结果越准确。（　　）

② 绝对误差就是误差的绝对值。（　　）

③ 在进行测量时，对于正向刻度的电压表，使表头指针指在量程的三分之二以上位置较好。（　　）

④ 在测量中，粗大误差又称偶然误差，是仪器精确度不够造成的。（　　）

⑤ 在 DVM 中，量程一旦确定，则分辨力亦随之确定，与被测量电压大小无关。（　　）

⑥ 在 DVM 中，量程越小，则分辨力越高。（　　）

⑦ 数字电压表的分辨力相当于模拟电压表的灵敏度。（　　）

⑧ 数字仪表只能测量数字信号，不能测量模拟信号。（　　）

（7）填空题。

① 用电压表进行测量时，应先接__________线，再接___________线。测量结束后，应先拆__________线，后拆__________线。

② 测量电压时，应将电压表______联接入被测电路；测量电流时，应将电流表______联接入被测电路。

③ 用模拟电子电压表测量电压时需对电压表进行两次调零。在通电前进行________；在接通电源几分钟后进行________。

④ 某数字电压表的 $\Delta U=\pm(0.01\%\cdot U_x+0.02\%\cdot U_m)$。它的满度误差相当于________个字。

⑤ 在相同测试条件下多次测量同一量值时，绝对值和符号都以不可预知的方式变化的误差称为__________。在确定的测试条件下，采用某种测量方法和某种测量仪器所出现的误差称为__________。

（8）根据误差的性质，误差可分为几类？各有何特点？分别可以采取什么措施减小这些误差对测量结果的影响？

3.3　任务二：频率与时间测量

任务目标

- 了解电子计数器的基本组成和主要技术性能；
- 了解电子计数器测量频率、周期、频率比、时间间隔和自校的工作原理及相应的原理框图；
- 了解电子计数器测量误差的来源；会采取措施减小量化误差对测量结果的影响；
- 能正确使用电子计数器测量信号的频率、周期等基本参数。

3.3.1　测量知识：频率测量技术

频率定义为一个周期性过程在单位时间内重复的次数，周期是频率的倒数。测量信号频率只要在特定的时间间隔 t 内，测出这个过程的周期数 N，即可按下式求出频率。

$$f_x=\frac{N}{t} \tag{3-3-1}$$

例如，在 t 为0.1s内计数得 $N=10^6$，那么频率即10MHz。

通用电子计数器可实现测量频率、周期、时间间隔、频率比和累加计数等，属于电子计数器的一种。

知识延伸

电子计数器的种类

（1）通用计数器：通常指多功能计数器。它可以用于测量频率、频率比、周期、时间间隔和累加计数等，如配以适当的插件，还可以测量相位、电压等参数。

（2）频率计数器：其功能为测频和计数。测频范围很宽，在高频和微波范围内的计数器均属于此类。

（3）计算计数器：带有微处理器、具有计算功能的计数器。它除具有计数器功能外，还能进行数学运算、求解比较复杂的方程，能依靠程控进行测量、计算和显示等全部工作。

一、通用电子计数器的基本组成

通用电子计数器基本电路由 A、B 输入通道、时基单元、主门、控制单元、计数与显示单元等组成，如图 3.3.1 所示。

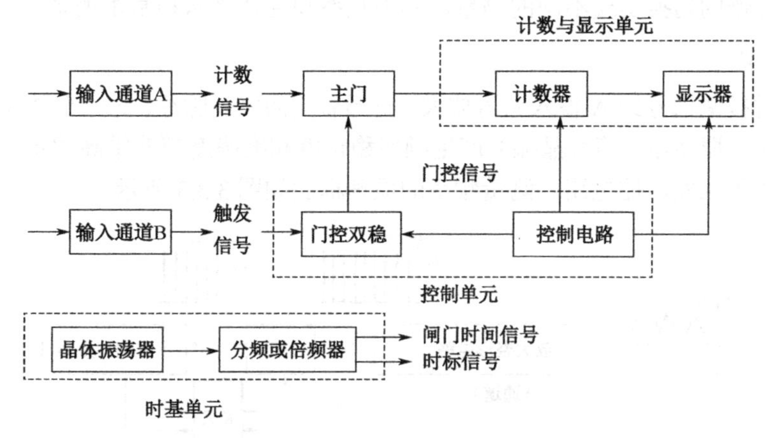

图 3.3.1　通用电子计数器的原理方框图

1. 输入通道

其作用是将输入的信号进行幅度调整、波形整形和阻抗变换，使其变换为标准脉冲。其中 A 输入通道为计数脉冲信号输入电路，B 输入通道为闸门时间信号输入电路。

2. 主门

又称闸门，是一个标准的双输入端逻辑与门，如图 3.3.2 所示。它的一个输入端接入来自控制单元中门控双稳触发器的门控信号，另一个输入端则接收计数脉冲信号。在门控信号作用有效期间，计数脉冲被允许通过主门进入计数器计数。在测频率时，门控信号为仪器内部的闸门时间选择电路送来的标准信号；在测量周期或时间时则是整形后的被测信号。

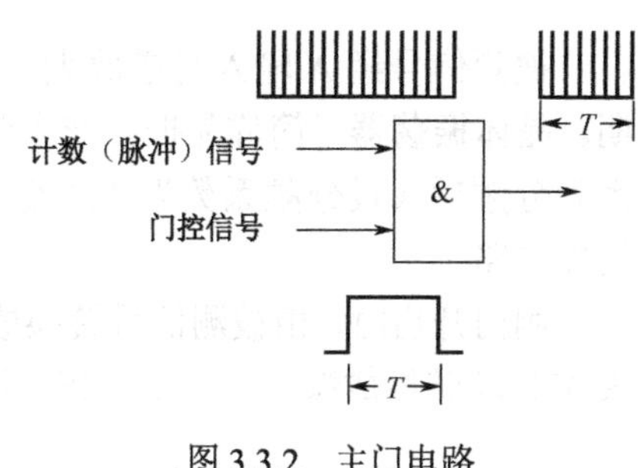

图 3.3.2　主门电路

3. 时基单元

主要由晶体振荡器、分频及倍频电路组成，用以产生标准时间信号。标准时间信号有两类：一类时间较长的称为闸门（时间）信号，通常根据分频级数的不同而有多种选择；另一类时间较短的称为时标信号，可以是单一的，也可以有多种选择。

4. 控制单元

产生各种控制信号去控制和协调通用计数器各单元的工作，以使整机按一定的工作程序自动完成测量任务。控制单元中包括前述的门控双稳态电路，它输出的门控信号用于控制主门的开闭。

5. 计数与显示单元

用于对主门输出的脉冲计数并以十进制数字显示计数结果。通常它由二-十进制计数器、译码器和数字显示器等构成。

二、通用电子计数器的测量原理

通用电子计数器可以实现多种测量，包括频率、周期、频率比、时间间隔和累加计数等。通过各种功能按键的切换实现不同的测量，其中频率和周期是两种基本测量。

1. 频率测量

测量频率时被测信号经A输入通道放大、整形后变为序列脉冲，每一个脉冲对应被测信号的一个周期。晶体振荡器（简称晶振）产生频率稳定度和准确度都非常高的正弦信号，称为闸门时间信号，用于触发门控电路。测量频率的原理框图如图3.3.3所示。

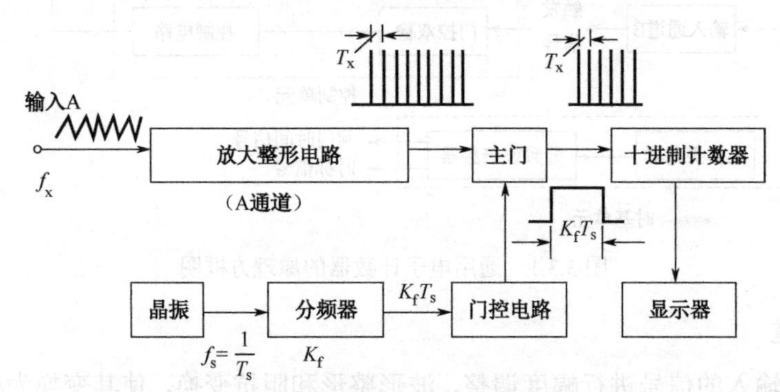

图3.3.3　测量频率的原理框图

被测信号经A输入通道放大、整形后变为序列脉冲，每一个脉冲对应被测信号的一个周期。晶体振荡器（简称晶振）产生频率稳定度和准确度都非常高的正弦信号f_s（或T_s），经一系列分频后（设分频系数为K_f）输出标准时间脉冲信号，称为闸门时间信号（T），用于触发门控电路。

闸门开启时，由被测信号转换成的序列脉冲经闸门输入到十进制计数器计数，并将计数结果N自动转换成频率值显示出来，即

$$f_x=\frac{N}{T}=\frac{N}{K_fT_s} \tag{3-3-2}$$

由此可见，电子计数器测量频率的原理是：让计数电路计算被测信号在T时间内（如10s

内）通过闸门的脉冲个数 N（如 50 个），那么被测信号的频率 $f=N/T$　（f=50/10=5Hz）。如果闸门开启时间恰为 1s，则计数结果 N 就是被测信号频率（单位为 Hz）。

在仪器内部，闸门的开启时间 T 一般都设计为 10^ns（n 为整数），并且使闸门开启时间 T 的改变与显示屏上小数点位置的移动同步进行，使用者无须对计数结果进行换算，即可直接读出测量结果。例如，被测信号频率为 100kHz，闸门时间选 1s 时，N=100 000，显示为 100.000kHz；若闸门时间选 0.1s，则 N=10 000，显示为 100.00kHz。测量同一个信号频率时，将闸门时间延长，使计数结果增多，由于小数点自动定位，测量结果不变；但有效数字位增加，因而使测量精度提高。

2. 周期测量

测量周期的原理方框图如图 3.3.4 所示。

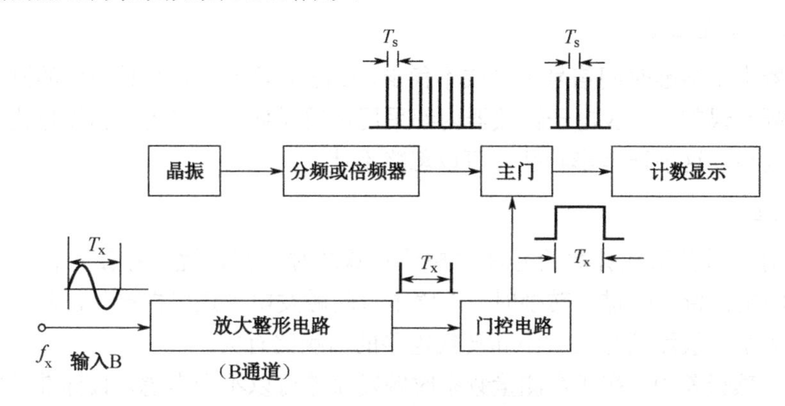

图 3.3.4　测量周期的原理框图

频率为 f_x（周期为 T_x）的被测信号经过 B 通道变为触发脉冲，触发门控电路使之输出门控信号。门控信号的脉宽等于被测信号的周期 T_x，即主门的开启时间为 T_x。注意，这时的门控信号不是时基信号！频率为 f_s（周期为 T_s）的晶振信号加至主门的输入端。主门开启时计数器对时标（时间标准）信号 T_s 进行计数。设主门开启时间内，计数器的计数结果为 N，则有

$$T_x = NT_s \tag{3-3-3}$$

由于晶振频率 f_s 可以认为是常数，因此被测信号 T_x 正比于计数结果 N。T_s 通常设计为 10^ns（n 为整数），配合显示屏上小数点的自动定位，可直接读出测量结果。例如，某通用计数器时标信号 T_s=0.1μs（f_s=10MHz），测量周期 T_x 为 1ms 的信号，得到 $N=\dfrac{T_x}{T_s}$=10000，则显示结果为 1000.0μs。

3. 其他测量

其他测量均是在这两种基本测量方式上的延伸。

测量频率比时，是将频率值较小的信号输入 B 通道，而把频率值较大的信号从 A 通道输入，分别形成闸门时间信号和计数脉冲。

测量信号的时间间隔时，被测信号送入 A、B 输入通道分别控制门控双稳电路的启动和复原；再在 A、B 通道内分别设置有斜率（极性）选择和触发电平调节，根据所要求测量的时间间隔所在点信号极性和电平的特征来选择触发极性和触发电平，就可以在被测时间间隔的起点和终点所对应的时刻决定主门的开闭。

累加计数是指在给定的时间内，对输入的脉冲进行累加计数，可以手控开关来控制主门的开闭。

三、通用电子计数器的测量误差分析

电子计数器在测量有关参数时所产生的测量误差来源于三个方面：量化误差、标准频率误差和触发误差。

1. 量化误差

又称计数误差。产生的原因是由于主门的开启和计数脉冲的到达在时间关系上是随机的，在相同的主门开启时间内，计数器对同样的脉冲串进行计数时，计数结果不一定相同，会产生±1 个数码的误差。

2. 标准频率误差 $\Delta f_S/f_S$

电子计数器由于标准时间信号不准或不稳定，在测量频率和时间时产生的测量误差称为时基误差或标准频率误差。一般电子计数器内都采用优质晶体，且多置于恒温槽内工作，保证了标准频率误差较小，这项误差影响往往可以忽略不计。

3. 触发误差

输入通道对信号整形成计数信号和门控信号脉冲时，其过程中存在各种干扰和噪声的影响，用作整形的施密特电路进行转换时，电路本身的触发电平还可能产生漂移，从而引入触发误差。误差的大小与被测信号的大小和转换电路的信噪比有关。

综上所述三项误差中，在正常测量频率时触发误差可以不予考虑，且标准频率误差较之量化误差也小得多，往往将它忽略，所以测频误差主要由量化误差决定；上述三项误差都会对周期测量产生影响，提高信噪比和采用多周期测量法可以减小触发误差的影响，标准频率误差通常可以忽略不计。

3.3.2 测量仪器：通用电子计数器

本节介绍一种典型的通用电子计数器 E312B 型，是一种倒数计数器（又称等精度计数器），采用多周期同步测量原理，由测量计数、微处理控制、操作键盘及显示部分组成。多周期同步测量方法可解决当被测频率或被测周期值很小时，由于量化误差±1 而引起的测量误差将大到不能允许的程度。例如，f_x=1Hz，闸门时间为 1s 时，由±1 而引起的测量误差高达 100%。

一、E312B 型通用电子计数器主要技术性能

通用电子计数器的主要技术指标包括以下几个方面。

（1）测量性能：对电子计数器的所有测量功能描述。

（2）测量范围：指不同测量功能的有效值测量范围，一般用上、下限值表示，仪器使用时不应该超出它的测量范围。

（3）输入特性：主要包括输入灵敏度、最大输入电压、输入耦合方式，以及输入阻抗、触发电平及其可调范围等。

（4）闸门时间及时标：指机内标准时间信号源所提供的标准时间信号，包括闸门时间信号和时标信号，可以有多种选择。

（5）显示及工作方式：指仪器可显示的数字位数和记忆或不记忆两种显示方式。

（6）输出信号：仪器可输出的标准时间（或频率）信号的种类、输出数码的编码方式及输出电平等。

E312B 型通用电子计数器的主要技术性能如表 3.3.1 所示。

表 3.3.1　E312B 型通用电子计数器主要技术性能列表

特性分类	特性内容	技术性能
输入通道特性	频率测量范围	DC 耦合：0.1Hz～10MHz/100MHz AC 耦合：100Hz～10MHz/100MHz
	周期测量范围	100ns～10s。输入阻抗：1MΩ//45pF
	输入幅度范围	正弦波：30mVrms～2Vrms（<80MH$_Z$） 50mVrms～2Vrms（>80MH$_Z$） 脉冲波：90mVp-p～6Vp-p（<80MH$_Z$） 150mVp-p～6Vp-p（>80MH$_Z$）
	触发电平	±1.5V 步进 30mV 递增或递减可调
	极性	+、-
C 通道输入特性	频率测量范围	100MHz～1GHz
	输入幅度范围	30mVrms～1.5Vrms
	输入阻抗	50Ω
周期测量	测量范围	100ns～10s
	预选闸门时间	10ms、100ms、1s、10s 四挡
	测量时间	T_m 为测量时间、T_g 为预选闸门时间，T_x 为预选闸门关闭与紧跟来的被测信号的终止触发电平所需时间；当 $T_x<T_g$ 时，$T_m=T_g+T_x$；当 $T_x>T_g$ 时，$T_m=T_x$
时间间隔测量	测量范围	200ns～100s
	测量时间	同周期测量
频率比测量	测量范围	$1～10^8-1$
	频率	0.1Hz～10MHz（$f_B>f_A$）
	测量时间	同周期测量
累加计数	计数容量	10^8-1
	输入频率	≤10MHz
晶体振荡器	标称频率	5MH$_Z$
	一周平均日老化率	1×10^{-8}/日
显示器	显示	8 位；单位为 MHz、kHz、ms、μs、ns

二、面板介绍及基本测量功能

E312B 型通用电子计数器前面板如图 3.3.5（a）所示，图 3.3.5（b）是其示意图，主要面板装置及功能介绍如下。

（1）POWER：电源开关，按下此开关则接通整机电源，否则关断电源。

（2）Reset：复位按键，按下此键整机重新复位启动。

➢　测量功能选择（FUNCTION SELECT）

（3）FREQ：测频率按键，按下此键执行频率测量。

（a）E312B型通用计数器前面板图

图3.3.5　E312B型通用电子计数器面板

（4）PER：测周期按键，按下此键执行周期测量。

（5）CHK：自校按键，按下此键执行自校。

（6）TI：测时间间隔按键，按下此键执行时间间隔测量。

（7）B/A：测频率比按键，按下此键执行频率比率测量。

（8）GATE：闸门选择按键，按下此键并与“←↕→”键配合选择适当的预选闸门，并由#键确定。

（9）TOT：累计测量按键，按入此键进行累计测量。

（10）STOP：暂停按键，在累计时按下此键暂停计数，再按此键时在前一次计数结果的基础上继续计数。

（11）SMPL：取样延时键，按下此键与“←↕→”键配合，选择适当的延时时间，并由#键确定。

（12）CH：通道电平选择按键，按下此键进行通道电平设定。

（13）#：确定键，其功能是：①测频率时确定闸门时间；②确定适当的取样延迟时间；③预置“0”电平与确定设置电平。

➢　CHANNEL A

（14）_⌈ —— 灯亮 / ⌊_ —— 灯灭：CHANNEL A触发沿选择键，按一下此键，灯亮，选择上升沿；按一下此键，灯灭，选择下降沿。

（15）$\frac{\times 20\ \text{灯亮}}{\times 1\ \text{灯灭}}$：衰减选择键，按一下此键，灯亮，输入信号衰减20倍；灯灭，输入信号不衰减。

（16）$\frac{\text{DC 灯亮}}{\text{AC 灯灭}}$：交、直流耦合选择键，按一下此键，灯亮，输入信号直流耦合；灯灭，输入信号交流耦合。

（17）$\frac{\text{100M 灯亮}}{\text{10M 灯灭}}$：输入频段选择键，按一下此键，灯亮，选择100MHz通道；灯灭，选择10MHz。此键仅在测量频率时用。

（18）LP：指示灯，指示A通道电平。当使用A通道时，应适当选择衰减量，使此灯闪跳。

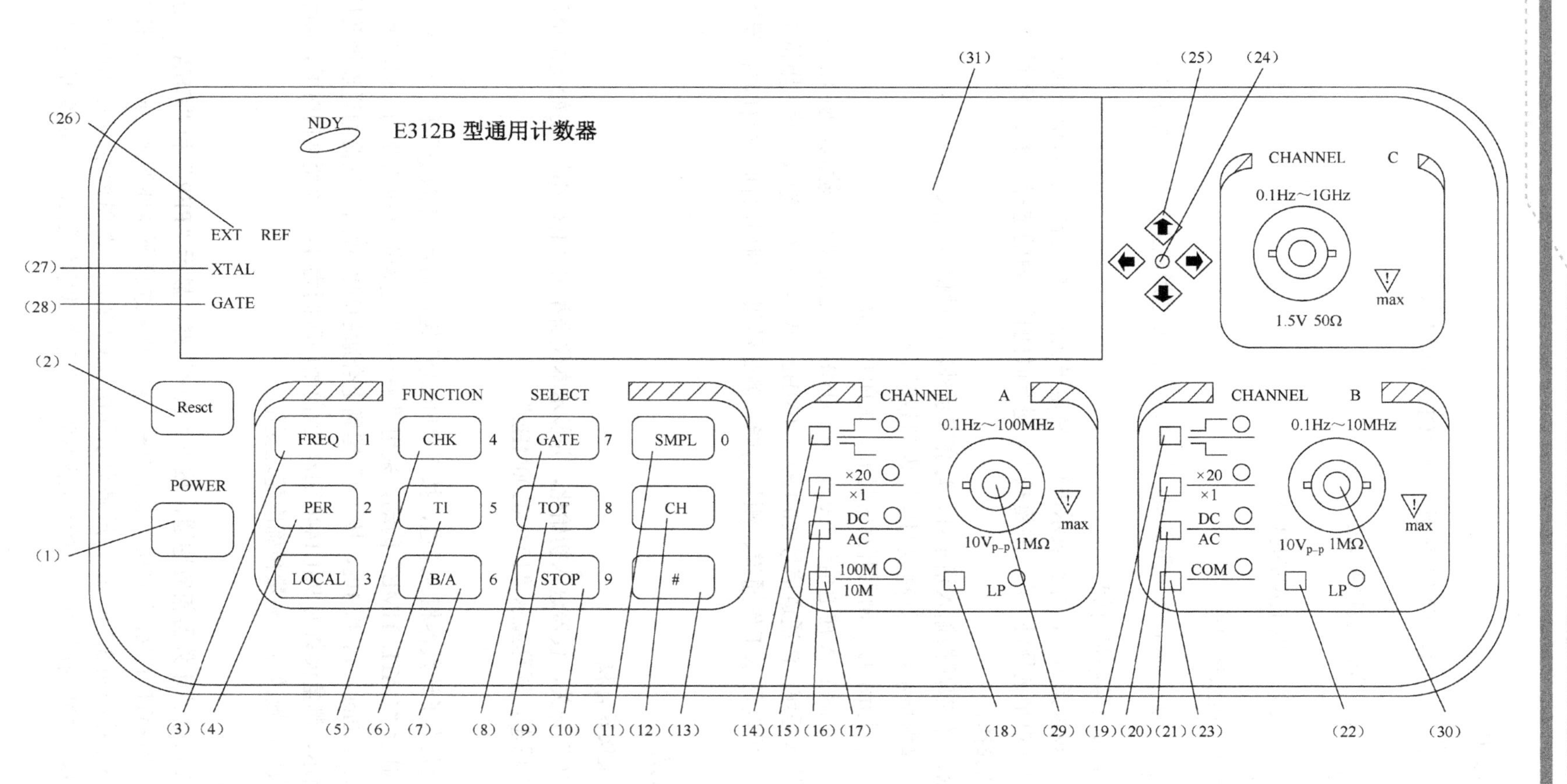

（b）E312B 型通用电子计数器面板示意图

图 3.3.5 E312B 型通用电子计数器面板（续）

➢ CHANNEL B

（19）┘‾ —— 灯亮 / ┐_ 灯灭：CHANNEL B 意义同“CHANNEL A”。

（20）$\frac{\times 20}{\times 1}$ 灯亮/灯灭：意义同“CHANNEL A”。

（21）$\frac{DC}{AC}$ 灯亮/灯灭：意义同“CHANNEL A”。

（22）LP 指示灯：指示通道电平。

（23）$\frac{COM}{\ }$ 灯亮/灯灭：共同键，按一下此键，灯亮，仅从 A 通道输入信号，测量时间；灯灭，A、B 两通道同时输入信号测量时间。

（24）L1：电平设置指示灯，灯亮表示进行设置电平状态，灯灭表示预置电平状态。

（25）←↕→：时间电平选择键，左、右键按下，进行时间长、短的选择；上、下键按下，进行电平递增、递减选择。

（26）EXT PRT：外部晶振输入指示灯，灯亮表示外部时钟信号输入。

（27）XTAL：晶振指示灯，灯亮表明仪器内部晶振工作。

（28）GATE：闸门指示灯，闸门开启时灯亮，关闭则灯灭。

（29）A 通道输入插座：A 通道信号（0.1Hz～100MHz）由此输入，输入电阻 1MΩ。

（30）B 通道输入插座：B 通道信号（0.1Hz～10MHz 10Vp-p）由此输入，输入阻抗 1MΩ。

（31）显示屏：用以显示工作通道、测量功能、测量结果、闸门时间、取样时间等有关信息。

三、使用方法

1. 接通电源及仪器自校

按下“POWER”开关，仪器进入初始化，并显示本仪器型号“E312B”。初始化结束后，仪器进入“CHK”状态，屏幕显示“10.000000MHz”。

2. 测量频率

将被测信号接入电子计数器相应通道，按下“FREQ”键，显示“FREQ”和“CHA”，选择“GATE”键，显示“GATE TIME”闪动，采用“← →”键来选择所需要的闸门时间。按一下依次为 10ms、100ms、1s 和 10s，按“#”键确定合适的闸门时间。仪器通道连接及屏幕显示如图 3.3.6 所示，测量读数为 961.14467Hz，当前闸门时间为 1s。改变闸门时间，测量结果不变，但有效数字位数改变，测量精确度随之变化。

3. 测量周期

将被测信号接入电子计数器相应通道，按下“PER”键，显示“PER”和“CHA”，选择“GATE”键，显示“GATE TIME”闪动，采用“← →”键来选择所需要的闸门时间，按“#”键确认。仪器通道连接同图 3.3.6（a），屏幕显示如图 3.3.7 所示，测量读数为 1.0402835ms，当前闸门时间为 1s。改变闸门时间，测量结果不变，但有效数字位数改变，测量精确度随之变化。

（a）通道 A 连接及上升沿设置

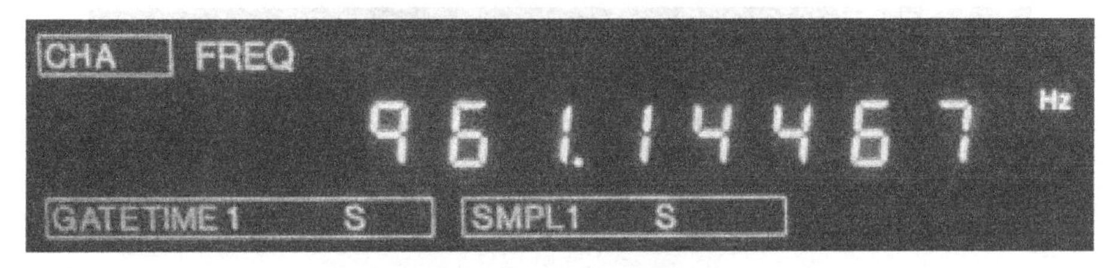

（b）E312B 型通用计数器屏幕显示

图 3.3.6　频率测量示意图

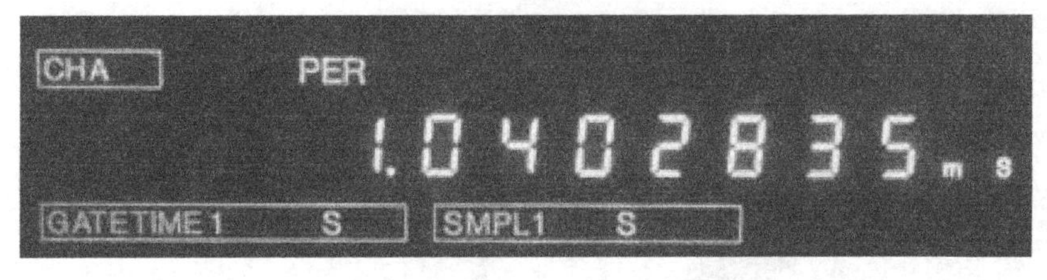

图 3.3.7　周期测量仪器屏幕显示图

4. 测量频率比

将两个被测信号接入电子计数器相应通道，将频率较高的信号输入 B 通道，保证 $f_B>f_A$。按下“B/A”键，显示“B/A”和 CHA B。仪器通道连接及屏幕显示如图 3.3.8 所示，测量读数为 2.320481，当前闸门时间为 100ms。

5. 测量时间间隔（脉冲宽度测量为例）

将被测脉冲信号接入电子计数器相应通道，按下“TI”键，显示“TI”，选择“COM”，按 CHANNEL B 中的 COM 按键，使灯亮，显示“CHA”；仪器通道连接及屏幕显示如图 3.3.9 所示。选择合适的触发沿，CHA 和 CHB 是连锁的，即一个是上升沿，另一个必是下降沿；根据测量需要设定触发电平，按“CH”键，显示 CHA 或 CHB。显示 CHA 表示输入 A 通道的触发电平设置，CHB 表示输入 B 通道的触发电平设置，按“↑”键，表示触发电平步进递增 30mV；按“↓”键表示触发电平步进递减 30mV。按“#”键，进行触发电平的选择。若设置电平指示灯“亮”，表示预置电平状态；若指示灯“灭”，则表示设置进入预置“0”电平状态。图 3.3.9 显示出被测脉冲信号的脉宽测量结果 497.90000μs，A 通道上升沿触发，而 B 通道下降沿触发。

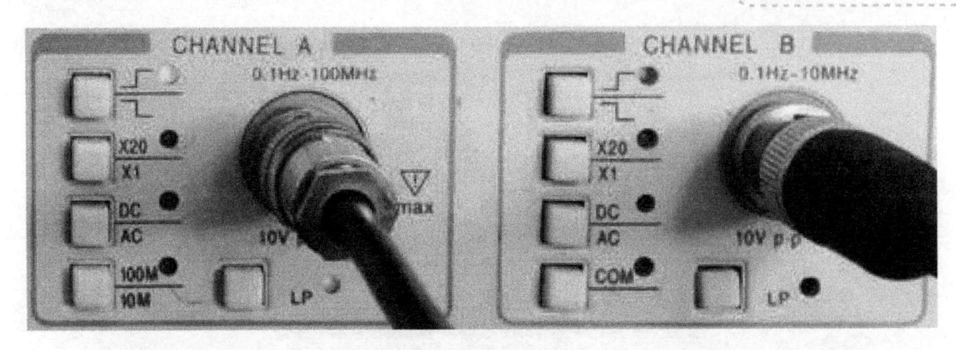

（a）通道连接及设置

（b）E312B 型通用计数器屏幕显示

图 3.3.8 频率比测量示意图

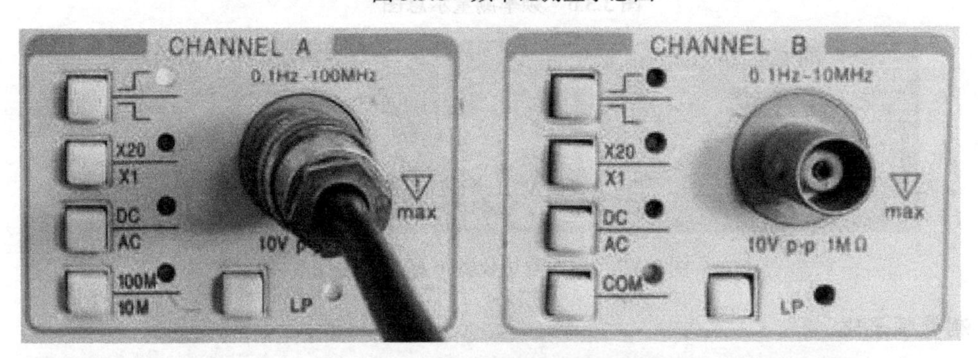

（a）通道连接及设置

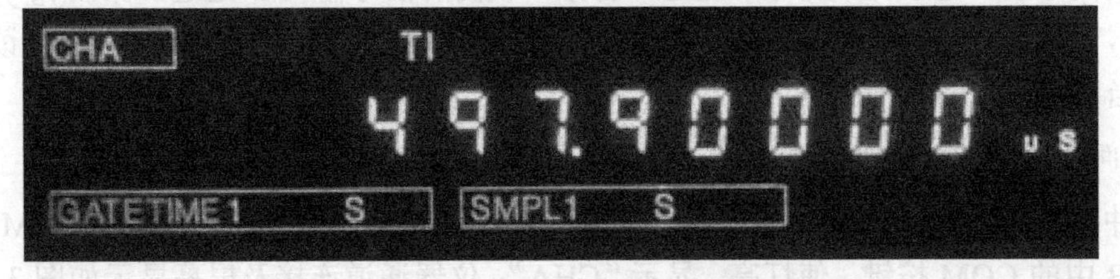

（b）E312B 型通用计数器屏幕显示

图 3.3.9 时间间隔测量示意图

6. 累加计数

将被测信号接入电子计数器相应通道，按下“TOT”键，显示“TOT”和 CHA ，对通道 A 输入信号进行计数；再按“TOT”键，计数结束；结束后再按“TOT”键，从零开始重新计数。在计数过程中，按“STOP”键，计数暂停，再按“STOP”键，计数在原来计数结果的基础上重新累计。选择合适的衰减量，保证 CHANNEL A 中的 LP 灯闪跳。仪器通道连接同图 3.3.6（a），屏幕显示如图 3.3.10 所示，当前计数结果为 4426。

图 3.3.10　累加计数屏幕显示图

3.3.3　任务实施：通用电子计数器测函数信号频率和时间

一、任务器材准备

（1）通用电子计数器________台，型号________________；
（2）函数信号发生器________台，型号________________。

二、任务内容

使用函数信号发生器产生正弦波、方波等交流信号，正确操作电子计数器，完成以下测量项目，记录测量结果。

1. 频率测量

用函数信号发生器产生一个频率为 120kHz 的方波信号，改变电子计数器的闸门时间进行该信号的频率测量。将测量结果填入实践记录表 3.3.2 中。

表 3.3.2　实践记录表

Gate Time	10ms	100ms	1s	10s
被测信号频率				

2. 周期测量

用函数信号发生器产生一个频率为 120kHz 的方波信号，改变电子计数器的闸门时间进行该信号的周期测量。将测量结果填入实践记录表 3.3.3 中。

表 3.3.3　实践记录表

Gate Time	10ms	100ms	1s	10s
被测信号周期				

3. 脉冲宽度测量

用函数信号发生器产生成两个方波信号（120kHz、30kHz），电子计数器的闸门时间选择为 10s，分别对两个信号进行脉宽测量。将测量结果填入实践记录表 3.3.4 中。

表 3.3.4　实践记录表

被测信号频率	脉　宽
120kHz	
30kHz	

4. 频率比测量

用函数信号发生器产生两个方波信号（120kHz、60kHz）。电子计数器的闸门时间选择为10ms，确定这两个信号分别从哪个通道送入，并测量这两个信号的频率比。将测量结果填入实践记录表3.3.5中。

表3.3.5 实践记录表

f_A	f_B	f_B/f_A

5. 累加计数

用函数信号发生器产生频率为10Hz的方波信号，送入电子计数器的A通道，按一下“TOT”键，仪器开始累加计数。比较“TOT”和“STOP”两按键在累加计数过程中的作用有何不同。

三、任务总结及思考

（1）比较闸门时间和倍乘率各种选择产生的测量结果，体会其间的差异。

（2）总结本实践仪器的规范使用注意事项及实践体会。

（3）在实践过程中，仪器设备有无异常现象，分析说明产生异常现象的主要原因及解决措施。

四、任务知识点习题

（1）理解电子计数器测频率、周期、频率比及时间间隔的基本原理，回答下列问题。

① 电子计数器中，送入闸门电路前的信号是（　　）。

A．正弦波信号　　B．矩形方波信号

C．扫描锯齿波信号　　D．数字脉冲信号

② 电子计数器测量频率和周期时，接入闸门的两信号位置应（　　）。

A．相同　　B．相反

C．可以相同，也可以相反　　D．连在一起

③ 测量频率比时，闸门的计数脉冲来自于（　　）信号。

A．晶振信号　　B．频率较低的被测信号

C．频率较高的被测信号

④ 电子计数器中，（　　）是仪器的指挥中心。

A．输入通道　　B．闸门

C．逻辑控制电路　　D．时基电路

（2）用计数器测频率，已知闸门时间和计数值N如习题表3.3.6所示，求各情况下的f_x。

表3.3.6 闸门时间T和计数值N　　单位：kHz

T	10s	1s	0.1s	10ms	1ms
N	1000 000	100 000	10 000	1 000	100
f_x					

（3）电子计数器在测频率和周期时存在哪些主要误差？如何减小这些误差？

（4）用某 7 位电子计数器进行自校，选用不同的时标和不同的闸门时间，其读数 N 为多少？请完成习题表 3.3.7。

表 3.3.7　自校时读数 N

时　标	闸门时间				
	1ms	10ms	0.1s	1s	10s
0.1μs	0010000	010000.0	10000.00	0000.000	000.0000
1μs					
10μs					
0.1ms					
1ms					001.0000

（5）设计一个用 E312B 型电子计数器测量两个信号的相位差的方案，画出测量原理图，标明连线，指明面板上相应的旋钮、开关应置于什么位置，并简述测量过程。

3.4　项目总结

本项目对电信号的几种重要参数电压、频率、时间进行了测量实践。

电压测量

（1）电压测量是电子测量的重要内容之一，本章介绍了电压测量的特点。电子电压表是一种常用的电子测量仪器，按其工作原理可分为模拟电压表和数字电压表。

（2）在测量交流电压时，必须对被测交流电压进行交—直流转换。最重要的转换方法是检波法，采用的电路是检波器。根据其输出直流信号和被测交流电压表征值的关系，可将检波器分为均值响应、峰值响应和有效值响应三种类型。

（3）模拟式交流电压表根据其所用检波器，可分为均值电压表、峰值电压表和有效值电压表。由于不同电压表的测量范围、频带宽度不同，因而各有其适用场合。用峰值表和均值表测量非正弦波电压会产生波形误差，必要时需进行换算以提高测量精度。

（4）数字式电压表根据其所用 A/D 转换器，可分为积分型和非积分型两类。前者抗干扰能力强，测量精确度高，但测量速率较低；后者测量速度快，但抗干扰能力差。总的来说，积分型特别是双斜积分式 DVM 性能较优，应用较广泛。

（5）测量电压时要注意选择合适的电压表，并采用正确的测量方法。

频率和时间测量

（1）测量频率、周期、时间间隔、频率比、累加计数可由电子计数器完成。

电子计数器的输入电路，将被测信号转换成数字电路所要求的触发脉冲源；时基单元则提供多种准确的闸门时间和时标信号；主门根据门控电路提供的门控信号决定计数时间；计数电路则对由被测信号转换来的计数脉冲或时标信号进行准确计数和显示；整个仪器在控制电路的控制和协调下按一定的工作程序自动完成测量任务。

（2）本项目介绍了采用电子计数器及仪器自校的工作原理，分析了测量误差的来源及减小措施，重点分析了量化误差并指出：测量准确度与总计数值 N 有关。要提高测量准确度，减少量化误差的影响，就要延长计数时间，或减小计数脉冲周期，或同时采用两种措施。这个原则适用于各种测量，不过在进行不同测量时，具体措施稍有不同而已。

（3）本项目介绍了电子计数器的典型产品 E312B 型通用电子计数器。

E312B 型通用电子计数器以单片机为核心进行功能转换、测量控制和数据处理显示，并采用倒数技术，实现了全频带范围的等精度测量。能实现频率、周期、时间间隔、频率比、累加计数及自校功能，且使用操作简单方便，均可以作为电信号频率、周期等参数测量的实用仪器。

项目四

电子元器件测量

4.1 项目背景

电子元件主要指电阻器、电容器和电感器，电子器件主要指半导体分立器件、集成电路及电真空器件。电子元器件是最基本的电子产品，是构成电子整机、系统的基础，它们的性能、质量直接影响电子装备的优劣。因此，电子元器件测量是电子测量最基本的内容之一。

本项目主要展开对电子元器件参数及特性的测量。

4.2 任务一：电子元件测量

任务目标

- 了解集总元件参数特性和等效电路；
- 熟悉四臂电桥的平衡条件，了解万用电桥的组成框图，了解其工作原理，并掌握其应用；
- 掌握数字电桥的使用；
- 熟悉数字万用表的功能及使用；
- 会用数字万用表检测元器件。

4.2.1 测量知识：电子元件测量技术

一、集总元件参数简介

在电子技术中，集总元件参数包括电阻器、电容器和电感器。集总元件参数指电阻器的电阻值、电容器的电容量和损耗因数 D、电感器的电感量和品质因数 Q。

1. 电阻器

理想的电阻器是纯电阻元件，即不含电抗分量，流过它的电流与其两端的电压同相。实际电阻器总存在一定的寄生电感和分布电容，其等效电路如图 4.2.1 所示。在低频工作状态下（包括直流工作时），L_R 和 C_R 的影响由于其感抗很小、容抗很大而可以忽略不计，但在高频工作状态下必须考虑其影响。

2. 电容器

实际电容器中存在引线电感和损耗电阻（包括漏电阻及介质损耗等），不是理想的纯电容。在频率不太高的情况下，引线电感的影响由于其感抗很小而可忽略不计。实际电容器的等效电路如图 4.2.2 所示。图中 R_{CS} 为电容器的等效串联损耗电阻，R_{CP} 为电容器的等效并联损耗电阻。电容器的损耗大小通常用损耗因数 D（或损耗角的正切值 $\tan\delta$）表示。

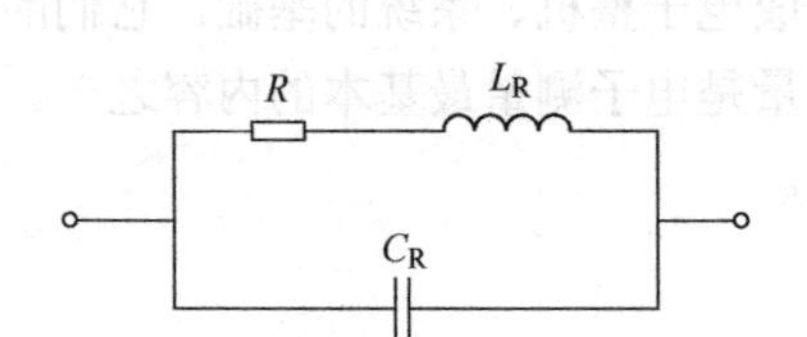

图 4.2.1 实际电阻器的等效电路

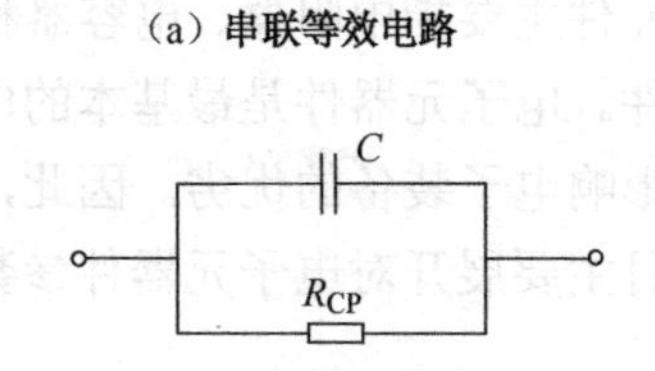

图 4.2.2 实际电容器的等效电路

对于图 4.2.2（a）

$$D=\tan\delta=\frac{R_{CS}}{X_C}=\omega CR_{CS} \tag{4-2-1}$$

对于图 4.2.2（b）

$$D=\tan\delta=\frac{X_C}{R_{CP}}=\frac{1}{\omega CR_{CP}} \tag{4-2-2}$$

式中，X_C——电容器的容抗；δ——电容器的损耗角。

空气电容器的损耗因数较小，为 $D<10^{-3}$；一般介质电容器的损耗因数为 $10^{-4}\leqslant D\leqslant 10^{-2}$；电解电容器的损耗因数较大，为 $10^{-2}\leqslant D\leqslant 2\times 10^{-1}$。

3. 电感器

实际电感器除电感量外同样存在损耗电阻，还存在分布电容。在频率不太高的情况下，分布电容的影响可以忽略不计。实际电感器的等效电路如图 4.2.3 所示。图中 R_{LS} 为电感器的等效串联损耗电阻，R_{LP} 为电感器的等效并联损耗电阻。电感器的损耗大小通常用品质因数 Q 表示。

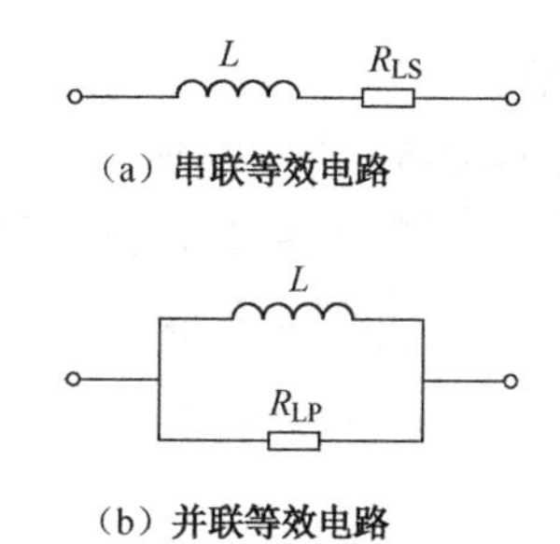

图 4.2.3　实际电感器的等效电路

对于图 4.2.3（a）

$$Q=\frac{X_L}{R_{LS}}=\frac{\omega L}{R_{LS}} \tag{4-2-3}$$

对于图 4.2.3（b）

$$Q=\frac{R_{LP}}{X_L}=\frac{R_{LP}}{\omega L} \tag{4-2-4}$$

式中，X_L 为电感器的感抗。

电感器的 Q 值越大，说明损耗越小，反之则损耗越大。空心线圈及带高频磁芯的线圈（电感器），其 Q 值较高，一般为几十至一、二百；带铁芯的线圈（电感器），其 Q 值较低，一般在 10 以内。

二、电桥法

工作在低频状态的集总元件参数可以使用电桥法测量。电桥法是一种比较测量法，它把被测量与同类性质的已知标准量相比较，从而确定被测量的大小。利用电桥法原理制成的测量仪器称为电桥。同时具备测量电阻器、电容器和电感器功能的电桥称为万用电桥（或万能电桥）。

电桥的种类很多，但基本原理相同，其电路组成主要包括电桥电路、信号源和指零电路三部分。图 4.2.4 所示为常见的四臂电桥电路。其中四个阻抗元件 Z_1～Z_4 称为桥臂，组成电桥电路；u_s 为信号源；P 为指零仪，用于指示电桥的平衡状态。电桥平衡时，指零仪 P 指示为零，即其中没有电流流过。一般情况下电桥的平衡条件有两个：振幅平衡条件和相位平衡条件，两个条件必须同时满足，即同时满足式（4-2-7）。

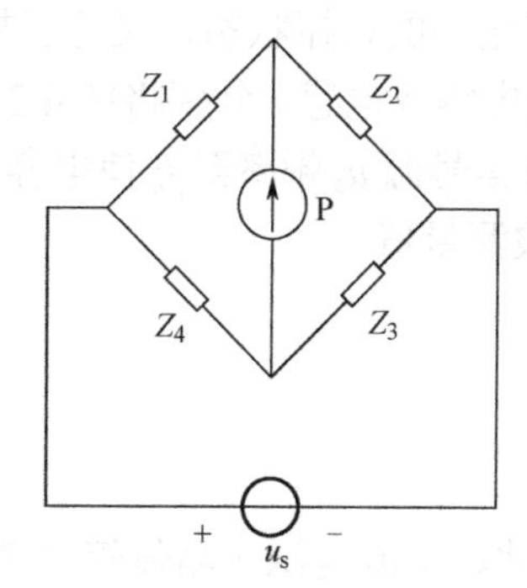

图 4.2.4　四臂电桥基本电路

理论分析和实验都证明电桥的平衡条件为

$$Z_1Z_3=Z_2Z_4 \tag{4-2-5}$$

即相对两个桥臂的阻抗乘积相等。

这里 Z_1～Z_4 为复阻抗，所以式（4-2-5）亦可写成

$$|Z_1||Z_3|e^{j(\varphi_1+\varphi_3)}=|Z_2||Z_4|e^{j(\varphi_2+\varphi_4)} \tag{4-2-6}$$

即

$$|Z_1||Z_3|=|Z_2||Z_4|$$

$$\varphi_1+\varphi_3=\varphi_2+\varphi_4 \tag{4-2-7}$$

三、谐振法

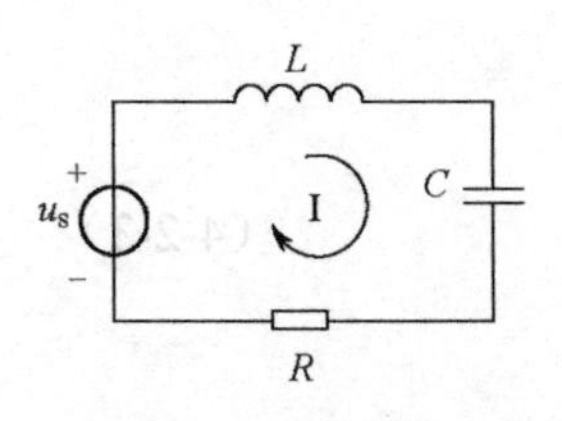

图 4.2.5　串联谐振电路

采用电桥法测量阻抗元件精确度较高，但在高频范围内由于分布参数和杂散耦合的影响，精确测量在技术上实现有较大困难。采用谐振法，即利用回路的谐振特性来测量高频阻抗元件，方法简单，且可以在接近实际工作频率下测量，从而测量结果可靠。依据谐振法制成的 Q 表特别适合于高 Q 值、低损耗阻抗元件的测量。

如图 4.2.5 所示的 R、L、C 串联电路，当信号源频率与回路谐振频率相同时，电路产生串联谐振，满足下列关系式：

谐振频率

$$f_0=\frac{1}{2\pi\sqrt{LC}}\quad\left(\omega_0=\frac{1}{\sqrt{LC}}\right) \tag{4-2-8}$$

回路总阻抗

$$Z_0=R \tag{4-2-9}$$

回路电流

$$I=I_{\max}=\frac{U}{R} \tag{4-2-10}$$

电抗元件两端电压

$$U_C=U_L=QU \tag{4-2-11}$$

回路 Q 值

$$Q=\frac{\omega_0 L}{R}=\frac{1}{\omega_0 CR} \tag{4-2-12}$$

谐振时，电感和电容两端电压达到最大值且是信号源电压的 Q 倍。如果信号源使用恒压源，则电抗元件上的电压既可用来指示电路的谐振状态，又能直接标度 Q 值。

具体应用时，根据测量对象为电容或电感，分别将图 4.2.5 中的电感器 L 设置为标准电感，或电容器 C 设置为标准电容；调节信号源 u_S 频率至 f_0 使电容器 C 两端电压最大，即产生谐振；再根据公式（4-2-8）分别换算出被测量值。

4.2.2　测量仪器 1：电桥

一、QS18A 型万用电桥

QS18A 型万用电桥主要由桥体、交流电源（晶体管振荡器）、晶体管检流计三部分组成，如图 4.2.6 所示。其中桥体是仪器的核心，使用时通过转换开关切换，分别组成惠斯通电桥、并联电容比较电桥和麦克斯韦-文氏电桥，用于测量电阻、电容和电感。测量电阻时，量程 1Ω 和 10Ω 挡的电源使用机内的 1kHz 振荡信号；其他量程挡的电源改用机内 9V 干电池。使用

干电池做电源时，桥体输出的直流信号通过调制电路变为交流信号，再由晶体管检流计指示，这样可以提高测量灵敏度。

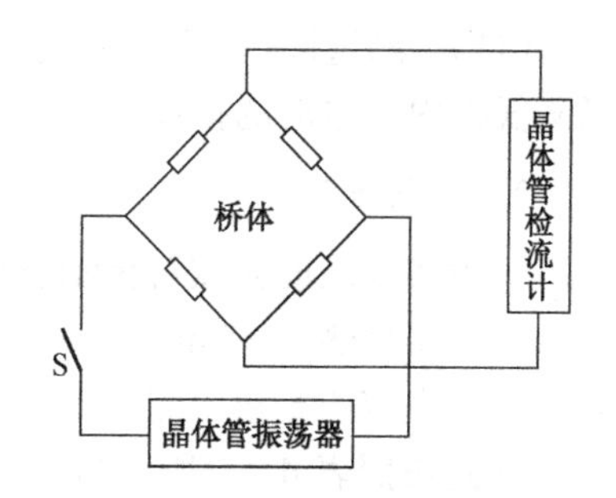

图 4.2.6　QS18A 型万用电桥原理框图

1. 面板说明

QS18A 型万用电桥的面板如图 4.2.7 所示，说明如下。

（1）“被测 1、2”接线柱：用于连接被测元件。

（2）“外接”插孔：用于外接音频电源。

（3）“外/内 1kHz”拨动开关：用于选择桥体的工作电源。

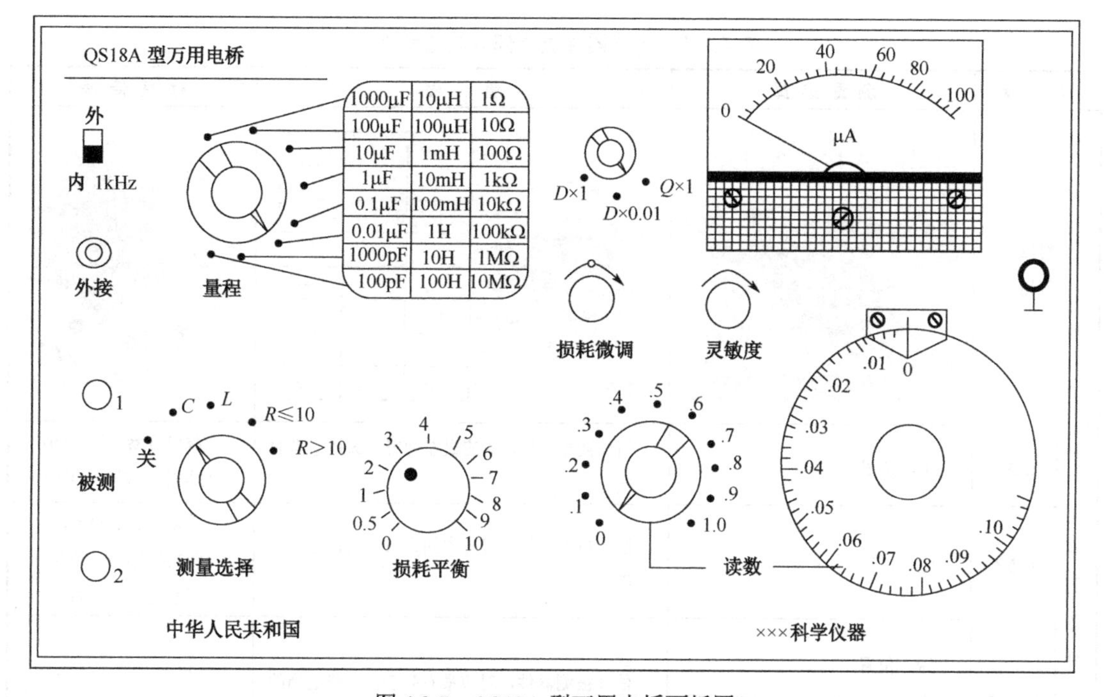

图 4.2.7　QS18A 型万用电桥面板图

（4）“量程”开关：确定测量范围。图上各值是指电桥读数在满度时的最大值。

（5）“D×1、D×0.01、Q×1”开关：耗损倍率开关。测量空芯电感线圈时，此开关宜放在 Q×1 处；测量小损耗电容时，此开关宜放在 D×0.01 处；测量大损耗电容时，此开关宜放于 D×1 处。测量电阻时，此开关不起作用。

（6）指示电表：用于指示电桥的平衡状况。当电桥平衡时，电表指示为零。

（7）“灵敏度”旋钮：用于控制电桥放大器的放大倍数。刚开始测量时，应降低灵敏度，随后再逐渐提高，进行电桥平衡调节。

（8）“读数”旋钮：由粗调及细调组成，调节电桥的平衡状态。电桥平衡时，由这两个读数盘及量程配合读出被测元件数值。

（9）“损耗平衡”旋钮：用于指示被测元件（电容或电感）的损耗因数或品质因数。本旋钮读数与“D×1、D×0.01、Q×1”开关读数之乘积即为被测元件的耗损因数或品质因数。

（10）“损耗微调”旋钮：用于细调平衡时的损耗，一般情况下应置于“0”位置。

(11)“测量选择”开关：用于确定电桥的测量内容。测量完毕，此开关应置于“关”位置，以降低机内干电池的损耗。

2. *使用方法*

开始实践之前完成对指示表头进行机械调零，并将“灵敏度”旋钮逆时针旋到底。接通电源，使仪器预热3～5min。

(1) 电容的测量：测量电容时接成串联电容电桥（维恩电桥）。

首先按照表4.2.1所示将对应旋钮设置好，再接入被测电容器。损耗平衡盘放在1左右的位置，损耗微调按逆时针旋到底。再将灵敏度调节逐步增大，使电表指针偏转略小于满刻度即可。

表4.2.1 电子器件测量部分旋钮设置

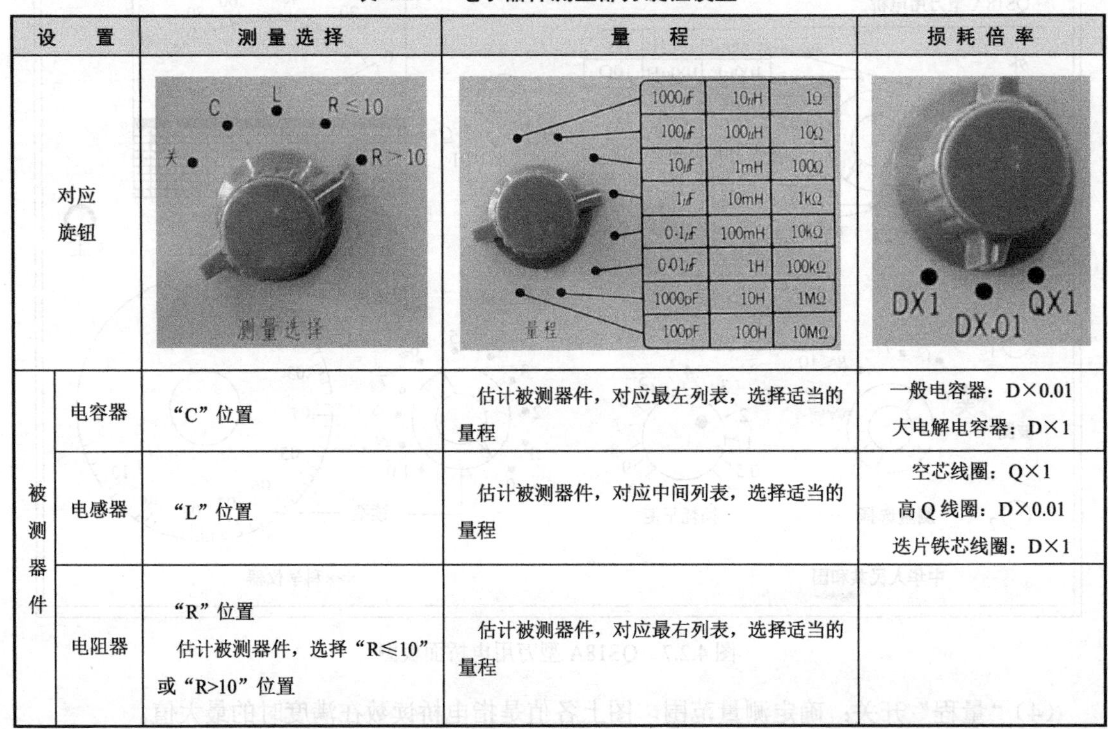

设　　置		测量选择	量　　程	损耗倍率
对应旋钮		关、C、L、R≤10、R＞10 测量选择	1000μF、10μH、1Ω 100μF、100μH、10Ω 10μF、1mH、100Ω 1μF、10mH、1kΩ 0.1μF、100mH、10kΩ 0.01μF、1H、100kΩ 1000pF、10H、1MΩ 100pF、100H、10MΩ 量程	DX1、DX0.01、QX1
被测器件	电容器	“C”位置	估计被测器件，对应最左列表，选择适当的量程	一般电容器：D×0.01 大电解电容器：D×1
	电感器	“L”位置	估计被测器件，对应中间列表，选择适当的量程	空芯线圈：Q×1 高Q线圈：D×0.01 迭片铁芯线圈：D×1
	电阻器	“R”位置 估计被测器件，选择“R≤10”或“R>10”位置	估计被测器件，对应最右列表，选择适当的量程	

调节电桥的“读数盘”，然后调节损耗平衡盘，并观察电表的动向，使电表指零，然后再将灵敏度增大到使指针小于满度，反复调节电桥读数盘和损耗平衡盘，直到灵敏度开到足够分辨出测量精确度的要求，电表仍指零或接近于零，此时电桥便达到最后平衡，如图4.2.8所示。

读出电容值和损耗因数值：

$$C_x=\text{“量程”开关指示值}\times\text{“读数”指示值}$$

$$D_x=\text{损耗倍率指示值}\times\text{“损耗平衡”指示值}$$

注：如果损耗倍率放在Q位置，电桥平衡时则按$D=1/Q$计算。

(2) 电感的测量：测量电感时接成电容电感电桥（麦克斯韦电桥）。

首先按照表4.2.1所示将对应旋钮设置好，再接入被测电感器。将损耗平衡旋钮大约旋到1左右的位置，然后把灵敏度调节增大，使电表的偏转略小于满刻度。

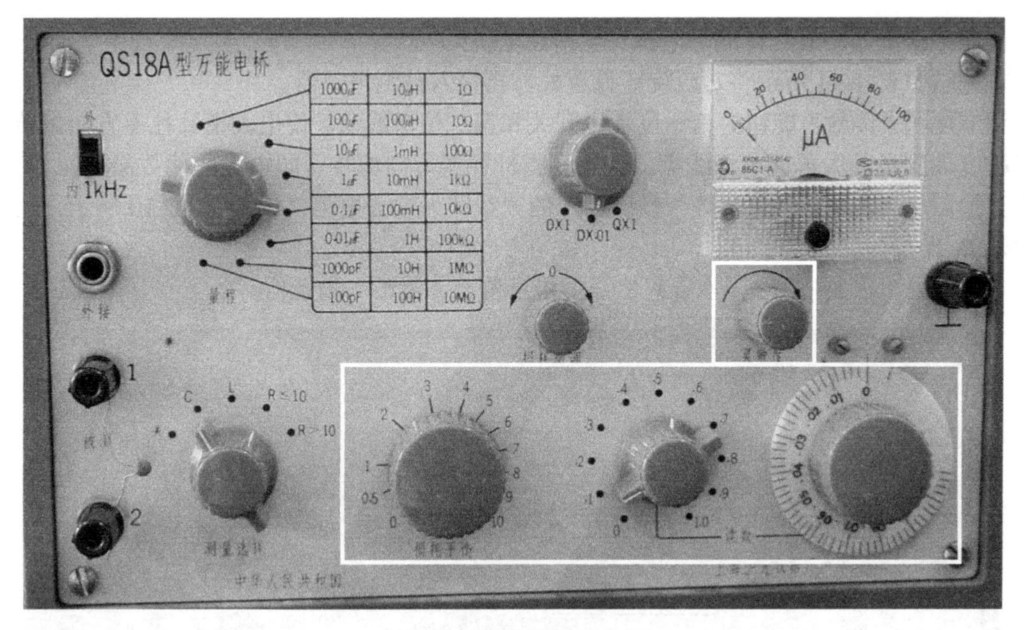

图 4.2.8　电容测量操作图

调节电桥的“读数”开关，可放在 0.9 或 1.0 位置，再调节滑线盘，然后调节“损耗平衡”旋钮使电表偏转最小，将灵敏度增大些，再反复调节电桥“读数”滑线盘和损耗平衡旋钮，直到灵敏度调到足够满足测量精确度的分辨率（一般使用不必把灵敏度开足）时，电表指针的偏转仍指零或接近于零的位置，此时电桥达到最后平衡，如图 4.2.9 所示。

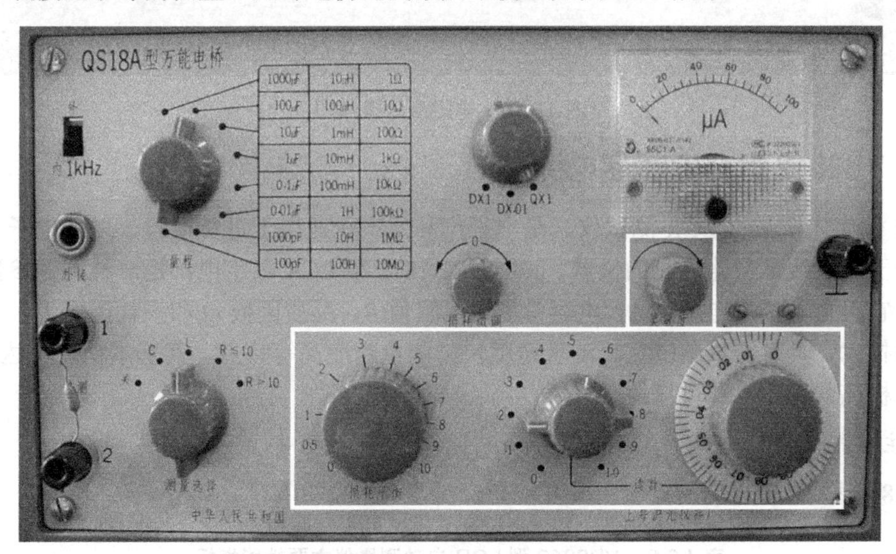

图 4.2.9　电感测量操作图

读出电感值和品质因数值，电桥平衡时被测量 L_x、Q_x 分别为：

$$L_x=\text{“量程”开关指示值}\times\text{“读数”指示值}$$

$$Q_x=\text{损耗倍率指示值}\times\text{“损耗平衡”指示值}$$

注：如果损耗倍率指示在 D 位置时，电桥平衡后则按 $Q=1/D$ 计算。

（3）电阻的测量：测量电阻时，将“测量选择”开关置于“R≤10”或“R≥10”的位置，此时仪器中的桥体接成四臂电阻电桥（惠斯通电桥）。

首先按照表4.2.1所示将对应旋钮设置好，再接入被测电阻器。

调节电桥“读数”旋钮的第一位步进开关和第二位滑线盘，使电表指针往零方向偏转，再将灵敏度调到足够大再调节滑线盘，使电表指针往零方向偏转（即电表的读数最小），此时电桥达到最后平衡，电桥的“读数”盘所指示的读数即为被测电阻值，如图4.2.10所示。此时被测电阻 R_x 为：

$$R_x=\text{“量程”开关指示值}\times\text{“读数”指示值}$$

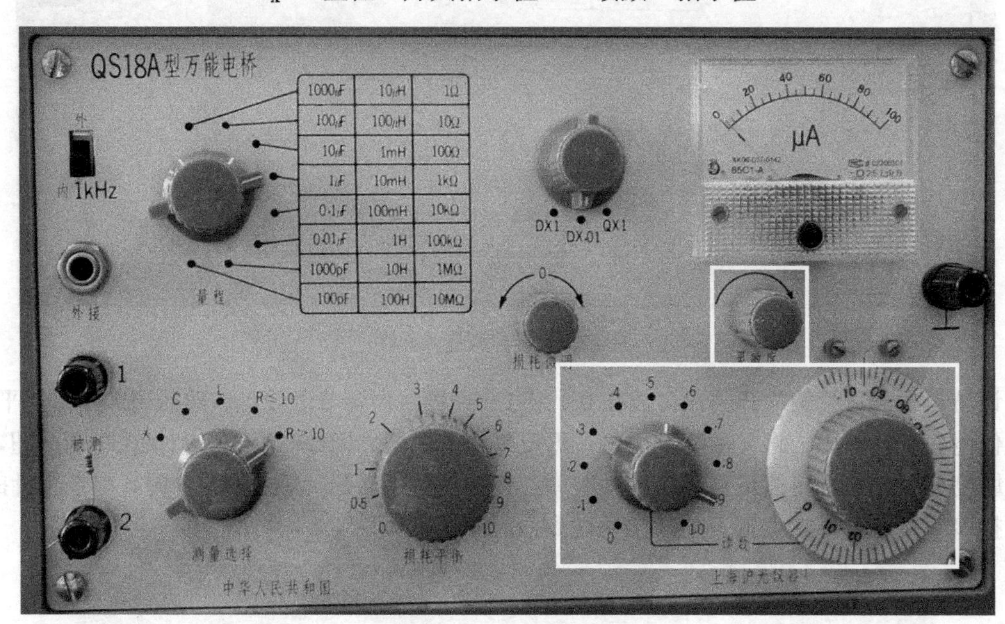

图4.2.10　电阻测量操作图

二、YB2812型LCR数字电桥

LCR数字电桥又称LCR测试仪，是电子产品生产企业用于进货检验，以及电子元器件生产企业用于生产线上快速检测的仪器。其中，YB2812型LCR数字电桥是一种元件参数智能测量仪器，它可自动测量电感量 L、电容量 C、电阻值 R、品质因数 Q 和损耗因数 D。该仪器采用微处理技术，具有测量范围宽、测量速度快、测量精度高等特点，其基本精度可达0.25%，并且具有极高的稳定性和可靠性。

1. 主要技术特性

YB2812型LCR自动测量仪主要性能指标见表4.2.2。

表4.2.2　YB2812型LCR自动测量仪主要性能指标

<table>
<tr><th>指　标</th><th colspan="3">技术参数</th><th>备　注</th></tr>
<tr><td>测量频率</td><td colspan="3">100Hz、120Hz、1kHz，误差±0.02 %</td><td></td></tr>
<tr><td rowspan="3">测量显示范围</td><td>参量</td><td>测量频率</td><td>测量显示范围</td><td rowspan="3"></td></tr>
<tr><td rowspan="2">L</td><td>100Hz、120Hz</td><td>1μH～9999H</td></tr>
<tr><td>1kHz</td><td>0.1μH～999.9H</td></tr>
</table>

续表

指　标	技术参数			备　注
测量显示范围	C	100Hz、120Hz	1pF～1999.9μF	
		1kHz	0.1pF～1999.9μF	
	R		0.1mΩ～99.99MΩ	
	D		0.01%～999%	
	Q		0.01～999	
测量精度	参量	测量频率	精度	下标为x者为该参数测量值
	L	100Hz、120Hz	±[1μH+0.25%(1+L/2000H+2mH/L)](1+1/Q)	
		1kHz	±[0.1μH+0.25%(1+L/200H+0.2mH/L)](1+1/Q)	
	C	100Hz、120Hz	±[1pF+0.25%(1+1000pF/C_x+C_x/1000μF)](1+D_X)	
		1kHz	±[0.1pF+0.25%(1+100pF/C_x+C_x/100μF)](1+D_X)	
	R	±[1mΩ+0.25%(1+R/2MΩ+2Ω/R)](1+Q)		
	D	100Hz、120Hz、1kHz	±0.0010(1+D_x^2)	
	Q	100Hz、120Hz、1kHz	±[0.020+0.25(Q_x+1/Q_x)%]	
电容带电冲击保护	电容器上所带电压 V		电容器在所带电压下的最大允许电容量 C_{max}	电容器上所加电压超过极限可能损坏仪器
	1kV		2μF	
	400V		20μF	
	125V		200μF	
	40V		2000μF	
	12.5V		20 000μF	
测试信号电平	0.3Vrms±10%（空载）			
测试速度	5 次/s			

2. 内部结构与工作原理

YB2812 型 LCR 数字电桥组成框图如图 4.2.11 所示，主要由正弦信号源$\dot{U}_o$、前端测量电路、相敏检波器、A/D 转换器、微处理器、基准相位发生器，以及键盘、显示电路等组成。

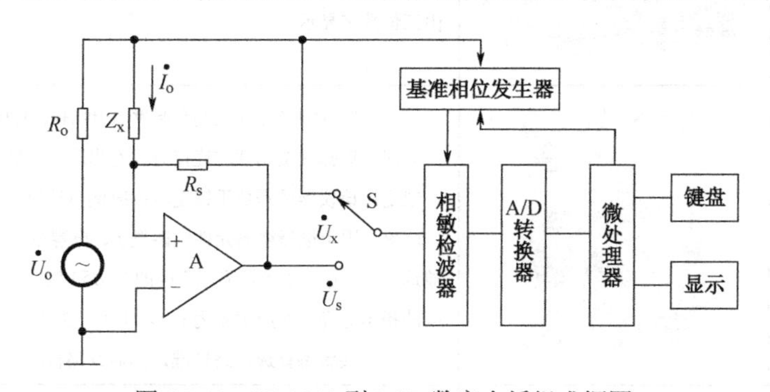

图 4.2.11　YB2812 型 LCR 数字电桥组成框图

YB2812 型 LCR 数字电桥的测量采用"自由轴法"。为了提高信号源精度，正弦信号源$\dot{U}_o$采用直接数字频率合成信号源（DDS）。图中，R_o为信号源内阻，R_s是标准电阻，Z_x为被测阻抗，A 为高输入阻抗、高增益放大器，主要完成电流-电压变换功能。测量时，开关 S 通过程控置于$\dot{U}_x$或$\dot{U}_s$端。由图 4.2.11 有$\dot{U}_x = \dot{I}_o Z_x$，$\dot{U}_s = -\dot{I}_o R_s$，则被测阻抗$Z_x$为

$$Z_{\mathrm{x}}=\frac{\dot{U}_{\mathrm{x}}}{\dot{I}_{\mathrm{o}}}=-\frac{\dot{U}_{\mathrm{x}}}{\dot{U}_{\mathrm{s}}}R_{\mathrm{s}} \tag{4-2-13}$$

由式可知，只要测出$\dot{U}_{\mathrm{x}}$、$\dot{U}_{\mathrm{s}}$在直角坐标系中两坐标轴x、y上的投影分量，经过运算，即可求出测量结果。被测信号与相位参考基准信号经过相敏检波器后，输出就是被测信号在坐标轴上的投影分量。各投影分量经A/D转换器可得对应的数字量，再经微处理器计算便得到被测元件的参数值。

3. 面板说明

YB2812型LCR数字电桥的前面板如图4.2.12所示，其控件功能说明见表4.2.3。

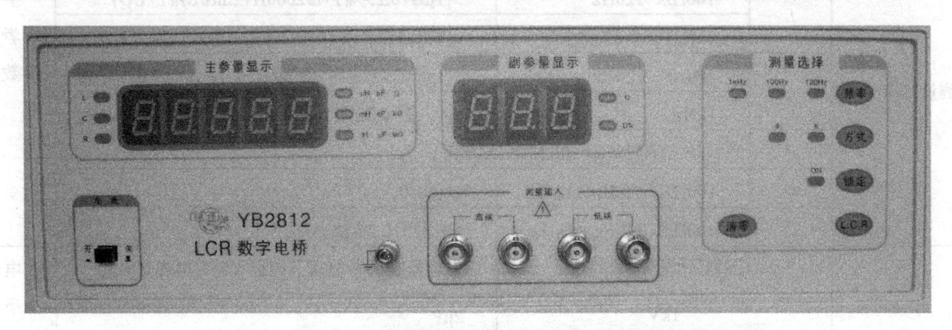

图4.2.12　YB2812型LCR数字电桥面板图

表4.2.3　YB2812 LCR数字电桥前面板控件功能

	名　称	照　片	功　能
1	主参量显示		主参量以左边五位数字显示L、C、R的测量结果，右边三个指示灯指示被测元件的主参量单位，主参量的选择由“LCR”按钮控制
2	副参量显示		右边两个指示灯指示品质因数Q、损耗角正切值D，其量值的大小由三位数字显示
3	测量选择		频率：选择测量元件的测量频率（100Hz、120Hz、1kHz） 方式：选择测量元件的连接方式有串联、并联两种 锁定：该仪器量程处于锁定状态时测试速度最高 LCR：用于选择被测元件电感量L、电容量C、电阻值R，当一种被选择时，在“主参量显示”区的左边和“副参量显示”区的右边对应的指示灯亮。对应关系为C-D，L-Q，R-Q 清零：该状态首选短路校准，然后开路校准
4	测试输入		四个连接端，两个为“高端”，两个为“低端”。当使用测试盒测试元件时，将被测元件插入测试盒的入口即可；使用仪器配套的连接电缆测试时，应将套有红色套管夹子的两根电缆与“高端”相连，另两根黑色套管夹子的电缆与“低端”相连，不得交叉连接

续表

	名　称	照　片	功　能
5	电源开关		按下，电源接通 弹出，电源断开
6	接地		用于连接被测电容器的屏蔽接地

4. 使用方法

1）电阻器的测量

为保证仪器的测量准确度，测量电阻前可进行“短路清零”。测量步骤如下。

（1）测量频率选择：按“频率”键，“100Hz”、“120Hz”、“1kHz”三种频率可任选。

（2）测量方式选择：按“方式”键，“串”、“并”可任选。

（3）按“L.C.R”键，在“主参量显示”功能区中使“R”灯亮。

（4）在测试盒上插入被测电阻，即可测量电阻值。

2）电容器的测量

为保证仪器的测量准确度，测量电容前可进行“开路清零”，测量步骤如下。

（1）测量频率选择：可根据电容器容量大小进行选择。一般在测量电容量小的电容器时，要选较高的频率。

（2）测量方式选择：选择“串联”或“并联”。

（3）按“L.C.R”键，在“主参量显示”功能区中使“C”灯亮。

（4）在测试盒上接入被测电容，即可测得电容器的电容量和损耗因数 D。

3）电感器的测量

为保证仪器的测量准确度，测量电感器前要进行“短路清零”。测量步骤如下。

（1）测量频率选择：一般在测量电感量小的电感器时，要选择较高的频率。

（2）测量方式选择：选择“串联”或“并联”。

（3）按“L.C.R”键，在“主参量显示”功能区中使“L”灯亮。

（4）在测试盒上接入被测电感，即可测得电感量和品质因数 Q。

4.2.3 任务实施 1：电桥测集总元件参数

一、任务器材准备

（1）万能电桥________台，型号________________；

（2）数字电桥________台，型号________________；

（3）阻值在几欧至几百千欧的电阻若干只；高 Q 及低 Q 的电感器各一、二只；标称值在几十皮法至几百微法的电容若干只。

二、任务内容

1. 电阻的测量

分别采用万能电桥、数字电桥进行电阻值的测量。记录测量结果至实践记录表 4.2.4。

表 4.2.4　实践记录表

测量结果 / 被测元件序号	电阻器阻值		
	万能电桥	数字电桥	标称值
NO.1			
NO.2			

2. 电容的测量

分别采用万能电桥、数字电桥进行电容值的测量，同时采用万能电桥、数字电桥测量电容损耗因数。记录测量结果至实践记录表 4.2.5。

表 4.2.5　实践记录表

测量结果 / 被测元件序号	电容值 C			损耗因数 D	
	万能电桥	数字电桥	标称值	万能电桥	数字电桥
NO.1					
NO.2					

3. 电感的测量

分别采用万能电桥、数字电桥进行电感值和电感品质因数的测量。记录测量结果至实践记录表 4.2.6。

表 4.2.6　实践记录表

测量结果 / 被测元件序号	电感值 L		品质因数 Q	
	万能电桥	数字电桥	万能电桥	数字电桥
NO.1				
NO.2				

三、任务总结及思考

（1）通过测量结果的分析及记录，理解电桥的工作原理，分析实践过程中出现各种现象的原因。

（2）比较用万能电桥、数字电桥测量结果的精确度差异。

（3）记录实践过程遇到的问题并进行分析，写出心得体会。

四、任务知识点习题

（1）电子元器件主要有哪些分类？

（2）电阻、电感、电容的测量方法有哪些？

（3）交流电桥平衡要满足哪两个条件？

（4）假设某一电容器的电容量为 1μF，当施加频率为 1kHz 的交流电压时，其等效并联电阻为 1MΩ。试求此电容的损耗因数 D_x。

（5）对于图 4.2.13 所示的电桥电路，假设 R_3=8Ω，R_2+R_4=68Ω；当电桥平衡时，R_x=32Ω。试求 R_2 和 R_4 的阻值。

（6）如图 4.2.14 所示电桥测量电容器的容量及其损耗角正切时，电路的元件有如下数值：R_s=5kΩ，R_1=8kΩ，R_2=1kΩ，C_s=200pF，f_1=1000Hz，求 C_x 及 D_x。

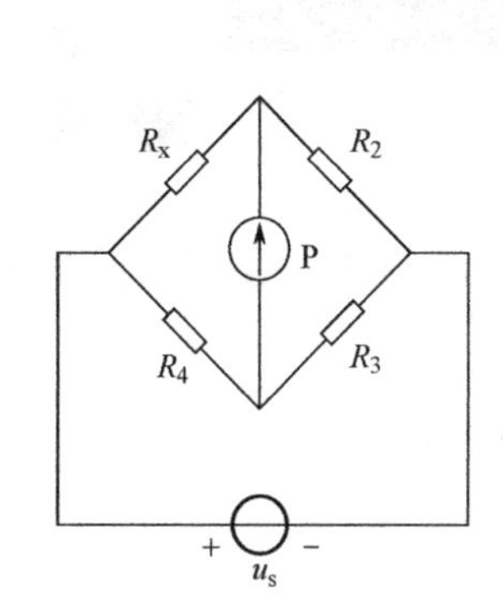

图 4.2.13　题 5 图

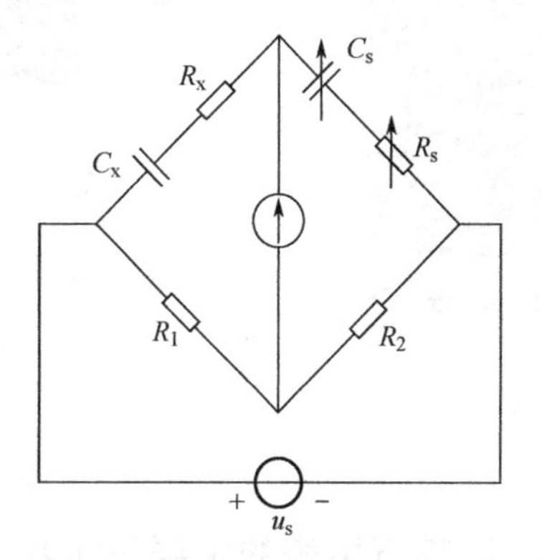

图 4.2.14　题 6 图

（7）谐振法适合测量的元件有哪些？

（8）LCR 数字电桥适合测量的电子元件有哪些？

4.2.4　测量仪器 2：数字万用表

数字万用表（Digital Multimeter，DMM）的测量功能较多，它不但能测量直流电压、交流电压、交直流电流和电阻等参数，还能测量信号频率、电容器容量及电路的通断等。除以上测量功能外，还有自动校零，自动显示极性，过载指示，读数保持，显示被测量单位的符号等功能。它以直流电压的测量为基础，测量其他参数时，先把它们变换为等效的直流电压 U，然后通过测量 U 获得所测参数的数值。

一、数字万用表的特点及种类

较之模拟式万用表，数字万用表除具有一般的 DVM 所具有的准确度高、数字显示、读数迅速准确、分辨力高、输入阻抗高、能自动调零、自动转换量程、自动转换及显示极性等优点外，还由于采用大规模集成电路，因而体积小、可靠性好、测量功能齐全、操作简便，有些数字万用表可以精确地测量电容、电感量、温度、晶体管的 h_{FE} 等，大大地扩展了功能；数字万用表内部有较完善的保护电路，过载能力强。由于数字万用表具有上述这些优点，使得它获得越来越广泛的应用。但也有不足之处：它不能反映被测量的连续变化过程，以及变化的趋势，如用来观察电容器的充、放电过程，就不如模拟电压表方便直观；也不适合用作电桥调平衡的零位指示器。同时，其价格也偏高。所以，尽管数字万用表具有许多优点，但它不可能完全取代模拟式万用表。

数字万用表按便携性分为手持式和台式两种，如图 4.2.15 所示。

数字万用表根据功能、用途及价格的不同，大致可分为三大类：低档数字万用表（亦称普及型数字万用表）、中档数字万用表、高档数字万用表。

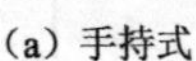
（a）手持式

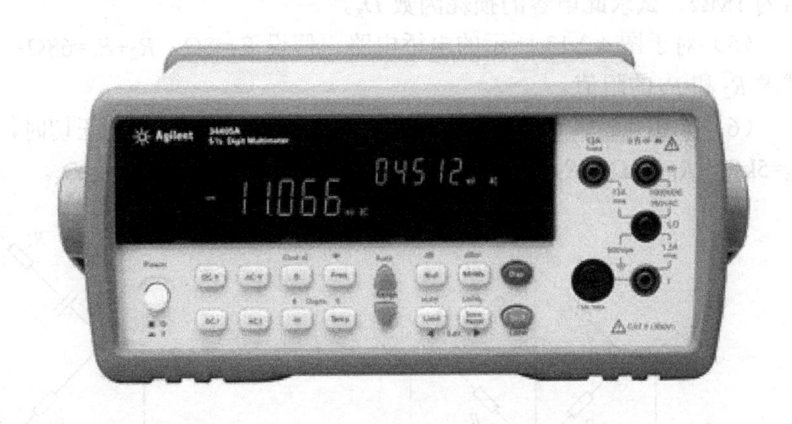

（b）台式

图 4.2.15　数字万用表

二、数字万用表的主要技术指标

1. 显示位数

数字万用表的显示位数通常为$3\frac{1}{2}$位～$8\frac{1}{2}$位。普及型数字万用表一般属于$3\frac{1}{2}$位显示的手持式万用表，$6\frac{1}{2}$位以上大多属于台式数字万用表。

2. 准确度

它表示测量值与真值的一致程度，也反映测量误差的大小。数字万用表的准确度远优于模拟指针万用表。以测量直流电压的基本量程的准确度指标为例，$3\frac{1}{2}$位半可达到±0.5%。

3. 分辨力

数字万用表在最低电压量程上末位1个字所对应的电压值，称作分辨力。它反映出仪表灵敏度的高低。例如，$3\frac{1}{2}$位的万用表的分辨力为100μV。

4. 测量范围

在数字万用表中，不同功能均有其对应的可以测量的最大值和最小值。例如，$4\frac{1}{2}$位万用表，直流电压挡的测量范围是0.01mV～1000V。

5. 测量速率

数字万用表每秒钟对被测电量的测量次数叫测量速率，其单位是“次/s”。它主要取决于A/D转换器的转换速率。

6. 输入阻抗

测量电压时，仪表应具有很高的输入阻抗，这样在测量过程中从被测电路中吸取的电流极少，不会影响被测电路或信号源的工作状态，能够减少测量误差。例如，$3\frac{1}{2}$位手持式数字万用表的直流电压挡输入电阻一般为 10MΩ。交流电压挡受输入电容的影响，其输入阻抗一般低于直流电压挡。

测量电流时，仪表应该具有很低的输入阻抗，这样接入被测电路后，可尽量减小仪表对被测电路的影响，但是在使用万用表电流挡时，由于输入阻抗较小，所以较容易烧坏仪表，在使用时应予注意。

三、数字万用表的工作原理及使用注意事项

1. 工作原理

数字万用表是一种多用途、多量程的仪表，它是在直流数字式电压表前端配接相应的交流-直流变换器（AC/DC）、电流-电压转换电路（I/V）、电阻-电压转换电路（Ω/V）等构成，其内部原理框图如图 4.2.16 所示。

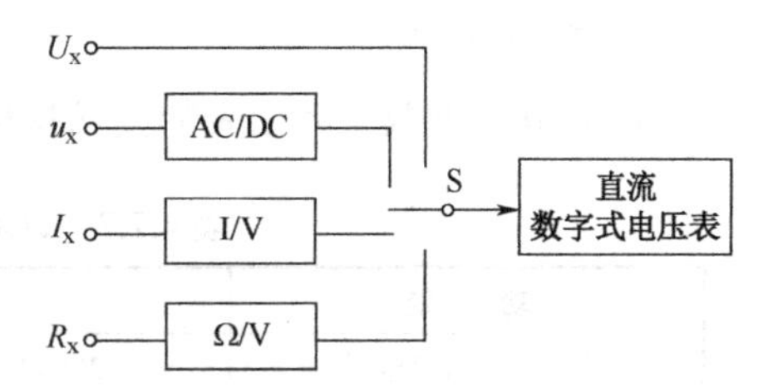

图 4.2.16　数字万用电表的原理框图

数字万用表的基本测量原理是在测量时先把被测量通过不同的转换器转换成直流电压，然后再用数字电压表进行电压测量，从而得到被测量的数值，因此数字万用表的核心是直流数字电压表。

2. 使用注意事项

（1）为了减小测量误差，必须合理地选择量程。

如果事先无法估量被测电压或电流的大致范围，必须先置量程选择开关于相应测量种类的最高挡位，然后根据测量显示（指示）值的大小而适当变更。对于自动转换量程的数字万用表，则可免去这种顾虑，并能可靠地避免过载现象。然而，这种表的测量过程较长，即使被测电量十分微小，也必须遵守程序规则，自动地从最高量程逐渐降低，直至适宜为止。

（2）由于数字万用表欧姆挡的内阻很高，所能提供的测试电流极其微弱（如 20kΩ挡：DT-830 型为 75μA），在判别半导体元件时不足以克服 PN 结的死区电压，因而测出的阻值比模拟式万用表高出许多，故构不成判断管子性能优劣的依据，应当改换至二极管测试挡上进行检测。

（3）数字万用表在欧姆挡、二极管测试挡和蜂鸣器挡位置上，红表笔与表内高电位相接而带正电，黑表笔因接表内虚地而带负电，这与模拟式万用表欧姆挡上表笔的带电极性完全相反，在检测有极性元件或相关电路时，要务必注意。

（4）当用欧姆挡检测电路元件或电路系统时，必须首先切断被测装置或系统的供电电源，如果被测对象中含有储电量较大的电容器时，还必须以适当的方式对其放电。否则，极易损坏万用表。

（5）对于数字万用表，当被测电流较大时（如大于 200mA），应当改用电表面板上的大电流专用插孔（如 10A 或 20A 等）插接表笔，但绝大多数电表的大电流量程没有设置过流保护措施，必须提防过载现象。

（6）在测量电压和电流的过程中，最好不要变换选择开关的挡位，尤其是在较高电压和较大电流的情况下，选择开关在切换过程中很容易产生电弧而烧伤开关的触点，并损坏内部元件及线路。

四、VC890C+型数字万用表

VC890C+型数字万用表是$3\frac{1}{2}$位数显方式，是一种性能稳定、高可靠性、手持式数字万用表，整机电路设计以大规模集成电路，双积分 A/D 转换器为核心并配以全功能过载保护。可测量交直流电压、交直流电流、电阻、电容、二极管、三极管、逻辑电平、频率等参数，以及判断电路通断。配有内置和外接热电偶，可测量环境和电路板上的温度；内置蜂鸣器和指示灯，用于表示电路通断及高低电平等；机内熔断器对全量程进行过载保护；具有自动关机功能，节省电量。

1．技术指标

VC890C+型数字万用表的技术指标如表 4.2.7 所示。

表 4.2.7　VC890C+型数字万用表的技术指标

功　能		量　程	基本准确度
基本功能	直流电压	200mV/2V/20V/200V/1000V	±（0.5%+3 个字）
	交流电压	2V/20V/200V/750V	±（0.8%+5 个字）
	直流电流	200μA/20 mA /200mA/20A	±（0.8%+10 个字）
	交流电流	20mA /200mA/20A	±（1.0%+15 个字）
	电阻	200Ω/2kΩ/20kΩ/200kΩ/20MΩ	±（0.8%+3 个字）
	电容	20nF/2μF/200μF	±（2.5%+20 个字）
	温度	（-20～1000）℃	±（1.0%+5 个字）
特殊功能	二极管测试	√	
	晶体管测试	√	
	通断报警	√	
	低电压显示	√	
	自动关机	√	
其他	输入阻抗	10MΩ	
	采样频率	3 次/s	
	交流频响	（40～400）Hz	
	操作方式	手动量程	
	最大显示	1999	
	液晶显示	61mm×36mm	
	电源	9V（6F22）	

2．面板分布及其功能

1）面板分布

VC890C+型数字万用表的前面板如图 4.2.17 所示。

2）面板控制件说明

（1）型号栏。

（2）液晶显示器：显示仪表测量的数值。

（3）背光灯、自动关机开关及数据保持键。

（4）三极管测试座：测试三极管输入口。

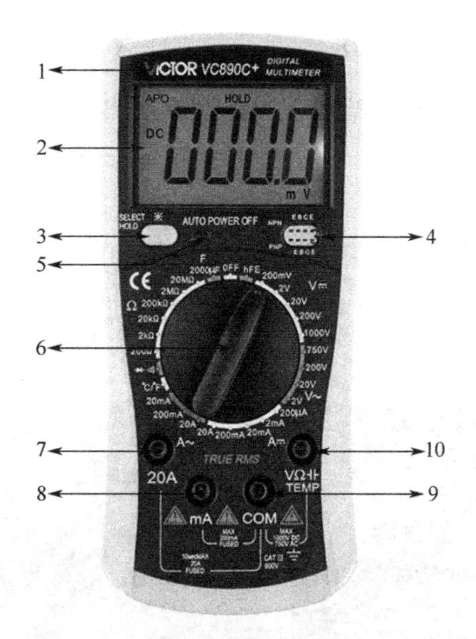

图 4.2.17　VC890C+型数字万用表前面板说明

（5）发光二极管：通断检测时报警用。

（6）旋钮开关：用于改变测量功能、量程及控制开关机。

（7）20A 电流测试插座。

（8）200mA 电流测试插座正端。

（9）电容、温度、“-”极插座及公共地。

（10）电压、电阻、二极管“+”极插座。

五、使用方法举例

1. 直流电压测量

将黑表笔插入 COM 插座，红表笔插入 VΩ 插座；将量程开关转至相应的 DCV 量程上，然后将测试表笔跨接在被测电路上，红表笔所接的该点电压与极性显示在屏幕上，直流电压测量如图 4.2.18 所示。

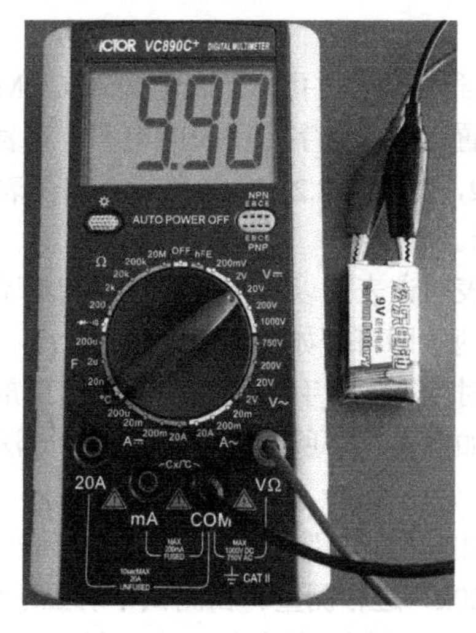

图 4.2.18　直流电压测量

2. 交流电压测量

将黑表笔插入 COM 插座，红表笔插入 VΩ 插座；将量程开关转至相应的 ACV 量程上，然后将测试表笔跨接在被测电路上，被测点电压显示在屏幕上，交流电压测量如图 4.2.19 所示。

图 4.2.19　交流电压测量

3. 直流电流的测量

将黑表笔插入 COM 插座，红表笔插入 mA 插座或者插入 20A 插座；将量程开关转至相应的 DCA 量程上，然后将测试表笔串接在被测电路上，被测电流值及红色表笔点的电流极性将同时显示在屏幕上。

4. 交流电流测量

将黑表笔插入 COM 插座，红表笔插入 mA 插座或者插入 20A 插座；将量程开关转至相应的 ACA 量程上，然后将测试表笔串接在被测电路上，被测电流值显示在屏幕上。

5. 电阻测量

测量电阻时，应将红表笔插入 VΩ 插孔，黑表笔插入 COM 插孔；将量程开关置于“Ω”的范围内并选择所需的量程位置；打开数字万用表的电源，对表进行使用前的检查：将两表笔短接，显示屏应显示“.000” Ω，如图 4.2.20（a）所示；将两表笔开路，显示屏应显示溢出符号“1.”，如图 4.2.20（b）所示。

以上两个显示都正常时，表明该表可以正常使用，否则将不能使用；检测时将两表笔分别接被测元器件的两端或电路的两端即可，如图 4.2.20 所示。

需要注意的是，测量电阻时，不能用手去接触表笔的金属部分，以防人体电阻并入被测电阻而引起不必要的测量误差，如图 4.2.22 所示，错误的测量方法导致测量结果与图 4.2.21 中所示结果产生了差异。

在测试时若显示屏显示溢出符号“1.”，表明量程选择不合适，如图 4.2.23 所示（2k）量程过小，应改换更大的量程（20k）进行测量。在测试中若显示值为“000”表明被测电阻已经短路，若显示值为“1.”（量程选择合适的情况下）表明被测电阻器的阻值为∞。

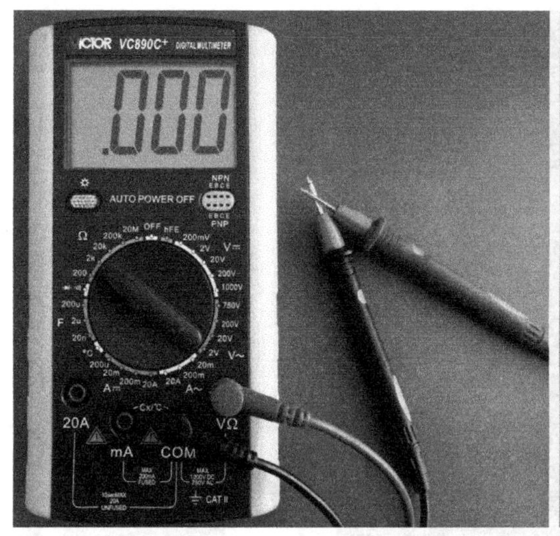

(a) 两表笔短接

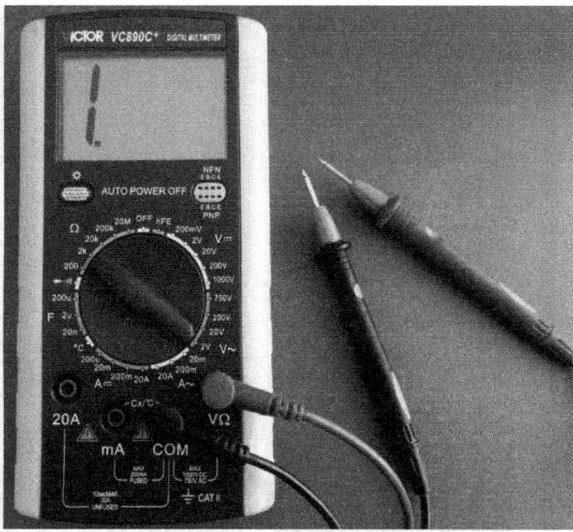

(b) 两表笔开路

图 4.2.20　数字万用表使用前的检查

图 4.2.21　电阻测量

图 4.2.22　错误的电阻测量方法

6. 电容测量

将红表笔插入 COM 插座，黑表笔插入 Cx/℃（mA）插座，将量程开关转至相应的电容量程上，表笔对应极性（红表笔对应+极性），接入被测电容。

电容测量也可以采用配套的电容测试座进行，电解电容需要注意其引脚的极性，将正极引线插入电容器测量插孔的“+”，负引线插入“-”极插孔，测量其电容值，如图 4.2.24 所示。

注意在测量时，如果不知道电容范围，应将量程开关转到最高挡位；测试电容前应先将电容放电。

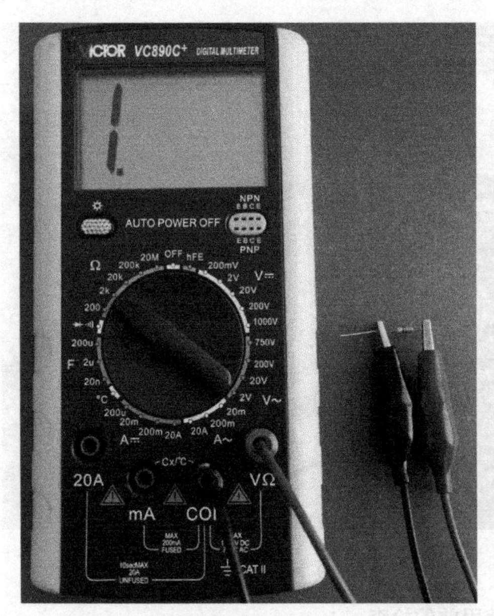

图 4.2.23　量程过小

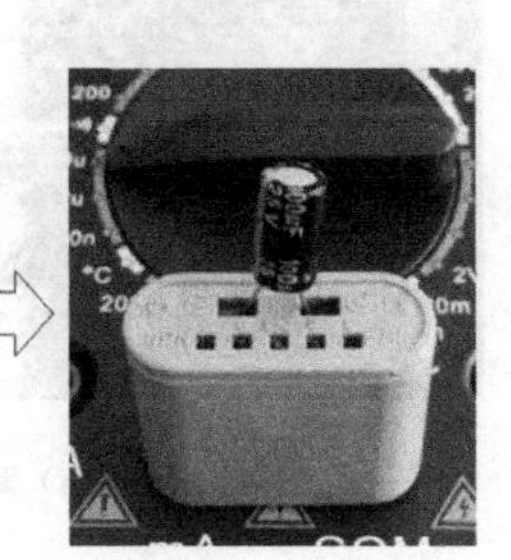

图 4.2.24　电容测量

7. 二极管测量及通断测试

将黑表笔插入 COM 插座，红表笔插入 VΩ 插座；将量程开关转至相应的二极管挡（蜂鸣挡），然后将测试表笔跨接在被测二极管上，红表笔接二极管的正极，黑表笔接二极管的负极，测量值显示在屏幕上，如图 4.2.25 所示。当二极管正向接入时，测锗管应显示 0.150～0.300V，测硅管应显示 0.500～0.700V。若显示“1”，则表示二极管内部开路。

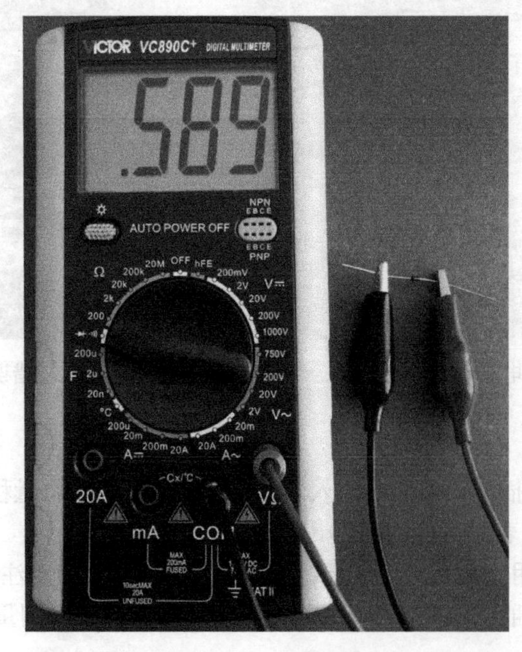

图 4.2.25　二极管测量

检查线路通断时，将量程开关转至相应的蜂鸣挡（二极管挡），将黑表笔插入 COM 插座，

红表笔插入 VΩ 插座；将表笔连接到被测电路的两点，听声音，如果内置蜂鸣器发声，则说明两点之间电阻值低于（70±20）Ω，电路处于接通状态，反之电路处于断开状态。

8. 温度测量

将热电偶传感器的冷端负极插入 mA 插座，正极插入 COM 插座，热电偶的工作端置于待测物上面或者内部，可直接从屏幕上读取温度值，读数为摄氏度。

9. 三极管的 h_{FE} 测量

先用二极管挡判别所测晶体管为 NPN 还是 PNP 型，将量程开关置于 h_{FE} 挡位置，再根据类型选择“NPN”、“PNP”位置，将发射极、基极和集电极分别插入相应的测试插孔。显示屏显示 h_{FE} 的值，如图 4.2.26 所示。

图 4.2.26　三极管 h_{FE} 的测量

六、使用注意事项

（1）电源接通，显示屏上有“1”或“0”或变化不定的数字显示，此时即可进行测量。该仪表具有自动断电功能，开机约 15min 后会自动关机，重复电源开关操作即可开机。

（2）严禁在测量较高电压或较大电流时旋动选择开关，以防电弧烧损开关；严禁带电测量电阻；当电池电压不足时，显示一电池符号，此时应更换电池；测量高压时应注意人身安全。

4.2.5　任务实施 2：数字万用表的使用

一、任务器材准备

（1）数字万用表________台，型号____________________；

（2）直流稳压电源_______台，型号____________________；

（3）电阻元件、电容、二极管、三极管若干。

二、任务内容

1．交流电压的测量

用数字万用表测量市电三次，将测量结果记入实践记录表 4.2.8。

表 4.2.8　实践记录表

U（AC）	次数	第一次	第二次	第三次
	测量值			

2．直流电压的测量

将直流稳压电源按照表中的数值选择输出电压，然后用数字万用表分别测量各直流稳压电源的输出，将测量结果记入实践记录表 4.2.8 中。

表 4.2.8　实践记录表

U（DC）	参考值	1.5V	5V	10V	15V	20V	25V
	测量值						

3．常见电子元件参数值的测量

对电阻、电容、二极管、三极管等常用电子元件进行测量，将测量结果记入实践记录表 4.2.10 中。

表 4.2.10　实践记录表

R	参考值			
	测量值			
C	参考值			
	测量值			
二极管	正向测量值			
	反向测量值			
	*类型判别			
	*质量判别			
三极管	h_{FE}值			
	*类型判别			
	*质量判别			

三、任务总结及思考

（1）比较实践结果（测量值）与参考值（或理论结果）的差异，简述元件质量判别方法。

（2）简要总结本实践仪器仪表的规范使用注意事项及实践体会。

（3）实践过程中，仪器设备有无异常现象，分析说明产生异常现象的主要原因及解决措施。

（4）简述数字万用表的主要使用场合。

（5）用万用表测量干燥时两手之间的电阻，然后将两手蘸水变湿再测量两手之间的电阻，两种情况时实测阻值各为多少？并分析那种情况触电更危险，为什么？

四、任务知识点习题

1. 数字万用表使用前的检查

将两表笔________，显示屏显示“.000”Ω；将两表笔________，显示屏显示溢出符号“1.”。以上两个显示都正常时，表明该表可以正常使用，否则将不能使用。

2. 直流电压测量

（1）将黑表笔插入________插座，红表笔插入________插座。

（2）将量程开关转至____________上，然后将测试表笔跨接在被测电路上，________所接点的电压与极性显示在屏幕上。

3. 交流电压测量

（1）将黑表笔插入________插座，红表笔插入________插座。

（2）将量程开关转至__________上，然后将测试表笔跨接在被测电路上。测量交流电压时，________（填“有”或“无”）极性显示。

4. 直流电流的测量

（1）将黑表笔插入________插座，红表笔插入________插座或者________插座。

（2）将量程开关转至__________上，然后将测试表笔跨接在被测电路上，被测电流值及红色表笔点的电流极性将同时显示在屏幕上。

5. 电阻测量

（1）测量电阻时，应将红表笔插入________插孔，黑表笔插入________插孔。

（2）将量程开关置于________的范围内并选择所需的量程位置。

（3）测量电阻时，不能用手去接触表笔的金属部分，以防人体电阻________被测电阻而引起不必要的测量误差。

（4）在测试时若显示屏显示溢出符号“1.”，表明________选的不合适。

6. 电容测量

在测量时，如果不知道电容范围，应将量程开关转到________挡位；测试电容前应先将电容________。

7. 二极管测量及蜂鸣器连接性测试

（1）黑表笔插入__________插座，红表笔插入__________插座；量程开关转至相应的_________，将红表笔接二极管的_________，黑表笔接二极管的_________，测量值显示在屏幕上。

（2）检查线路通断时，如果内置蜂鸣器发声，则说明两点之间电阻值低于_________Ω，电路处于接通状态，反之电路处于断开状态。

4.3 任务二：电子器件测量

任务目标

➢ 了解晶体管特性图示仪的组成及作用；
➢ 了解晶体管特性图示仪测试二极管正、反向特性曲线和晶体管输入、输出特性曲线的方法，并掌握其基本应用；
➢ 了解晶体管特性图示仪测量场效应晶体管漏极特性曲线的测试方法。

4.3.1 测量知识：电子器件测量技术

半导体分立器件有二极管、双极型晶体管、场效应晶体管、闸流晶体管（晶闸管）及光电子器件等种类。电子电路中较常用的有二极管、双极型晶体管和场效应晶体管，了解它们的特性曲线及相关特性参数是设计电路和理解电路的关键。

晶体管特性图示仪可实现半导体分立器件的测量，属于半导体分立器件参数测量仪器的一种。晶体管特性图示仪又称半导体管特性图示仪，是一种专用示波器，在屏幕上可直接观察半导体分立器件的特性曲线，借助屏幕上的标尺刻度，还能直接或间接地测定其相应的参数。由于它具有使用面宽、直观性强、用途广泛、读测方便等特点而被广泛应用。

一、半导体分立器件参数测量仪器的分类

通常一种仪器只能测量几类器件的部分参数。根据所测参数的类型，半导体分立器件测量仪器大致可分为下列四种。

（1）直流参数测量仪器：主要测试半导体分立器件的反向截止电流、反向击穿电压、正向电压、饱和电压和直流放大系数等直流参数。

（2）交流参数测量仪器：主要测试半导体分立器件的频率参数、开关参数、极间电容、噪声系数及交流网络参数等交流参数。

（3）极限参数测量仪器：主要测试半导体分立器件能安全使用的最大范围，如大功率晶体管在直流和脉冲状态下的安全工作区。

（4）晶体管特性图示仪：一种应用最广泛的半导体分立器件测试仪器，不仅可显示器件的特性曲线，还可以测量不少主要直流参数和部分交流参数。

二、晶体管特性图示仪的基本组成及作用

晶体管特性图示仪的基本组成如图 4.3.1 所示，主要由阶梯波信号源、集电极扫描电压发生器、工作于 X-Y 方式的示波器、测试转换开关及一些附属电路组成。

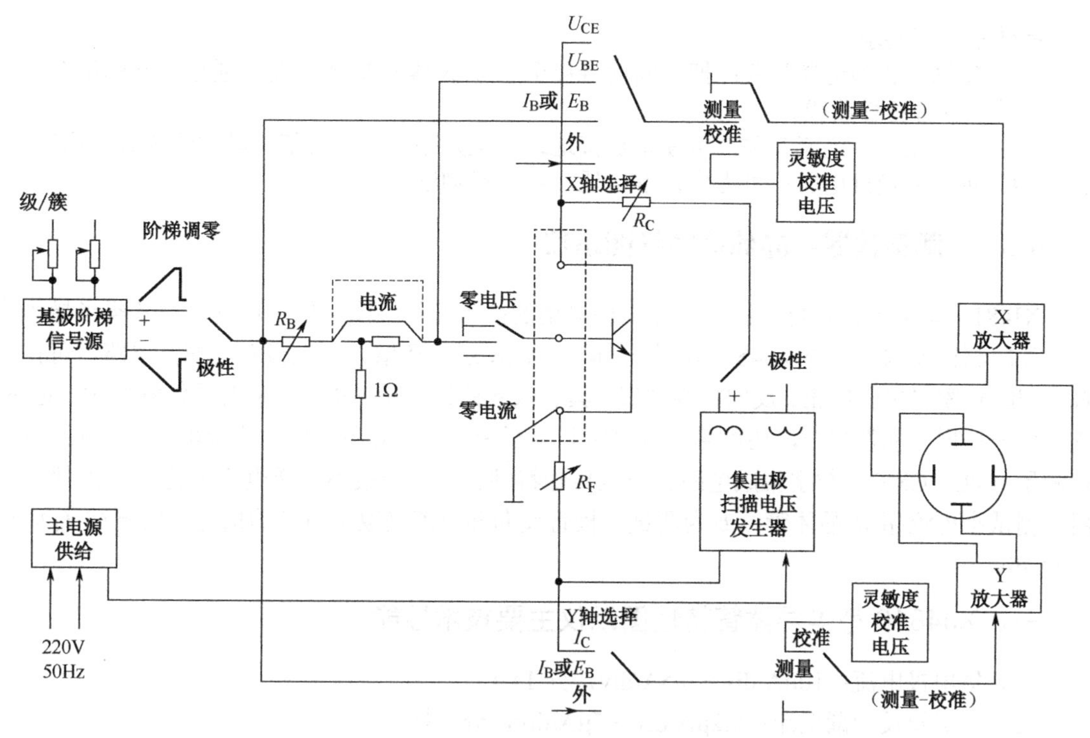

图 4.3.1　晶体管特性图示仪组成方框图

1. 基极阶梯信号源

基极阶梯信号源用于产生阶梯电流或阶梯电压。

测试时阶梯信号源为被测晶体管提供偏置。阶梯信号源内设有调零电位器，调整它可保证阶梯电压的起始级为零电平。

阶梯的级数可通过“级/簇”旋钮调节，一般最多可输出 10 级以上。当输出 10 级时，则可以显示 10 条不同 I_B 值的输出特性曲线。

阶梯信号源可提供不同极性、不同大小的阶梯信号，供测试不同类型的晶体管时采用。

2. 集电极扫描电压发生器

集电极扫描电压发生器用于供给所需的集电极扫描电压。

该扫描电压多采用工频电压经全波整流而得到的 100Hz 的单向脉动电压。通常基极阶梯信号也是由 50Hz 的工频获得，故两者之间能同步工作。为了满足不同的测试要求，扫描电压的极性和大小均可以变换。

集电极电路内接有功耗限制电阻 R_C，其阻值可根据需要改变，用于限制被测晶体管的最大工作电流，从而限制其功耗，防止受损。电路中的取样电阻 R_F 是为了将要测量的电流 I_C 转换为电压，将其送至示波器 Y 轴系统以使显示曲线的 Y 轴表示集电极电流的变化。

3. 示波器

示波器包括 X 放大器、Y 放大器及示波管。用于显示晶体管特性曲线。

4. 开关及附属电路

为准确测试晶体管特性曲线及适应不同晶体管的测试需要，设置如下开关。

（1）极性开关：包括基极阶梯信号源和集电极扫描电压正、负极性选择开关，以适应不同类型晶体管测试要求。

（2）X 轴、Y 轴选择开关：把不同信号接至 X 放大器或 Y 放大器。通过不同的组合，显示不同的晶体管特性曲线。

（3）零电压、零电流开关：可使基极接地或基极开路，便于对某些晶体管参数的测试。

（4）灵敏度校准电压：可提供校准电压，用于对刻度进行校正。

4.3.2 测量仪器：晶体管特性图示仪

XJ4810 型半导体管特性图示仪是一种典型的晶体管特性图示仪，可满足对各类半导体分立器件的测试要求。另外 XJ4810 型半导体管特性图示仪还增设集电极双向扫描电路，可在屏幕上同时观察二极管的正、反向特性曲线；具有双簇曲线显示功能，易于对晶体管配对。此外，该仪器与扩展功能件配合，还可将测量电压升高至 3kV；可对各种场效应管配对或单独测试；可测量 TTL、CMOS 数字集成电路的电压传输特性。该仪器最小阶梯电流可达 0.2μA/级，可用于测试小电流超 β 晶体管；专为测试二极管反向漏电流采取了适应的措施，使测试 I_R 时达 20nA/div。

一、XJ4810 型半导体管特性图示仪主要技术性能

（1）集电极电流：10μA/div～0.5A/div，分 15 挡。

（2）二极管反向漏电流：0.2μA/div～5μA/div，分 5 挡。

（3）集电极电压：0.05V/div～50V/div，分 10 挡。

（4）基极电压：0.05V/div～1V/div，分 5 挡。

（5）阶梯电流：0.2μA/级～50mA/级，分 17 挡。

（6）阶梯电压：0.05V/级～1V/级，分 5 挡。

（7）集电极扫描峰值电压：10V～500V，分 4 挡。

（8）功耗限制电阻：0～0.5MΩ，分 11 挡。

二、工作原理

XJ4810 型半导体管特性图示仪的工作原理与一般的晶体管特性图示仪基本相同，参见图 4.3.1 及其说明。为方便使用增设“二簇电子开关”。阶梯信号每次复零时，“二簇电子开关”将阶梯信号交替送至其中一只被测管的基极，实现了在屏幕上同时显示两只晶体管特性曲线的目的。

三、面板说明

1. 前向面板及测试台

XJ4810 型半导体管特性图示仪前向面板如图 4.3.2（a）所示，其中测试台的面板如图 4.3.2（b）所示。图 4.3.2（c）中综合示意出该仪器前面板的各组成部分，主要可划分为七个部分，下面分别加以说明。

（1）电源及示波管控制部分：包括“聚焦”、“辅助聚焦”、“辉度”及“电源开关”。其中“辉度”与“电源开关”由一带推拉式开关的电位器实现。

（2）集电极电源。

①“峰值电压范围”按键开关：选择集电极扫描电源的峰值电压范围。其中，“AC”挡能使集电极电源实现双向扫描，使屏幕同时显示出被测二极管的正、反向特性曲线。使用时注意

电压范围由低挡换向高挡时，应先将“峰值电压%”调节至“0”位置。

②“峰值电压%”调节旋钮：使集电极电源在确定的峰值电压范围内连续变化。

③“+/–”极性按键开关：按下时集电极电源极性为负，弹出时为正。

④“电容平衡”与“辅助电容平衡”旋钮：使在高电流灵敏度测量时容性电流最小，减小测量误差。

⑤“功耗限制电阻 Ω”选择开关：改变串联在被测管集电极回路中的电阻以限制功耗。

（3）Y 轴部分。

①“电流/度”开关：Y 轴坐标。为二极管反向漏电流 I_R、三极管集电极电流 I_C 量程开关。置“⎍”时，屏幕 Y 轴代表基极阶梯电流或电压，每级一度。置“外接”时，Y 轴系统由外接信号输入，外输入端位于仪器侧板处。

②“移位”旋钮：垂直移位。旋钮拉出时相应指示灯亮，此时 Y 轴偏转因数缩小为原来的 1/10。

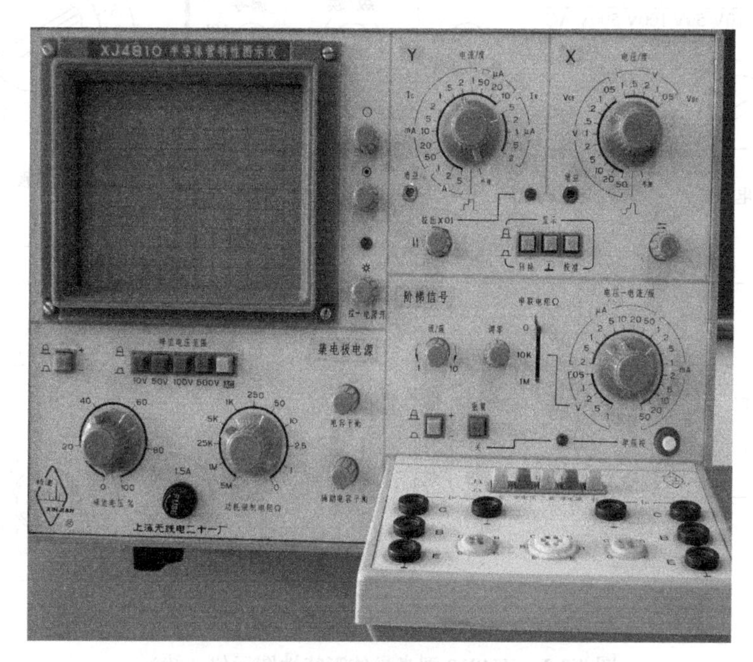

（a）前面板实物图

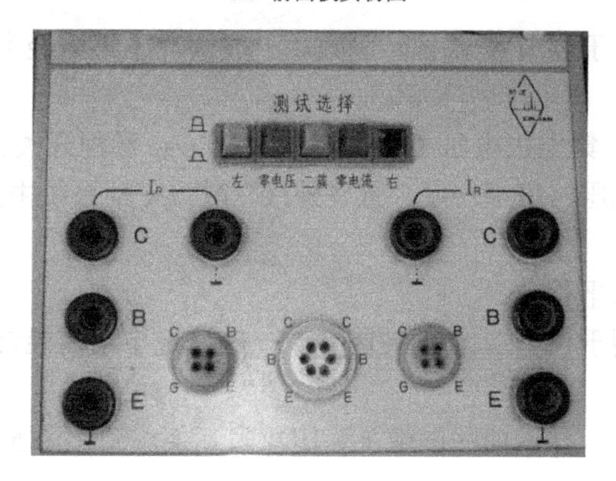

（b）测试台面板图

图 4.3.2　XJ4810 型半导体管特性图示仪

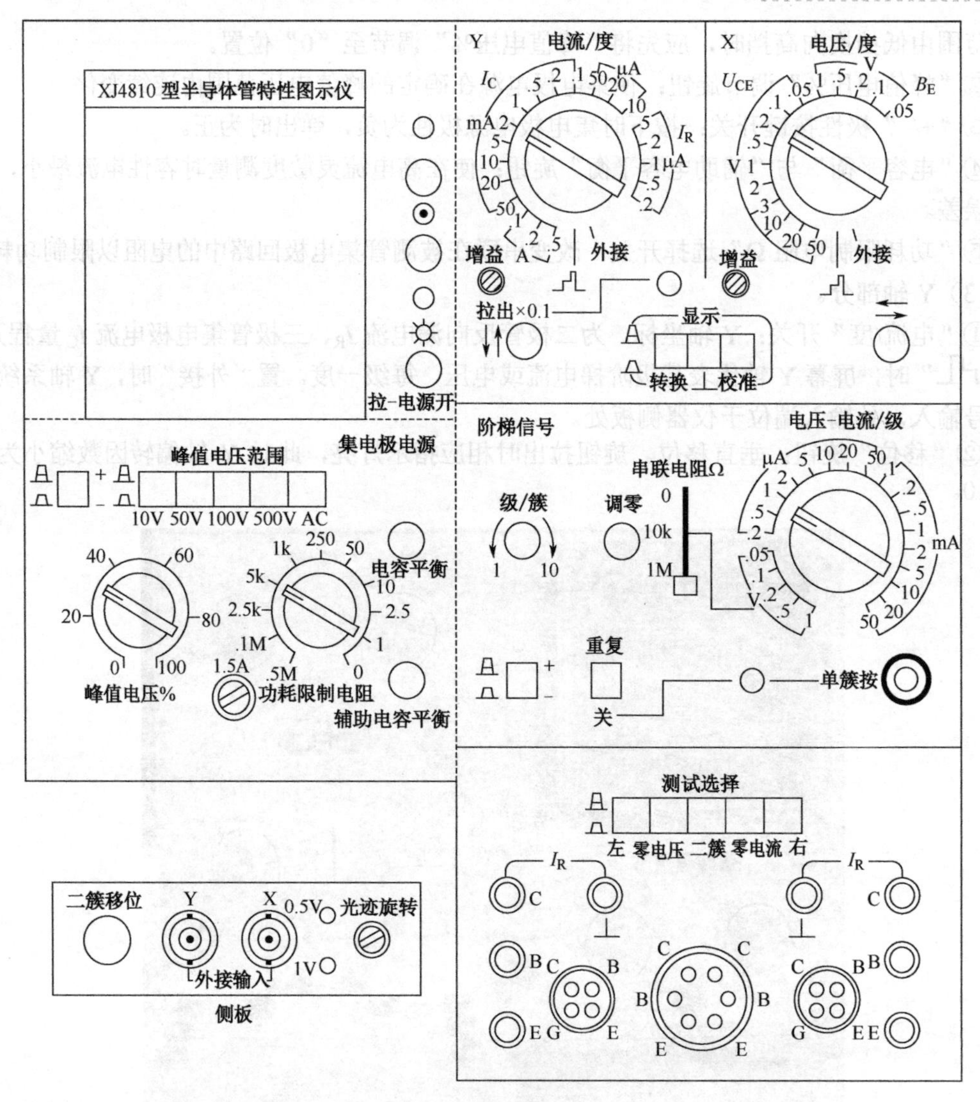

（c）前面板示意图

图 4.3.2　XJ4810 型半导体管特性图示仪（续）

③“增益”旋钮：用于调节 Y 轴偏转因数。一般情况下不需经常调整。

（4）X 轴部分。

①“电压/度”开关：集电极电压 U_{CE} 和基极电压 U_{BE} 量程开关。置“┘┌┐└”时，屏幕 X 轴代表基极阶梯电流或电压，每级一度。置“外接”时，X 轴系统由外接信号输入，外输入端位于仪器侧板处。

②“移位”旋钮：水平移位。

③“增益”旋钮：用于调节 X 轴偏转因数。一般情况下不需经常调整。

（5）显示部分。

①“转换”按键开关：显示曲线图像Ⅰ、Ⅲ象限互换。简化了 NPN 管和 PNP 管相互转测时的操作。

②“⊥”按键开关：此时 X 轴、Y 轴系统放大器输入接地，显示输入为零的基准点。

③“校准”按键开关：此时校准电压接入 X、Y 放大器，以达到 10 度校正的目的。即自零基准点开始，X、Y 方向各移动 10 度。

（6）阶梯信号部分。

①“电压–电流/级”开关：阶梯信号选择开关，用于确定每级阶梯的电压值或电流值。

②“串联电阻”开关：改变阶梯信号与被测管输入端之间所串接的电阻大小，仅当“电压–电流/级”置电压挡时有效。

③“级/簇”旋钮：调节阶梯信号一个周期内的级数，在 1～10 级之间内连续可调。

④“调零”旋钮：调节阶梯信号起始级的电平，正常使用时该级应调至零电平。

⑤“极性”开关：选择阶梯信号的极性。

⑥“重复–关”开关：开关弹出时，阶梯信号重复出现，正常测试时多置于该位置；开关按下时，阶梯信号处于待触发状态。

⑦“单簇按”按钮：与“重复–关”开关配合使用。当阶梯信号处于待触发状态时，按下该钮，对应指示灯亮，阶梯信号出现一次，然后又回到待触发状态。多用于观察被测管的极限特性，可防止被测管受损。

（7）测试台部分。

①“左”按键开关：按下时，测试左边被测管特性。

②“右”按键开关：按下时，测试右边被测管特性。

③“两簇”按键开关：按下时，自动交替接通左、右两只被测管，屏幕上同时显示两管的特性，便于进行比较。

④“零电压”按钮：按下时，被测管基极接地。

⑤“零电流”按钮：按下时，被测管基极开路。

2. 右侧装置

XJ4810 型半导体管特性图示仪右侧装置如图 4.3.3 所示。

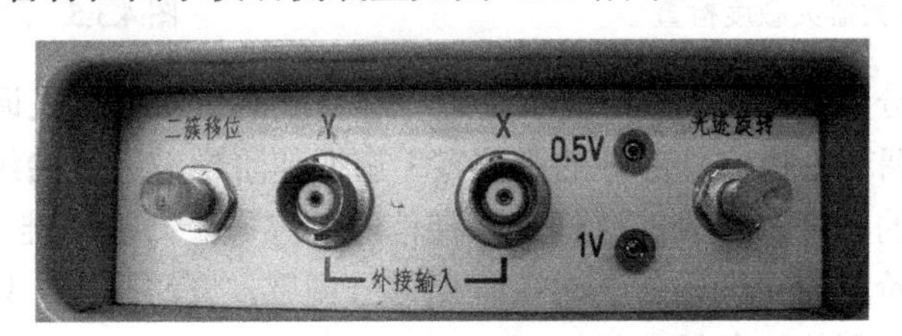

图 4.3.3　XJ4810 型图示仪右侧装置

（1）外接插座。

①“Y”按键开关：当 Y 轴“电流/度”开关置于“外接”时，Y 系统所需外接信号由此输入。

②“X”按键开关：当 X 轴“电压/度”开关置于“外接”时，X 系统所需外接信号由此输入。

（2）“二簇移位”旋钮：当“二簇”显示时，调节此旋钮，改变两簇曲线在水平方向的相对位置。

（3）“光迹旋转”旋钮：调节此旋钮，使光迹旋转，达到扫描线与水平刻度线平行的效果。

（4）“0.5V”插孔：由此输出 0.5V 校正电压。

（5）“1V”插孔：由此输出 1V 校正电压。

四、使用方法

1. 测试前准备

（1）开启电源，指示灯亮，预热10min。调节“辉度”、“聚焦”、“辅助聚焦”旋钮，使屏幕上的光点或线条明亮、清晰。

（2）放大器对称性检查：“电压/度”和“电流/度”开关均置于“⎍”位置，显示部分的三个按键开关均弹起，使仪器处于显示状态；阶梯信号部分的“重复/关”按钮弹出，“+/−”极性开关弹出，“电压-电流/级”开关置于任意位置。此时，屏幕上应显示出一列沿对角线排列的亮点，如图4.3.4所示。

（3）阶梯调零：当测试中用到阶梯信号时，必须先进行阶梯调零，其目的是使阶梯信号的起始级在零电位的位置。

调节方法如下：将阶梯信号及集电极电源均置于“+”极性，X轴“电压/度”置于“1V/度”，Y轴“电流/度”置于“⎍”，阶梯信号部分“电压–电流/级”置于“0.05V/级”，“重复/关”置于“重复”，“级/簇”置于适中位置，集电极电源部分“峰值电压范围”置于“10V”挡，调节“峰值电压%”旋钮使屏幕上出现满度扫描线。此时，实际上是X轴加扫描电压，Y轴加阶梯电压，屏幕上观测到的是图示仪自身的阶梯信号，如图4.3.5所示。

图4.3.4　放大器灵敏度检查

图4.3.5　阶梯信号

然后按下显示部分的“⊥”按键，观察光迹在屏幕上的位置并将之调到最下一根水平刻度线；该按键再复位，调节阶梯信号部分的“调零”旋钮使阶梯波的起始级（即阶梯信号最下面的一条线）与最下面的刻度线重合。这样，阶梯信号的零电平即被校准。

以上所述是对正阶梯信号调零。要对负阶梯信号调零，方法同上，只是极性改用“–”，阶梯信号的起始级是最上面的一条线。

2. 小功率整流二极管的测量

（1）正向特性的测量。

测量时，将屏幕上的光点移至左下角，图示仪面板上的有关开关、旋钮置于表4.3.1所示位置。被测整流二极管按图4.3.6（a）连接，调节“峰值电压%”旋钮使峰值电压逐渐增大，则屏幕上将显示出如图4.3.6（b）所示的正向特性曲线，由该曲线即可进行正向压降U_F的测量，得测量值为U_F约为0.7V。

（2）反向特性的测量。

将屏幕上光点移至右上角，图示仪面板上的有关开关、旋钮置于如表4.3.1所示位置。被测二极管连接同图4.3.6（a）所示，逐渐增大峰值电压，则屏幕上将显示出二极管的反向特性曲线。在曲线拐弯处所对应的X轴上读测电压，即得被测管的反向击穿电压BV_R，而二极管的最高反向峰值电压 V_{RM} 约为 BV_R 的 1/2。

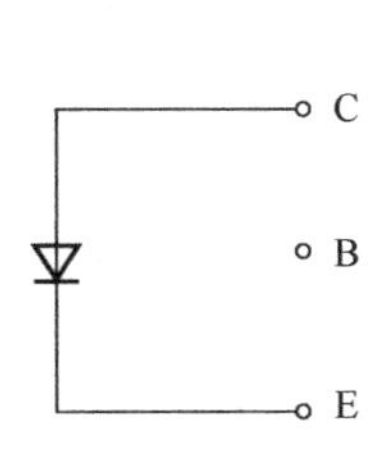

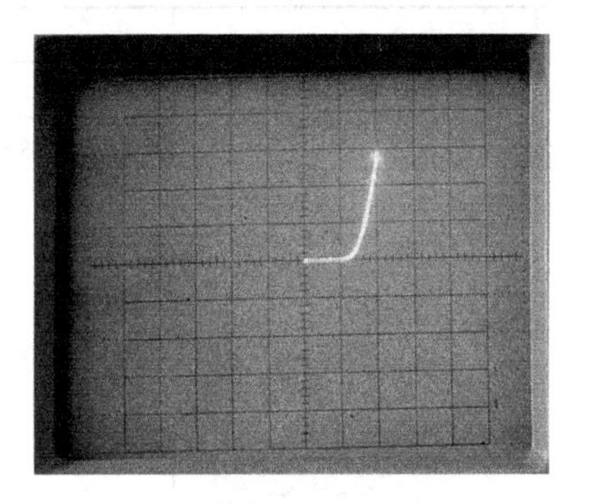

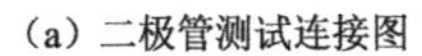

（a）二极管测试连接图　　（b）二极管正向特性曲线显示

图 4.3.6　二极管的正向特性测量

表 4.3.1 二极管特性测量开关、旋钮设置

设　置	面板旋钮\按钮	测 量 内 容		
		小功率整流二极管		稳压二极管
		正向特性	反向特性	特　性
峰值 电压范围	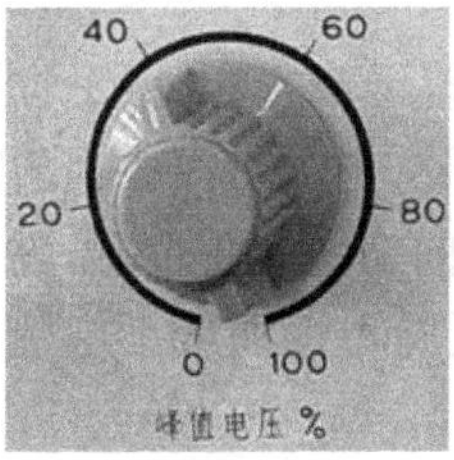	0～10V	0～200V	AC 0～10V
集电极 电源极性		+（正）	-（负）	+（正）
功耗 限制电阻		50Ω 或适当挡位	25Ω 或适当挡位	1kΩ 或适当挡位
Y “电流/度”	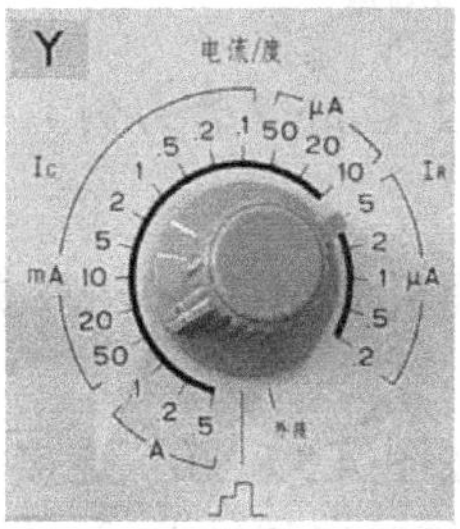	I_C 适当挡位	I_C 适当挡位	I_C 适当挡位

续表

设　置	面板旋钮\按钮	测 量 内 容		
		小功率整流二极管		稳压二极管
		正向特性	反向特性	特　性
X “电压/度”		V_{CE}适当挡位	V_{CE}适当挡位	V_{CE}适当挡位
阶梯 “重复/关”		关	关	关

3. 稳压二极管稳定电压 U_Z 的测量

将屏幕上光点移至中心，面板上的有关开关、旋钮置于表 4.3.1 所示位置。

稳压二极管按图 4.3.7（a）连接，逐渐增大峰值电压，屏幕上将显示出如图 4.3.7（b）所示的正、反向特性曲线。稳定电压 U_Z 是指在规定的反向击穿电流 I_Z 条件下，稳压管两端的反向电压降。因此，根据测试条件（设为 10mA），在反向特性曲线上电流为 10mA 所对应的 X 轴上读测电压，即可得被测管的稳定电压 U_Z。

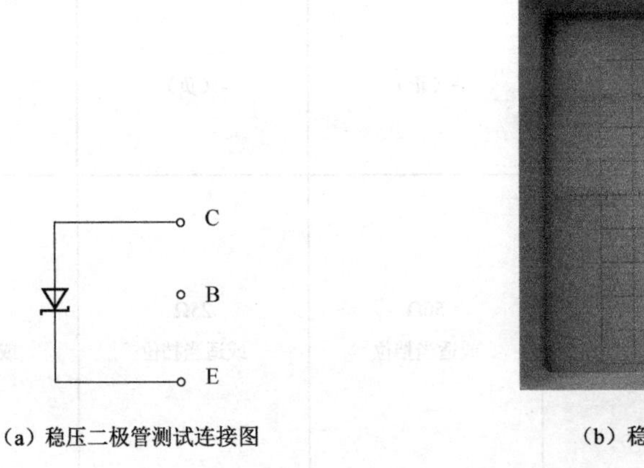

（a）稳压二极管测试连接图　　（b）稳压二极管正反特性曲线显示

图 4.3.7　稳压二极管特性的测量

4. 小功率三极管的测量（以 9013 型 NPN 管和 9012 型 PNP 管为例）

（1）输出特性与 β 的测量。

将屏幕上的光点移至左下角，对阶梯信号调零，将面板上的有关开关、旋钮置于如表 4.3.2 所示位置。

先将“级/簇”旋钮旋至适中位置；NPN 型三极管按图 4.3.8（a）连接（PNP 型三极管连接方式类似），逐渐增大峰值电压，则屏幕上将显示出一簇输出特性曲线，如图 4.3.8（b）所示；

再调节“级/簇”旋钮改变屏幕上显示的特性曲线条数。

表 4.3.2　三极管特性测量开关、旋钮设置

设　置	面板旋钮\按钮	测 量 内 容		
		小功率双极型三极管		结型 N 沟道场效应管
		输出特性	输入特性	输出特性
峰值 电压范围	40 60 20 80 0 100 峰值电压 %	0～10V	0～10V	0～50V
集电极 电源极性	+ -	NPN 型：+（正） PNP 型：-（负）	NPN 型：+（正） PNP 型：-（负）	+（正）
功耗 限制电阻	250 1K 50 5K 10 25K 2.5 1M 1 5M 0 功耗限制电阻Ω	500Ω 或适当挡位	10Ω 或适当挡位	1kΩ 或适当挡位
Y “电流/度”	Y 电流/度 I_C mA 1 .5 2 .1 .5 1 2 5 10 20 50 A 1 2 .5 I_R μA 50 20 10 5 2 1 .5 .2	I_C 适当挡位	阶梯信号	I_C 适当挡位
X “电压/度”	X 电压/度 V_{CE} V .05 .1 .2 .5 1 2 5 10 20 50 V_{BE} V .1 .5 .2 .1 .05	V_{CE} 适当挡位	V_{BE} 适当挡位	V_{CE} 适当挡位
阶梯 “重复/关”	重复 关	重复	重复	重复

续表

设　　置	面板旋钮\按钮	测 量 内 容		
		小功率双极型三极管		结型N沟道场效应管
		输出特性	输入特性	输出特性
阶梯极性	+ / −	NPN 型：+（正） PNP 型：−（负）	NPN 型：+（正） PNP 型：−（负）	−（负）
阶梯信号 “电压–电流/级”	电压–电流/级	“2mA” 或适当挡位	“2mA” 或适当挡位	“2mA” 或适当挡位

β是三极管的交流电流放大系数，其定义是在规定的U_{CE}条件下，集电极电流的变化量ΔI_C与基极电流的变化量ΔI_B之比，即$\beta=\Delta I_C/\Delta I_B$（$U_{CE}$=常数）。根据图4.3.8（b）曲线显示及图4.3.8（c）的旋钮设置值，可得当前每相邻两条输出特性曲线之间的ΔI_B值即“电压–电流/级”刻度值20μA；每相邻两条输出特性曲线之间的垂直间距为0.8div，而“Y电流/度”刻度值为5mA；则可按照定义计算：

$$\beta=\frac{\Delta I_C}{\Delta I_B}=\frac{5\text{mA}/\text{div}\times 0.8\text{div}}{20\mu\text{A}}=200$$

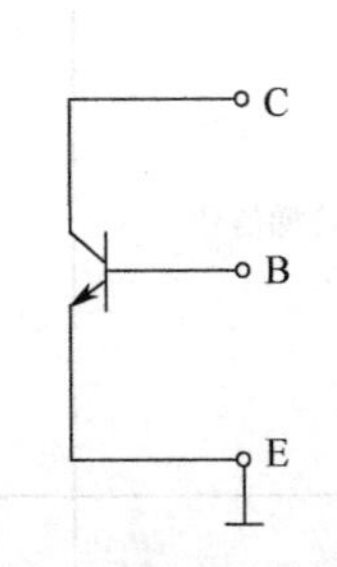

（a）三极管测试连接图

（b）三极管输出特性曲线显示

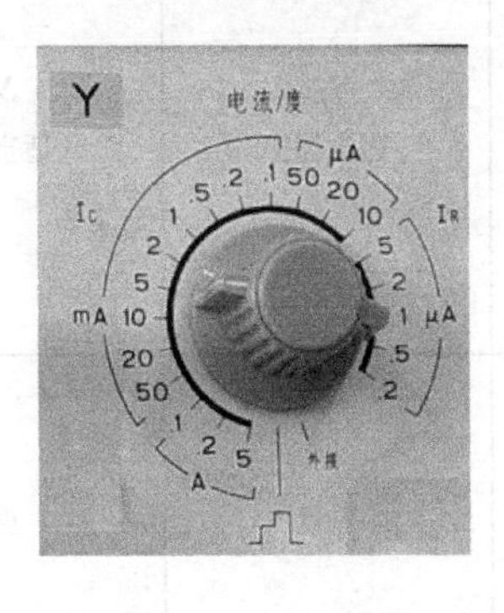

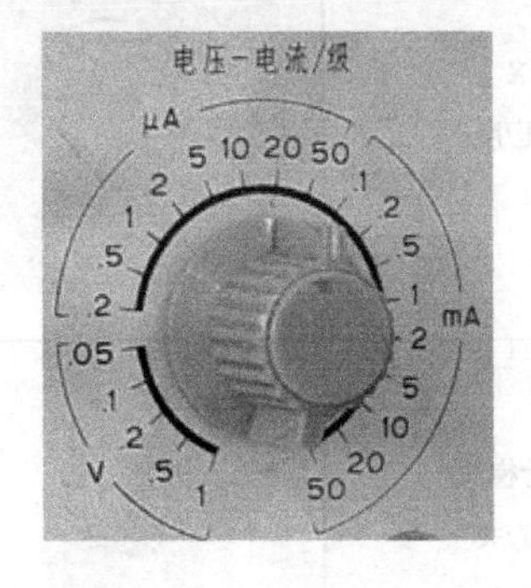

（c）相关旋钮设置

图4.3.8　NPN型三极管输出特性的测量

（2）输入特性曲线的测试。

将屏幕上的光点移至左下角，对阶梯信号调零，将面板上的有关开关、旋钮置于如表 4.3.2 所示位置。

先将“级/簇”旋钮旋至适中位置；三极管连接方式同 4.3.8（a）所示，逐渐增大峰值电压，则屏幕上将显示出一簇输入特性曲线。如图 4.3.9（a）所示为 NPN 型三极管的输入特性曲线。示意图 4.3.9（b）中，线段左端亮点连线为 V_{BE}=0V 时的输入特性曲线，右端亮点连线为>1V 时的输入特性曲线。

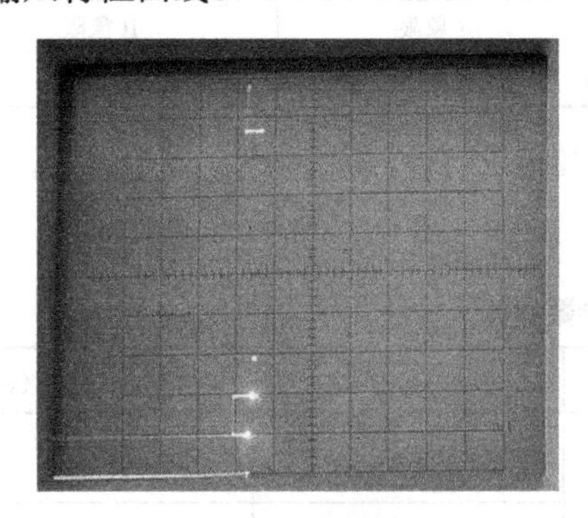

（a）仪器屏幕显示图

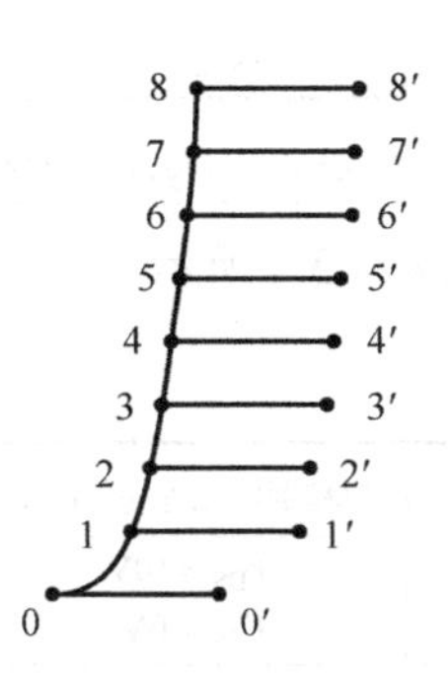

（b）输入特性曲线示意图

图 4.3.9　NPN 型三极管输入特性曲线测试

（3）同时显示两只同型晶体管输出特性曲线 $I_C=f(U_{CE})$。

测试时仪器的各开关、旋钮和测试单管时相似。将“电压/度”改置为 0.5V/度，其余各开关、旋钮仍按表 4.3.2 设置，将待比较的两只三极管按图 4.3.10（a）连接，按下测试台上的“二簇”按键开关，即可同时显示两只晶体管特性曲线，对两管性能进行比较。必要时旋转机箱右侧“移位”旋钮，调节两曲线的相对位置，如图 4.3.10（b）所示。

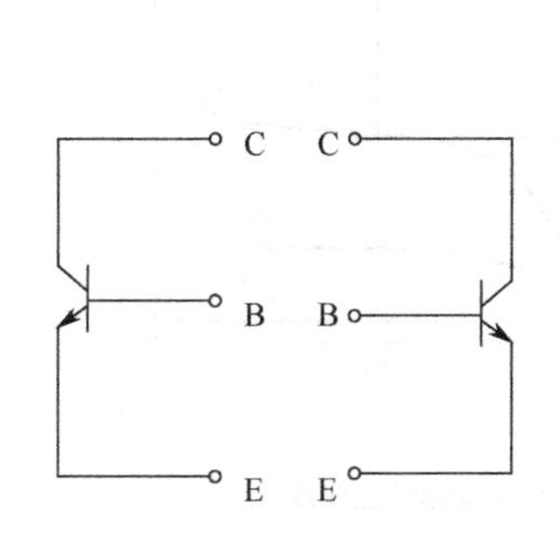

（a）三极管测试连接图

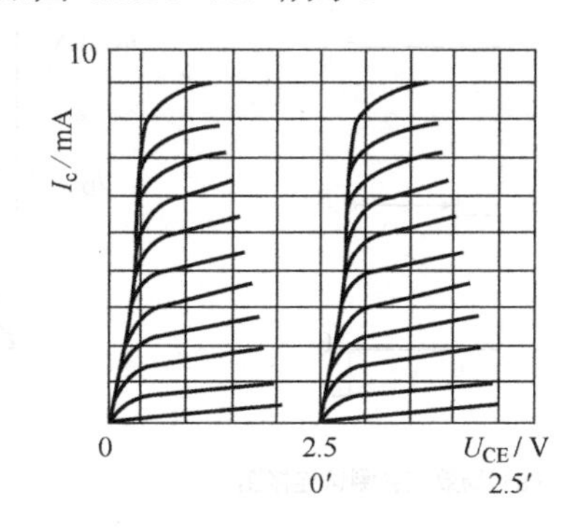

（b）两只三极管输出特性曲线显示

图 4.3.10　两只同型晶体管输出特性的测量

5. 场效应管的测量

场效应管是一种电压控制器件，测量时测试信号是阶梯电压而不是阶梯电流。

各种场效应管的符号及测量时所加的电压极性如表 4.3.3 所示。对场效应管各种参数的测量主要是通过转移特性 $I_D=f(U_{GS})$ 及输出特性 $I_D=f(U_{DS})$ 来进行。输出特性又称为漏极特性。

表 4.3.3　场效应管的符号与电压极性

结构种类	工作方式	电压极性		输出特性曲线所处象限	转移特性曲线所处的象限
		V_P或V_T	漏　极		
绝缘栅型 N沟道	耗尽型	−	+	Ⅰ象限	Ⅰ、Ⅱ象限
	增强型	+	+	Ⅰ象限	Ⅰ象限
绝缘栅型 P沟道	耗尽型	+	−	Ⅲ象限	Ⅲ、Ⅳ象限
	增强型	−	−	Ⅲ象限	Ⅲ象限
结型N沟道	耗尽型	−	+	Ⅰ象限	Ⅱ象限
结型P沟道	耗尽型	+	−	Ⅲ象限	Ⅳ象限

下面以结型N沟道场效应管3DJ6G为例，说明其输出特性（漏极特性）测量方法。3DJ6G的参数指标如表4.3.4所示。

表 4.3.4　3DJ6G 的参数指标

项　目	饱和漏电流 I_{DSS}（mA）	夹断电压 V_P（V）	跨导 g_m（μs）	击穿电压 BV_{DS}（V）
测试条件	$V_{DS}=10V$ $V_{GS}=0V$	$V_{DS}=10V$ $I_{DS}=50μA$	$V_{DS}=10V$ $I_{DS}=3mA$	
规　范	3～10	<9	>1000	≥20

场效应管按图4.3.11（a）连接。由表4.3.3可知，结型N沟道场效应管的输出特性曲线位于第一象限，因此，测量时先将屏幕上的光点移至左下角，再将图示仪面板上的有关开关、旋钮置于如表 4.3.2 所示位置，且“电压-电流/级”设为合适位置。逐渐增加峰值电压，则屏幕上将显示出该场效应管的输出特性曲线，如图4.3.11（b）所示，利用这一曲线可进行饱和漏电流I_{DSS}参数的测量。

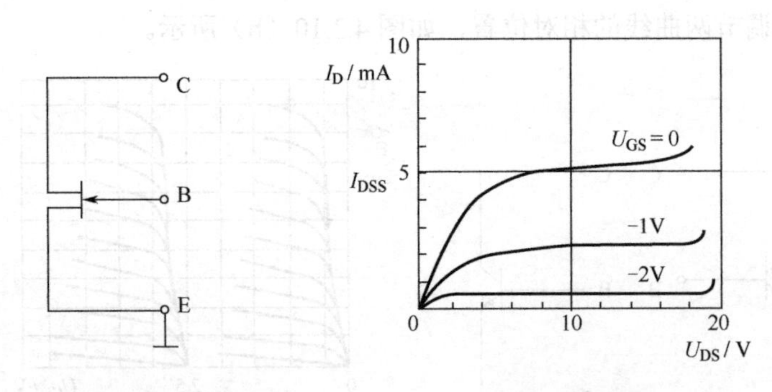

（a）场效应管测试连接图　　（b）输出特性曲线显示

图 4.3.11　3DJ6G型N沟道场效应管输出特性的测量

用转移特性曲线测量场效应管的夹断电压U_P、饱和漏电流I_{DSS}与跨导g_m比较直观、方便。栅极（基极）加阶梯电压，漏极（集电极）加扫描电压，U_{GS}（相当于U_{BE}）加至示波器的X轴，取样电阻R_F上的电压（正比于漏极电流I_D）加至示波器的Y轴，显示出如图4.3.12所示的上端有亮点的竖线，由亮点连接起来的曲线即是转移特性曲线。该曲线与X轴的交点所对应的U_{GS}即为夹断电压U_P，曲线的斜率即为跨导g_m，曲线与Y轴交点所对应的I_D即为漏极饱和电流I_{DSS}。

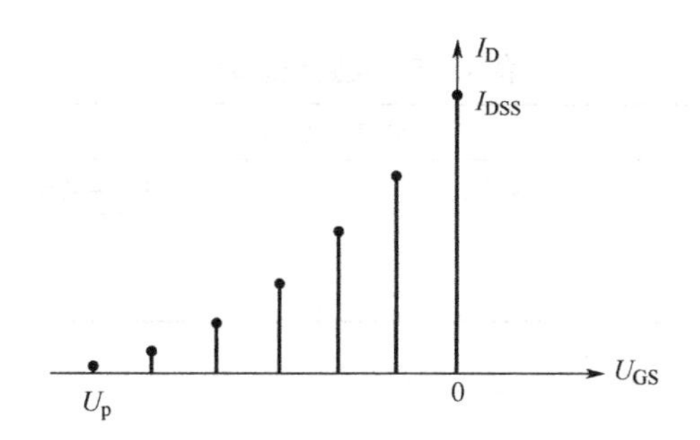

图 4.3.12　3DJ6G 型 N 沟道场效应管输移特性曲线示意图

上述介绍了结型 N 沟道场效应管的测量方法，至于其他类型场效应管的测量，可参照表 4.3.2 及上述方法进行。

应当指出，不论场效应管是结型还是绝缘栅（MOS）型，测量时都应特别注意不能使漏源电压 V_{DS}、栅源电压 V_{GS}、耗散功率 P_{DM} 及最大电流 I_{DM} 超过额定值。此外，对 MOS 型场效应管还应避免因感应电压过高而造成管子击穿，其方法是不使栅极悬空，即保证栅源极之间有直流通路。测量时可将“电压-电流/级”开关置于电压挡，若该开关置于电流挡，则应在栅极之间并接电阻。施加于结型场效应管的阶梯极性不能接反，否则 PN 结处于正偏，极易烧坏管子。

五、使用注意事项

测试结束后应使仪器复位，防止下一次使用时不慎造成被测管损坏。复位时，要求将“峰值电压范围”置于“10V”，“峰值电压%”旋至“0”处，“功耗限制电阻”置于 1kΩ 以上挡，阶梯信号“电压–电流/级”置 10μA 以下挡。然后关闭电源。

此外还应注意以下事项：

（1）为保证测试的顺利进行，测试前应根据被测器件的参数规范及测试条件，预设一些关键开关和旋钮的位置。否则如调节不当，极易造成被测器件受损或测试结果差异很大。

（2）“峰值电压范围”、“峰值电压%”、阶梯信号“电压–电流/级”及“功耗限制电阻”这几个开关、旋钮使用时应特别注意，如使用不当很容易损坏被测器件。

（3）测试大功率器件（因通常测试时不能满足其散热条件）及测试器件极限参数时，多采用“单簇”阶梯，以防止损坏器件及仪器本身。

4.3.3　任务实施：半导体分立器件特性测试

一、任务器材准备

（1）半导体管特性图示仪________台，型号________________________________。

（2）典型小功率二极管、稳压二极管、NPN 型和 PNP 型三极管及场效应管若干。

二、任务内容

按半导体管特性图示仪的操作规程进行使用前的检查，完成“辉度”和“聚焦”的调节、“灵敏度”校准、阶梯调零等操作。

1. 小功率整流二极管的测量

分别测量小功率整流二极管的正向特性和反向特性，将测量结果和显示特性曲线记录入实践记录表 4.3.5。

表 4.3.5　实践记录表

测量结果 / 被测器件	特性参数		特性曲线
	正向导通电压	反向击穿电压	
小功率整流二极管			

2. 稳压二极管稳定电压 U_Z 的测量

测量稳压二极管的稳定电压，将测量结果和显示特性曲线记录入实践记录表4.3.6。

表 4.3.6　实践记录表

测量结果 / 被测器件	特性参数		特性曲线
	正向导通电压	稳定电压	
稳压二极管			

3. 小功率三极管的测量（以 9013 型 NPN 管和 9012 型 PNP 管为例）

（1）分别测量 9013 型 NPN 管和 9012 型 PNP 管的 β 值、输出特性曲线和输入特性曲线，将测量结果和显示特性曲线记录入实践记录表 4.3.7。

表 4.3.7　实践记录表

测量结果 / 被测器件	特性参数	特性曲线	
	β	输出特性曲线	输入特性曲线
9013 型 NPN 管			
9012 型 PNP 管			

（2）同时测量两只 9013 型 NPN 管的输出特性，并作比较，将显示结果曲线记录入实践记录表 4.3.8。

表 4.3.8　实践记录表

测量结果 / 被测器件	特性参数	特性曲线
	β	输出特性曲线
1 号 9013 型 NPN 管		
2 号 9013 型 NPN 管		

4. 场效应管的测量

分别测量结型 N 沟道场效应管 3DJ6G 的输出特性（漏极特性）和转移特性，将测量结果记录入实践记录表 4.3.9。

表 4.3.9　实践记录表

被测器件 \ 测量结果	特性参数		特性曲线
	夹断电压 U_P	漏极饱和电流 I_{DSS}	输出特性曲线
结型 N 沟道场效应管 3DJ6G			

三、任务总结及思考

（1）通过测量结果的分析及记录，直观感受各被测器件的特性曲线。

（2）结合半导体管特性图示仪的工作原理分析实践过程中出现各种现象的原因。

（3）记录实践过程遇到的问题并进行分析，写出心得体会。

四、任务知识点习题

（1）晶体管特性图示仪由哪几个部分组成？各部分的主要作用是什么？

（2）晶体管特性图示仪测量二极管和三极管之前是否都需要先进行阶梯调零，为什么？怎样才算完成阶梯调零？

（3）晶体管特性图示仪使用完毕后的复位操作主要有哪些步骤？

（4）使用晶体管特性图示仪时，在下列选项中选择合适的设置。

① 测试双极型三极管输出特性曲线时，XJ4810 图示仪面板上的有关开关、旋钮应如何设置：

a. 阶梯作用开关应置于________位置。

A. 重复　　B. 关

b. 阶梯信号“电压-电流/级”应置________挡位。

A. mA/级　　B. V/级　　C. 零电流　　D. 零电压

c. Y 轴作用旋钮开关应放在________上。

A. 集电极电流　　B. 基极电压　　C. 基极电流　　D. 集电极电压

d. X 轴作用旋钮开关应放在________上。

A. 集电极电流　　B. 基极电压　　C. 基极电流　　D. 集电极电压

② 晶体管特性图示仪的阶梯作用开关置于“重复”位，阶梯信号被重复地加到被测晶体管基极，通常作为对测试________用。

A. 特性曲线簇　　B. 极限参数　　C. 穿透电流　　D. 击穿电压

③ 在使用晶体管特性图示仪测试大功率管极限参数时，阶梯作用开关应选择在______________位。

A. 重复　　B. 关断　　C. 单簇　　D. 任意

④ 用晶体管测试二极管特性时，应将二极管两脚分别插入________孔。

A. c，e　　B. c，b　　C. b，b　　D. b，e

（5）若希望用晶体管特性图示仪观测三极管的 I_C-I_B 特性，阶梯信号与集电极扫描电压应如何施加？X 轴“电压/度”开关和 Y 轴“电流/度”开关该如何设置？

4.4 项目总结

本项目对电子电路中常见的电子元件和器件进行了测量实践。

电子元件测量

（1）集总元件参数的测量主要采用电桥法和谐振法。依据电桥法制成的测量仪总称为电桥，同时具有测量 L、R、C 功能的电桥称为万用电桥；依据谐振法制成的测量仪器称为 Q 表。这两类仪器自身提供测量信号源，指示器不仅指示测量数据，而且指示某种特定状态。

（2）万用电桥由桥体、测量信号源、指零电路组成。桥体一般用四臂电桥，每个桥臂由阻抗组成，测量对象不同时桥体有相应的不同组成形式。测量时需调节电阻和电抗两种元件使电桥平衡，得出被测集总元件参数的值。

电桥主要用来测量低频元件。

（3）数字万用表以直流电压测量为基础，使用各种转换电路实现多种测量功能。此外，数字万用表还具有测量准确度高及具有某些自动功能等优点，因而获得越来越广泛的应用。

电子器件测量

半导体器件特性的测量一般采用图示法，测量时使用的仪器为晶体管特性图示仪。图示仪由基极阶梯信号源、集电极扫描电源、X-Y 显示的示波器、开关及附属电路组成。它可以对半导体器件的各种特性进行动态测试，自身提供测试用信号源，将被测器件的特性曲线显示在荧光屏上，并可通过曲线测量多种参数。

频率特性测量和频谱分析

5.1 项目背景

前四个项目中所讨论的仪器都可用来对信号进行时域分析，属于时域测量。工程中并非所有的器件和电路特性都可以用时域来完全表征。许多电路元件，如放大器、振荡器、混频器、调制器、检波器和滤波器等，能最佳表征其特性的是频域特性，即将它们的输入、输出或中间信号作为频率的函数进行分析。频域分析在许多场合中具有时域分析所无法比拟的优点，尤其是对于原本就与频域有关的系统，如通信中的频分复用系统。

电子电路中常见的频域测量主要包括线性系统的频率特性、信号源的频谱特性等。一般情况下，线性系统的频率特性测量包括幅频特性测量和相频特性测量，其中幅频特性的测量应用广泛，本项目只讨论幅频特性的测量。

目前，幅频特性测量多采用扫频技术。扫频技术是 20 世纪 60 年代发展起来一种新技术，目前已获得广泛的应用。正弦波信号通过电路后，如果该电路中存在非线性，则输出的信号中除包含原基波分量外，还会含有其他谐波分量，这就是电路产生的谐波失真，也称非线性失真。通常用谐波失真度来描述信号波形失真的程度。用这种测量方法可以直接在示波管屏幕上显示出被测电路（或器件）的幅频特性或信号源的频谱特性等，还可以测量网络的参数。在电子技术中，经常使用依据扫频技术制成的扫频仪（即频率特性测试仪）对放大器、衰减器及谐振网络等的频率特性进行直接显示和快速测量。这不但简化了测试过程而且更接近实际工作状态。它已经成为一种半自动测试方法，在很多领域特别是生产线上获得广泛的应用。

因此本项目讨论的内容包括：频率特性测试仪及幅频特性测量、失真度测量仪及谐波失真度的测量、频谱分析仪及频谱分析。

5.2 任务一：线性系统的频率特性测量

任务目标

- 了解时域测量和频域测量的关系；
- 了解频率特性测试仪的工作原理及组成框图；
- 掌握用频率特性测试仪测量幅频特性曲线和通频带的方法。

5.2.1 测量知识：频率特性测量技术

线性网络对正弦输入信号的稳态响应称为网络的频率响应，也称频率特性。一般情况下，网络的频率特性是复函数。其模值表示频率特性的幅度随频率变化的规律，称为幅频特性；相位值表明网络的相移随频率变化的规律，称为相频特性。频率特性测量包括幅频特性测量和相频特性测量，本节只讨论幅频特性的测量。

幅频特性的测量方法主要有两种：点频测量法和扫频测量法。

点频测量法采用在固定频率点上逐点进行测试，最后再连贯描绘成曲线。点频法原理比较简单，不需要专用仪器，但是这种方法烦琐、费时，且不直观，还可能会漏掉一些关键点、突变点。在测频点不多的情况下，绘制出来的幅频特性曲线与真实电路的幅频特性曲线有一定的差距。

采用扫频信号进行线性系统幅频特性测量的方法称为扫频测量法。扫频信号是指频率在一定范围内随时间按一定规律反复连续变化的正弦信号。与点频测量法相比较，由于扫频信号频率是连续变化的，不存在测试频率的间断点，因此不会漏掉突变点，且能够观察到电路存在的各种冲激变化，如脉冲干扰等。在电子技术中，经常使用依据扫频技术制成的频率特性测试仪（又称扫频仪）对放大器、衰减器及谐振网络等的频率特性进行直接显示和快速测量。

一、频率特性测试仪的工作原理

频率特性测试仪根据扫频测量法的原理设计、制造而成，其组成框图如图 5.2.1 所示。它是将扫频信号源及示波器的 X-Y 显示功能结合为一体，并增加了某些附属电路而构成的一种通用仪器，用于测量网络的幅频特性。

如图 5.2.1 所示，扫描电压发生器产生的扫描电压既加至 X 轴，又加至扫频信号发生器，使扫频信号的频率变化规律与扫描电压一致，从而使得每个扫描点与扫频信号输出的频率之间存在着一一对应的确定关系。扫描信号的波形可以是锯齿波，也可以是正弦波或三角波。这些信号一般由 50Hz 市电经降压、限幅、整形之后获得。因为光点的水平偏移与加至 X 轴的电压成正比，即光点的水平偏移位置与 X 轴上所加电压有确定的对应关系，而扫描电压与扫频信号的输出瞬时频率又有一一对应关系，故 X 轴相应地成为频率坐标轴。

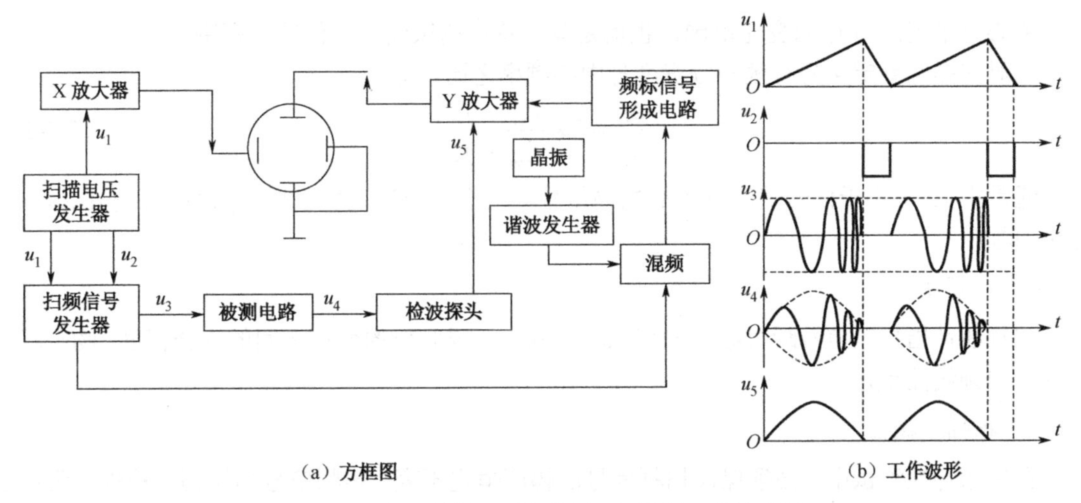

图 5.2.1 频率特性测试仪的原理框图及工作波形图

扫频信号加至被测电路，检波探头对被测电路的输出信号进行峰值检波，并将检波所得包络信号送往示波器 Y 轴电路。该信号的幅度变化正好反映了被测电路的幅频特性，因而在屏幕上能直接观察到被测电路的幅频特性曲线。

检波探头是一种内含检波电路的测量探头，它对被测电路输出信号进行检波，滤除其中的高频成分，检出包络信号。有些扫频仪内部已含有检波电路，就无须外接检波探头。

为了标出 X 轴所代表的频率值，需另加频标信号。该信号是由作为频率标准的晶振信号经谐波发生器后与扫频信号混频而得到的。其形成过程将在后面讨论。

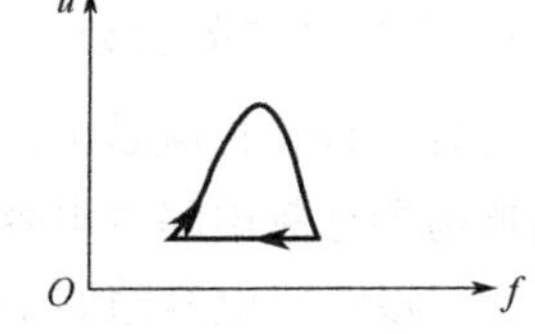

图 5.2.2 单向扫频回扫显示零基线

用动态法测试幅频特性时，由于扫描的正程时间和逆程时间不同，即正程和逆程的扫描速度不同，因此正程扫出的曲线和逆程扫出的曲线不重合。为便于测试和读出，一般要在电路中采取措施，使扫频发生器在逆程期间停振，即采用单向扫频，因而在逆程期屏幕上显示的是零基线，如图 5.2.2 所示。图 5.2.1（b）中的 u_2 就是用来使扫频振荡器停振的信号。

二、扫频信号源的主要工作特性

1. 有效扫频宽度和中心频率

有效扫频宽度指在扫频线性和振幅平稳性能符合要求的前提下，一次扫频能达到的最大频率覆盖范围。

$$\Delta f = f_{\max} - f_{\min} \tag{5-2-1}$$

式中 Δf ——有效扫频宽度；

$f_{\max}$——一次扫频时能获得的最高瞬时频率；

$f_{\min}$——一次扫频时能获得的最低瞬时频率。

扫频信号就是调频信号。在线性扫频时，频率变化是均匀的，称 $\Delta f/2$ 为频偏。中心频率 f_0 为

$$f_o = \frac{f_{\max} + f_{\min}}{2} \tag{5-2-2}$$

中心频率范围指 f_0 的变化范围，也就是频率特性测试仪的工作频率范围。

相对扫频宽度定义为有效扫频宽度与中心频率之比，即

$$\frac{\Delta f}{f_o}=2\times\frac{f_{\max}-f_{\min}}{f_{\max}+f_{\min}} \tag{5-2-3}$$

通常把 Δf 远小于信号瞬时频率的扫频信号称为窄带扫频，Δf 和瞬时频率可以相比拟的称宽带扫频。

2. 扫频线性

扫频线性指扫频信号瞬时频率的变化和调制电压瞬时值的变化之间的吻合程度。吻合程度越高，扫频线性越好。

3. 振幅平稳性

在幅频特性测试中，必须保证扫频信号的幅度恒定不变。扫频信号的振幅平稳性通常用它的寄生调幅来表示，寄生调幅越小，表示振幅平稳性越高。

4. 频标

为使幅频特性容易读数，应有多种频率标记（简称频标），必要时频标可外接。

三、产生扫频信号的方法

在现代频率特性测试仪中，一般采用以下几种扫频形式产生等幅的扫频信号。

1. 变容二极管扫频

变容二极管扫频是用改变振荡回路中的电容量，以获得扫频的一种方法。它将变容二极管作为振荡器选频电路中电容的一部分，扫频振荡器工作时，将调制信号反向地加到变容二极管上，使二极管的电容随调制信号变化而变化，进而使振荡器的振荡频率也随着变化，达到扫频的目的。改变调制电压的幅度可以改变扫频宽度，即改变扫频振荡器的频偏。改变调制电压的变化速率可改变扫频速度。

2. 磁调制扫频

磁调制扫频是用改变振荡回路中带磁芯的电感线圈的电感量，以获得扫频的一种方法。

在磁调制扫频电路中，通常调制电流为正弦波，即采用正弦波扫频。由于磁性材料存在一定的磁滞，在调制电流 i_M 的一个周期内，导磁系数的变化并非按同一轨迹往返，即正向调制和反向调制的扫频线性不同。为使观察时图形清晰，必须使扫频振荡器工作在单向扫频状态，回扫时令振荡器停振，屏幕显示零基线。

磁调制振荡电路会产生寄生调幅，这是因为高频线圈的 Q 值在扫频振荡中会随调制电流的变化而变化，因此需要加自动稳幅电路来使扫频信号振幅保持恒定。

3. 宽带扫频

在测试幅频特性曲线时，往往既要求扫频信号的中心频率在很宽的范围内变化，又要求在任一固定的中心频率附近有足够大的扫频宽度。前两种扫频方法难以同时满足这两个要求，它们的有效扫频宽度总是受到种种限制。一般用差频法来扩展扫频宽度。

四、频率标记电路

频率标记电路简称频标电路，频标的产生通常采用差频法。

频标电路产生一列频标，形成频标群，此频标群可作为频率标尺。由于电路中所用滤波器的特性，频标为菱形。把这些频标信号加至 Y 放大器和检波后的信号混合，就能得到加有频标的幅频特性曲线，以便读出各点相应的频率值。如图 5.2.3 所示。

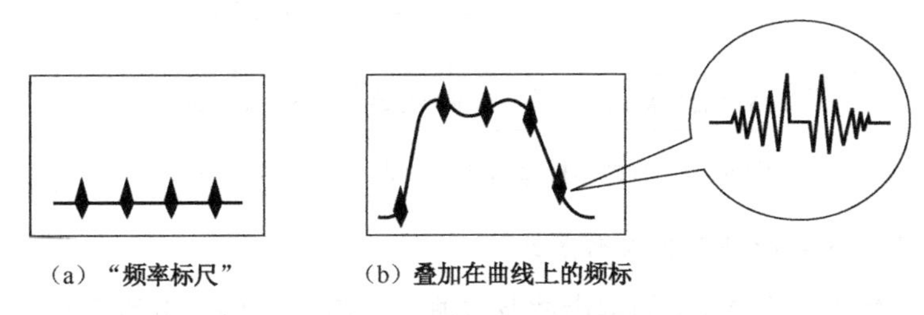

（a）“频率标尺”　　（b）叠加在曲线上的频标

图 5.2.3　荧光屏上的频标

为提高分辨力，在低频频率特性测试仪中常采用针形频标。在显示曲线上针形频标是一根细针，宽度比菱形频标窄，在测量低频电路时有较高的分辨力。只要在菱形频标产生电路后面增加整形电路，使每个菱形频标信号产生一个单窄脉冲，便可形成针形频标。

5.2.2　测量仪器：频率特性测试仪

BT3C-B 型频率特性测试仪是由（1～300）MHz 宽带 RF 信号源和 7 英寸大屏幕显示器组成的一体化宽带频率特性测试仪，可广泛应用于各种无线电网络、接收和发射设备的扫频动态测试。例如，各种有源无源四端网络、滤波器、鉴频器及放大器等的传输特性的测量。特别适用于各类发射和差转台、有线电视广播以及电缆的系统测试。其输出动态范围大、谐波值小，输出衰减器采用电控衰减，适用于各种工作场合。

一、BT3C-B 型频率特性测试仪主要技术指标

（1）有效频率范围：（1～300）MHz。

（2）扫频方式：全扫、窄扫、点频三种工作方式。

（3）中心频率：窄扫中心频率在（1～300）MHz 范围内连续可调。

（4）扫频宽度：全扫：优于 300MHz；窄扫：±1～20MHz 连续可调；点频：（1～300）MHz 连续可调。

（5）输出阻抗：75Ω。

（6）稳幅输出平坦度：（1～300）MHz 范围内优于±0.35dB。

（7）扫频线性：相邻 10MHz 线性比优于 1：1.3。

（8）输出衰减：粗衰减 10dB×7 步进，误差优于±2%A±0.5dB，A 为示值；细衰减 1dB×9 步进，误差优于±0.5dB。

（9）标记种类：菱形标记，仪器给出 50MHz、10MHz、1MHz 间隔三种菱形标记；外频率标记，由仪器外频标记输入端输入约 6dBm 的 10～300MHz 正弦波信号。

二、BT3C-B 型频率特性测试仪的内部结构与工作原理

1. BT3C-B 型频率特性测试仪内部框图

BT3C-B 型频率特性测试仪的内部框图如图 5.2.4 所示。

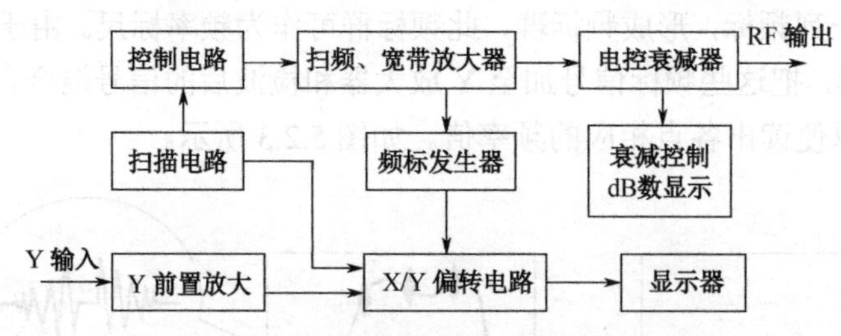

图 5.2.4　BT3C-B 型频率特性测试仪的内部框图

2. BT3C-B 型频率特性测试仪工作原理

扫描发生器产生周期为 20ms 的锯齿波及方波，一路送 X 偏转电路供水平显示扫描用；另一路送扫描控制电路，进行信号变换。在扫频振荡器里，一个固频振荡源和一个扫频振荡源输出的正弦波信号经混频后产生（1～300）MHz 的差频信号，并加以放大后反馈给宽带放大器放大。放大后的信号一路经衰减器输出至面板输出端口；一路送给频标发生器。在频标发生器中由晶体振荡器及分频产生的信号与输入的扫频信号混频后产生差拍的菱形标记，经叠加后变换输出。Y 前置放大器由 Y 衰减选择开关选择“×1、×10”使用，接受从被测件检出的信号，送 Y 偏转电路放大后送显示器显示结果。衰减控制电路对电控衰减器输出的 RF 信号幅度进行控制，其范围是 0～79dB。

三、BT3C-B 型频率特性测试仪面板布置及说明

BT3C-B 型频率特性测试仪面板如图 5.2.5 所示，图 5.2.5（a）为仪器及测试探头实物图，图 5.2.5（b）为仪器前面板示意图。面板旋钮、按钮说明如下。

1. 电源显示部分

（1）屏幕：显示曲线图形图像，频率为左低右高。

（2）电源开关：按下使电源接通。

（3）亮度：调节显示器亮度。

2. X 系统部分

（4）X 位移：调节水平线左右位移旋钮。

（5）X 幅度：调节水平线增益旋钮。

3. 频标输入及衰减

（6）外频标输入端口：外部频标信号输入端。

（7）LED 显示：显示衰减 dB 数，0～79 变化。

（8）细衰减按钮：0～9dB 步进，“+”增加衰减量，“-”减少衰减量。

（9）粗衰减按钮：0～70dB 步进，“+”增加衰减量，“-”减少衰减量。

4. Y 系统

（10）Y 输入端口：被测信号输入端。

（11）Y 位移：调节垂直显示位置旋钮。

（12）Y 增益：调节 Y 增益旋钮。

（13）Y 方式选择：分 AC/DC，“×1、×10”，+/-极性选择。

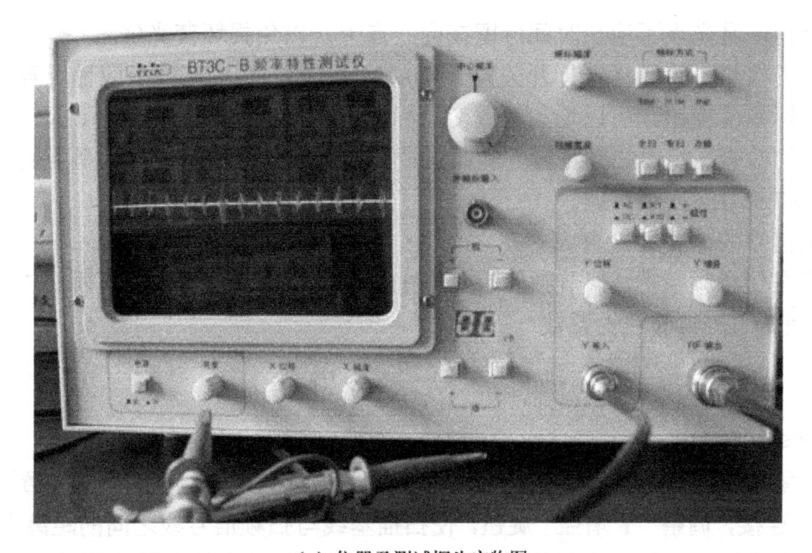

（a）仪器及测试探头实物图

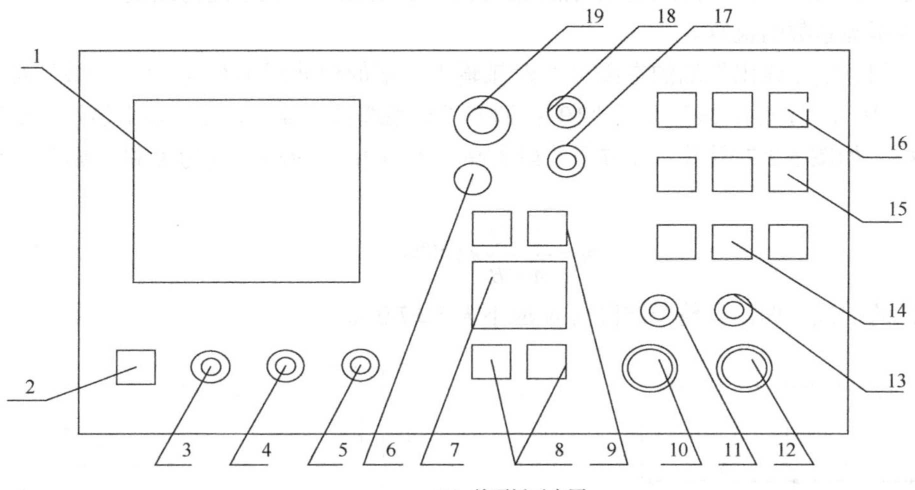

（b）前面板示意图

图 5.2.5　BT3C-B 型频率特性测试仪面板图

5. 功能选择及调节

（14）扫频功能：分全扫、窄扫、点频三挡。

（15）频标功能：分 50MHz、10.1MHz 和外标三种方式。

（16）扫频宽度：在窄扫状态下调节频率范围。

（17）频标幅度：调节频标高度。

（18）中心频率：窄扫及点频时指示显示的中心频率。

6. 输出

（19）扫频输出端口：输出 RF 扫频信号。

四、BT3C-B 型频率特性测试仪的使用方法

1. 测试前准备

接通电源：仪器接通电源，预热 10min 后，调好亮度旋钮，便可对仪器进行检查。亮度要

适中，不宜过亮，且光点不应长时间停留在同一点上，以免损坏荧光屏。

（1）频标的检查：将频标选择开关置于 10.1MHz 挡。扫描基线上应呈现若干个菱形频标信号，调节频标幅度旋钮，可以均匀地改变频标的大小。如图 5.2.5（a）所示。

（2）频偏的检查：将“扫频宽度”旋钮由最小旋到最大时，荧光屏上呈现的频标数，应满足±0.5MHz～±7.5MHz 连续可调。

（3）扫频信号的非线性检查。

中心频率在任意频率上，调节频偏为±15MHz，按图 5.2.6 检查，记下频偏 F 最大距离值为 A，最小距离值为 B，则非线性系数

$$\gamma = \frac{A-B}{A+B} \times 100\% \tag{5-2-4}$$

其数值应≤10%。

（4）进行零分贝校正：将“输出衰减”的粗细衰减均置 0dB，“Y 衰减”置“1”，将扫频输出和 Y 输入连接，调整“Y 增益”旋钮，使扫描基线与扫频信号线之间的距离为一定的格数，固定“Y 增益”旋钮的位置。在测量电路的增益时，“Y 增益”旋钮不能再改变。

（5）寄生调幅系数的检查。

将连接“扫频电压输出”端的电缆与“Y 轴输入”端的检波探头对接，“粗衰减”及“细衰减”均置于“0”，“Y 轴衰减”置于“10”；调节“Y 轴增益”旋钮，使屏幕上显示出高度适当的矩形方框，如图 5.2.7 所示。设方框的最大高度为 A 格，最小高度为 B 格；则寄生调幅系数

$$m = \frac{A-B}{A+B} \times 100\% \tag{5-2-5}$$

对应不同的扫频频偏，在整个波段内 m 应不大于±7.0%。

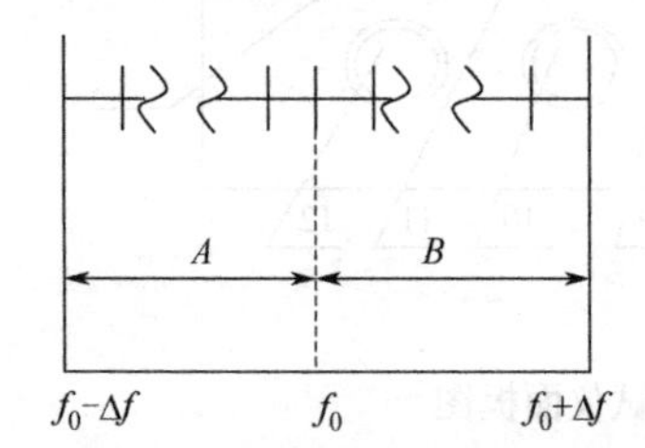

图 5.2.6　扫频信号的非线性检查

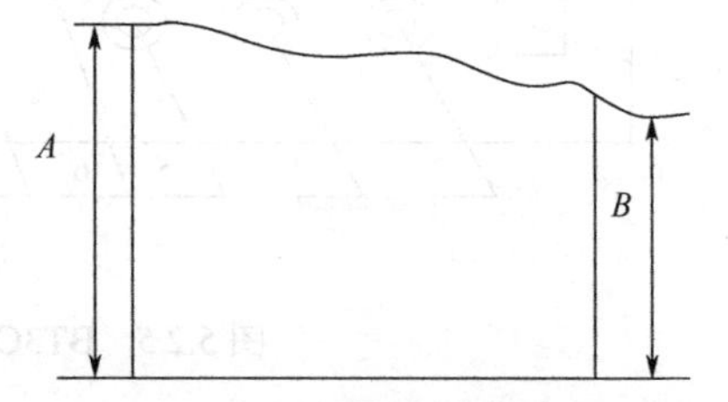

图 5.2.7　寄生调幅系数检查

2. 幅频特性测量

以测试单调谐放大电路的频率特性曲线为例，说明幅频特性测量的步骤。

实验电路如图 5.2.8 所示。该电路由晶体管 VT、选频回路 CP 两部分组成。它不仅对高频小信号放大，而且还有一定的选频作用。R1、R3 和射极电阻决定晶体管的静态工作点。拨码开关 S1 改变回路并联电阻，即改变回路 Q 值，从而改变放大器的增益和通频带。拨码开关 S2 改变射极电阻，从而改变放大器的增益。

（1）连接被测电路：将扫频仪与单调谐放大电路正确连接，用双路直流稳压电源给电路提供直流电压，如图 5.2.9 所示，即将频率特性测试仪“RF 输出”信号接至被测电路的输入端，被测电路的输出端接至频率特性测试仪的“Y 输入”端。将探极的接地夹接到被测电路的地线上，将探头（带钩端）接到被测电路的测试点。

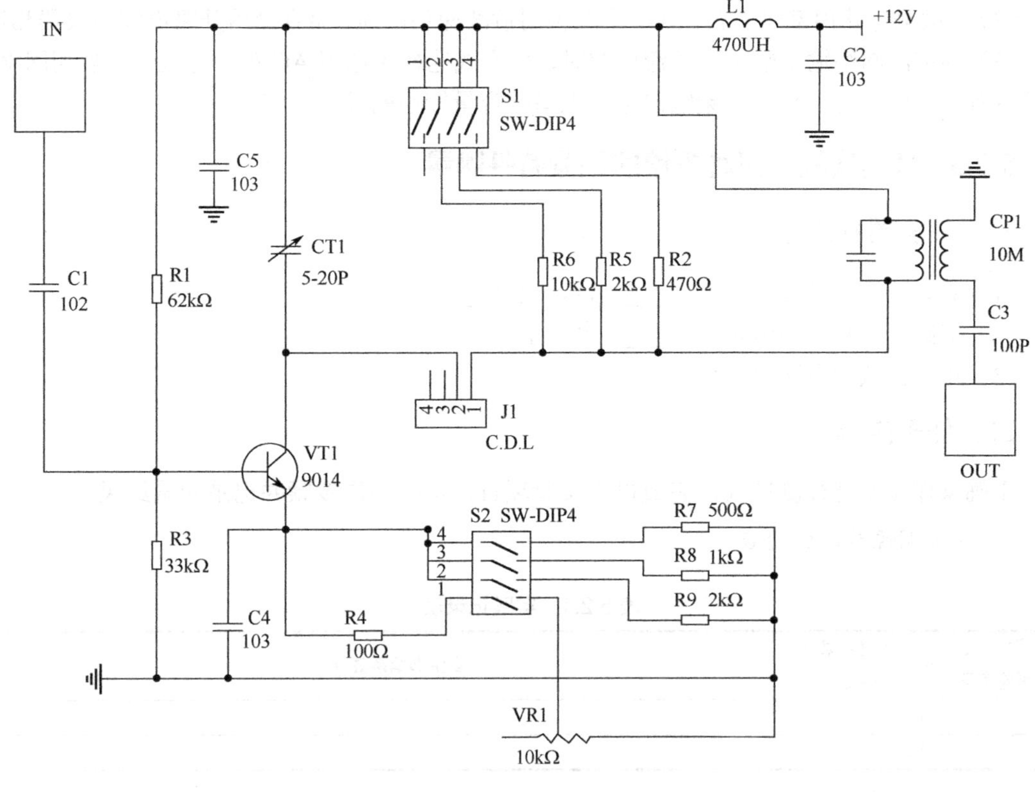

图 5.2.8　单调谐放大电路

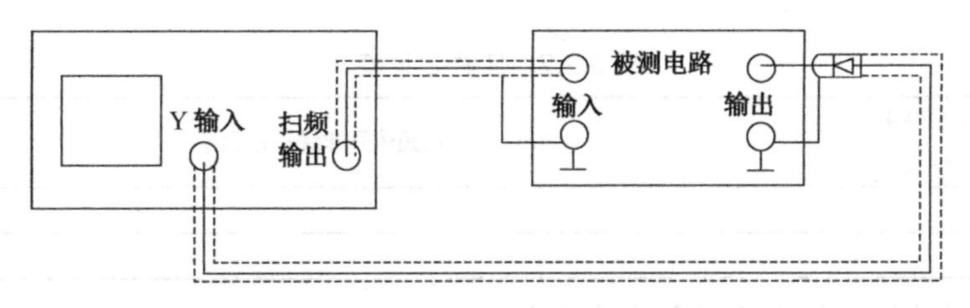

图 5.2.9　单调谐放大电路测试连接图

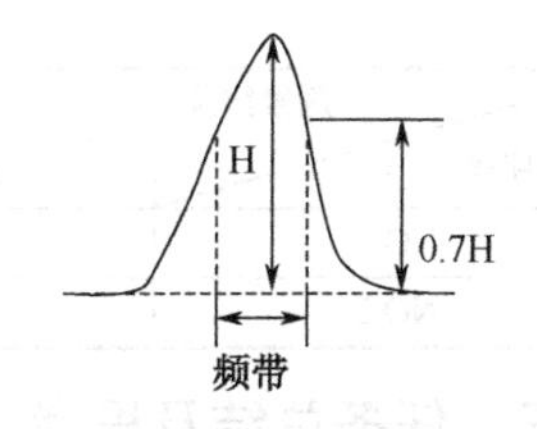

图 5.2.10　单调谐放大电路频率特性曲线

（2）谐振频率和频率宽度测量：选择适当的频标，调节“中心频率”、“扫频宽度”等旋钮，频仪显示的频率特性曲线如图 5.2.10 所示。利用频标读出其谐振频率和频带宽度。

（3）增益测量：扫频信号“输出衰减”的记数为 AdB，“Y 轴衰减”置于“10”，调节“Y 轴增益”旋钮，使图形高度便于读取结果，设为 H。然后将检波探测器与扫频信号输出端短接，不改变“Y 轴衰减”及“Y 轴增益”的位置，改变“输出衰减”，使图形高度仍为 H。如此时“输出衰减”的读数为 BdB，则被测网络的增益

$$K = A\text{dB} - B\text{dB} \qquad (5\text{-}2\text{-}6)$$

3. 使用注意事项

每次使用结束后应关闭电源，整理附件，放置整齐。除此之外还应注意以下事项：

（1）频率特性测试仪与被测电路相连接时，必须考虑阻抗匹配问题。

（2）若被测电路内部带有检波器，不应再用检波探头电缆，而直接用开路电缆与仪器相连。

（3）当被测网络输出端带有直流电位时，Y方式选择应选用AC耦合方式，当被测网络输入端带有直流电位时，应在扫频输出电缆上串接容量较小的隔直电容。

5.2.3 任务实施：线性系统的幅频特性测量

一、任务器材准备

（1）频率特性测试仪________台，型号________________；

（2）双路直流稳压稳流电源________台，型号________________；

（3）单调谐放大电路板一块。

二、任务内容

正确操作频率特性测试仪，完成以下实验项目，自拟操作步骤并记录测量结果。

1. 寄生调幅系数的检查

表 5.2.1 实践记录表

测量结果 / 测量序号	寄生调幅系数 m
NO.1	
NO.2	

2. 检查扫频信号的非线性系数

表 5.2.2 实践记录表

测量结果 / 测量序号	扫频信号非线性系数 γ
NO.1	
NO.2	

3. 测试单调谐放大电路的频率特性曲线

表 5.2.3 实践记录表

测量结果 / 测量序号	频率特性曲线参数		
	谐 振 频 率	频 带 宽 度	网 络 增 益
NO.1			
NO.2			

三、任务总结及思考

（1）通过测量结果的分析及记录，体会被测电路网络的频率特性。

（2）结合频率特性测量仪的工作原理分析实践过程中出现各种现象的原因。

（3）记录实践过程遇到的问题并进行分析，写出心得体会。

（4）扫频仪与示波器的主要区别是？

四、任务知识点习题

（1）什么是时域测量？什么是频域测量？

（2）电路的幅频特性是指________________________________。要测量电路的幅频特性，通常可以采用两种方法：一是________________；二是________________。

（3）扫频仪的主要性能指标有哪些？

（4）在现代频率特性测试仪中，常用哪几种扫频形式产生等幅的扫频信号？

（5）选择正确的答案，填充下列空格上的内容。

① 在频率特性测试仪显示屏上，横轴代表的是________，纵轴代表的是________。

A．时间　　B．电压　　C．频率　　D．电流

② 用扫频仪测试电路时，要改变波形幅度大小，应调节________。

A．电源电压　　B．Y 轴增益　　C．X 轴输入　　D．频标幅度

（6）频率特性测试仪主要由哪几部分组成的？简述各部分的功能。

（7）用频率特性测试仪测量电路的频率特性时，正程扫描与逆程扫描为什么会不重合？为解决此问题应采取何措施？

（8）使用频率特性测试仪时，什么情况下要用检波探头？什么情况下不用检波探头？

（9）使用频率特性测试仪测量某一网络，当输出粗衰减及细衰减分别置于 0dB 及 3dB 时，屏幕上的曲线高度为 4div；将扫频输出与检波探头对接，重调粗、细衰减分别为 20dB 及 5dB 时，两根水平亮线的距离仍为 4div。问该被测网络是放大器还是衰减器，其放大倍数或衰减系数为多少？

5.3　任务二：谐波失真度测量

任务目标

- 了解失真度测量仪的工作原理及组成框图；
- 了解用失真度测量仪测量谐波失真度的方法。

5.3.1　测量知识：谐波失真度测量技术

正弦波信号通过电路后，如果该电路中存在非线性，则输出的信号中除包含原基波分量外，还会含有其他谐波分量，这就是电路产生的谐波失真，也称非线性失真。正弦波信号是在时域中定义的，但波形失真参数却是用正弦波形通过傅里叶变换后在频域中各谐波分量相对于基波幅度的大小来表示的。通常用谐波失真度来描述信号波形失真的程度，可用失真度测量仪来测量正弦波信号的谐波失真度。

一、谐波失真度的定义

信号谐波失真度的定义是信号的全部谐波能量与基波能量之比的平方根值。对于纯电阻负载，则定义为全部谐波电压（或电流）有效值与基波电压（或电流）有效值之比，即

$$D_0=\frac{\sqrt{U_2^2+U_3^2+\cdots\cdots+U_n^2}}{U_1}\times 100\%=\frac{\sqrt{\sum_{i=2}^{n}U_i^2}}{U_1}\times 100\% \qquad (5\text{-}3\text{-}1)$$

式中　U_1——基波电压有效值；

U_2、U_3、…、U_n——各次谐波电压有效值；

D_0——谐波失真度，也可简称为失真系数或失真度。

谐波失真度的测量一般采用失真度测量仪进行。失真度测量从测量原理和研究方法上可分以下三类：单音法、双音法和白噪音法。其中单音法，由于其测量是用抑制基波来实现的，故又称为基波抑制法，是用得最多的方法。由于基波难于单独测量，为方便起见，在基波抑制法中，通常按下式来测量失真度：

$$D=\frac{\sqrt{U_2^2+U_3^2+\cdots\cdots+U_n^2}}{U}\times 100\%=\frac{\sqrt{\sum_{i=2}^{n}U_i^2}}{U}\times 100\% \qquad (5\text{-}3\text{-}2)$$

式中　U——信号总的有效值；

D——实际测量的失真度，称失真度测量值。

D_0称为谐波失真度的定义值。可以证明，定义值D_0与测量值D之间的关系为

$$D_0=\frac{D}{\sqrt{1-D^2}} \qquad (5\text{-}3\text{-}3)$$

当失真小于10%时，可以认为$D_0\approx D$，否则应按上式换算。

失真度是一个无量纲的量，通常以百分数表示。

测量失真度时，要求信号源本身的失真度很小，否则应按下式计算被测电路的失真度

$$D=\sqrt{D_1^2-D_2^2} \qquad (5\text{-}3\text{-}4)$$

式中　D_1——被测电路输出信号失真的测量值；

D_2——信号源失真。

二、基波抑制法的测量原理

所谓基波抑制法，就是将被测信号中的基波分量滤除，测量出所有谐波分量总的有效值，再确定与被测信号总有效值相比的百分数即为失真度值。

根据基波抑制法组成的失真度测量仪的简化原理框图如图 5.3.1 所示，它由输入信号调节器、基波抑制电路和电子电压表组成。

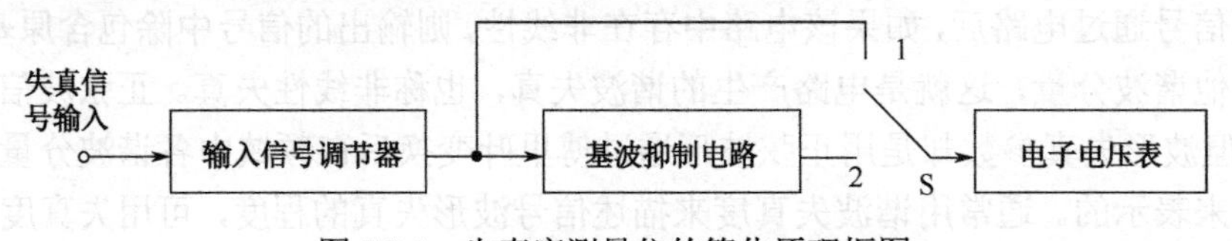

图 5.3.1　失真度测量仪的简化原理框图

测量分两步进行。

第一步：校准。

首先使开关 S 置于“1”位，此时测量的结果是被测信号电压的总有效值。适当调节输入电平调节器，使电压表指示为某一规定的基准电平值，该值与失真度 100%相对应。实际上就

是使式（5-3-2）中分母为1。

第二步：测量失真度。

然后再使开关S置于“2”位，调节基波抑制电路的有关元件，使被测信号中的基波分量得到最有效的抑制，也就是使电压表的指示最小。此时测量的结果为被测信号谐波电压的总有效值。由于第一步测量已校准，所以，此时电压表的数值可定度为D值。

三、失真度测量仪的误差

1. 理论误差

理论误差是由于D与D_0并不完全相等而产生的误差。其相对误差为

$$r=\frac{D-D_0}{D_0}=\sqrt{1-D^2}-1 \tag{5-3-5}$$

理论误差是系统误差，可由式（5-3-3）予以纠正。

2. 基波抑制度不高引起的误差

由于基波抑制网络特性不理想，使得在测量谐波电压总有效值时，含有基波成分在内使测量值增大而引进误差。

3. 电平调节和电压表的指示误差

在校准过程要求把电压表的指示值校准到规定的基准电平上，使其能表示100%失真度值。如果电平调节有误差或电压表指示值有误差，都将影响最后的测量结果。

其他还有杂散干扰等引入的误差。

5.3.2 测量仪器：失真度测试仪

KH4116A型低失真度测量仪是一台数字化的仪器，最小失真测量达到0.01%，达到了低失真度测量的范围，是一台性价比较高的准智能型的仪器。

一、KH4116A型失真度测量仪主要技术性能

1. 失真度的测量

（1）输入信号频率范围：10Hz～110kHz。

（2）失真度范围：0.1%～100%。

（3）输入信号电压范围：300mV～300V。

（4）频率刻度准确度：20Hz～20kHz时，±0.5dB（满度值）；10Hz～110kHz，±1dB（满度值）；失真度在0.03%以下时，±2dB+0.002%。

（5）干扰噪声：输入短路，不清零时：≤0.008%；清零时：≤0.004%。

2. 电压的测量

（1）电压范围：300μV～300V。

（2）频率范围：10Hz～550kHz。

（3）电压表有效值波形误差：≤3%（输入信号波峰因数≤3时）。

（4）电压表准确度：±5%（满刻度），以1kHz为准。

（5）干扰噪声：优于0.05mV（输入端短路）。

3. 频率测量

（1）频率测量范围：10Hz～550kHz。

（2）准确度：0.1%±2 个字。

4. 输入阻抗

输入电阻 100kΩ，输入并接电容 100pF。

5. 电源电压

220V±10%，50Hz/60Hz。

二、KH4116A 型失真度测量仪基本工作原理

KH4116A 型低失真度测量仪结构框图如图 5.3.2 所示。

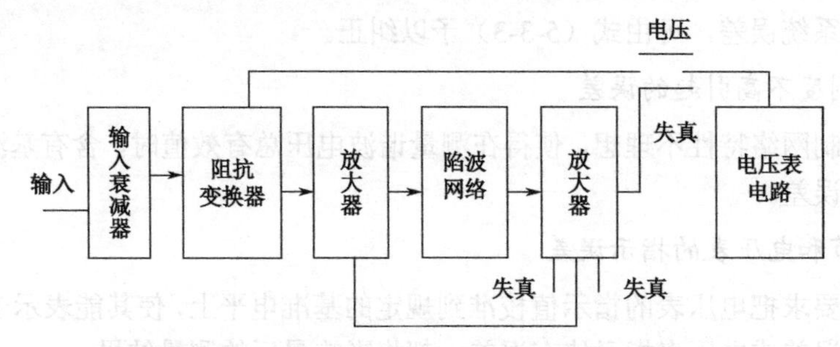

图 5.3.2 KH4116A 型低失真度测量仪结构框图

仪器增设了频率计数功能，可使被测信号的频率直接由 LED 精确显示出来。仪器面板上保留了示波器输出监视插孔，便于使用者直接观察被测信号的波形，特别在失真测量状态，使用者可直接观察到被测信号的失真主要是由哪次谐波形成的及滤谐状态，在小失真信号测量时，可以直接观察到整机的滤谐状态。仪器的陷波网络滤除特性可达 90～100dB，从而保证了 0.01%的低失真测量精度。特别是仪器采用了清零功能，合理地删除噪声影响，使测量精度大大提高。仪器设计了 600kHz 的低通滤波器，从而防止了整机在使用中外来干扰的进入，又设计了 400Hz 高通滤波器（在面板上由使用者选用），当测量高于 400Hz 的信号失真时，按下它可以消除 50Hz 的电源干扰。

三、面板说明

KH4116A 型低失真度测量仪的面板如图 5.3.3 所示。各部分功能说明如下。

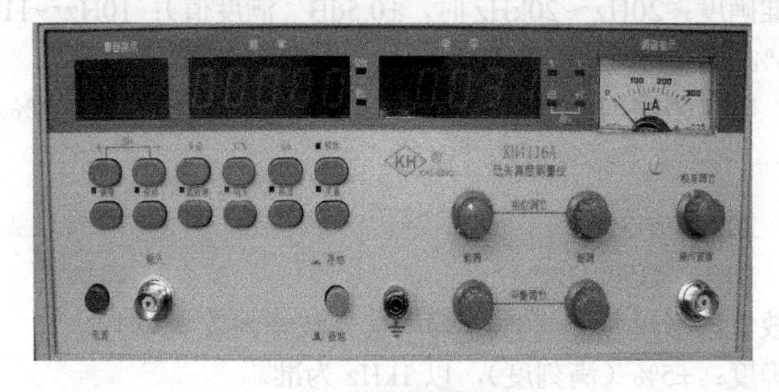

（a）前面板实物图

图 5.3.3 KH4116A 型低失真度测量仪的前面板图

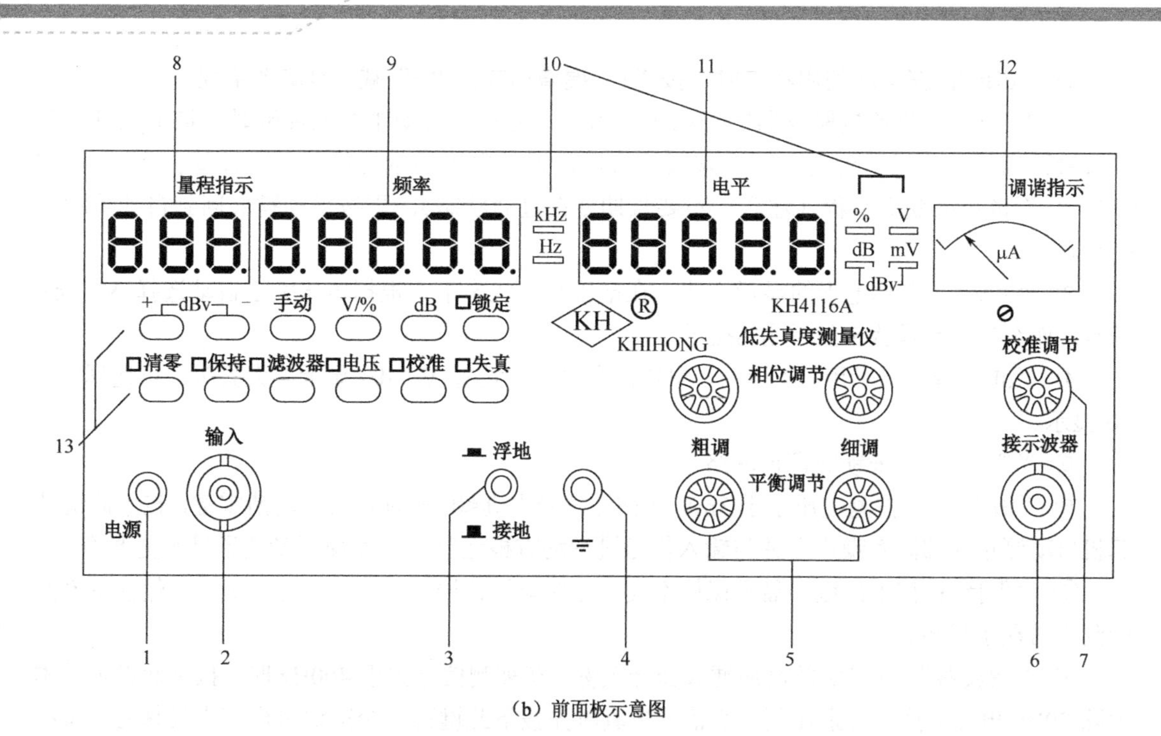

（b）前面板示意图

图 5.3.3　KH4116A 型低失真度测量仪的前面板图（续）

（1）“电源”键：按下为打开，再次按下为关闭。将仪器电源线插入仪器后面板插座中，另一端接 220V 交流电源，再按下此键即仪器接通电源。

（2）“输入”端口：BNC 插座，被测信号输入。

（3）“浮地/接地”键：专为环境干扰大时而设置的。按下此键，机箱与内部电路地断开，机箱通过接地端子接大地，起到了屏蔽作用，一般情况下不使用浮地键。

（4）接地端子：与浮地键配合使用。

（5）“平衡及相位调节”旋钮：在失真度测量时调到最佳滤谐处，各有粗调和细调两个旋钮。

（6）“接示波器”端口：示波器 BNC 插孔。将示波器输入接到该插孔，可直接观看被测信号的波形。另外，还可以作滤谐波形显示，特别在测量 30%以上的大失真信号时，调节“相位”和“平衡”调节旋钮，使在示波器屏幕上的滤谐波形稳定时（不滚动）此时的失真才是准确的。

（7）“校准调节”旋钮：与“校准”键配合使用。测量失真时，当被测信号在 300mV～300V 内，按下“校准”键，如果显示“LU”或“OU”须调节校准旋钮，使显示出现“CAL”时，表示已校准完毕。

（8）“量程指示”屏：内部程控衰减器及放大器+40dB～-60dB（10dB 步进）的位置显示，当仪器处于自动测量状态时 LED 自动熄灭，在手动状态时 LED 才显示。

（9）“频率”显示屏：显示被测信号的频率。

（10）单位显示：用于指示当前显示数值的单位量纲。

（11）“电平/失真度”显示屏：测量电压时用于显示被测信号电平，失真度测量时用于显示失真度数值。

（12）调谐指示：失真测量时的调谐辅助指示器。

（13）按键控制区。

① “dBv”：在手动使用状态时，按“+”键增加或按“-”减小衰减器量程。

② “手动”：方便校验仪器的每挡满度指标；另外当自动跟踪太灵敏时，按下此键，左上部量程指示部位显示当前内部衰减或放大器位置（电平显示已经将量程计算在内），可按“+”、“-”键手动变更量程（注意：不要长期处在过载状态）。再按手动键又回到自动量程转换状态。

③ “V/%”：选择电平的显示方式。在电压测量状态下，根据电压大小自动选择 V、mV 指示；而在失真测量状态显示用%指示。

④ “dB”键：显示用 dB 指示。电压测量时，可选择 V、dB 显示；失真时，可选择%、dB 显示。

⑤ “锁定”：用来锁定调谐网络。

⑥ “清零”：当被测电压小于 3mV 或被测信号失真<0.1%时建议使用清零键，按下此键计算机自动测量内部固有噪声，并与输入信号进行均方根运算。从而使测量结果显示更准确。

⑦ “保持”：按下此键，显示保持不变，方便记录数据。再按“保持”键或其他任意键又回到正常显示状态。

⑧ “滤波器”：400Hz 的高通滤波器开关键。在被测信号大于 400Hz 时，按下此键可基本消除 50Hz 电源干扰，特别在测量小信号失真时先按下此键再按校准键可提高小失真的测量准确度。

⑨ “电压”：按下此键可进入电压测量状态。

⑩ “校准”：与校准旋钮配合使用。

⑪ “失真”：在完成校准后，按下此键系统进入失真度测量状态，这时可调相位及平衡的粗细调节旋钮，即可实现正常调谐。

四、使用方法

接通电源，指示灯亮，仪器自动进入电压和频率测量状态。

1. 测量电压

将被测信号电缆接入本仪器的输入端，则被测的信号电压和频率就会自动显示出来（自动测量状态）。

2. 测量失真度

（1）接入被测信号，按一下“校准”键，如果显示“OU”或“LU”，须调“校准调节”旋钮，使显示为“CAL”。

（2）完成校准并且频率显示稳定后，按一下“失真”键，仪器即进入测量失真度的调谐状态。首先分别旋转“相位调节”和“平衡调节”两个“粗调”旋钮找到最小失真点，再用两个“细调”旋钮精确调到最佳滤谐处即可；可选择 dB 或%显示，按“失真”键时，仪器自动选择%显示。

（3）当测量小失真信号时，滤谐到最小失真后，按下清零键可扣除固有噪声，然后再滤谐到最佳状态。

（4）当调谐到最小时可按下“保持”键，以保持最小失真测量显示数值。图 5.3.4 失真度测量仪测量信号失真度结果显示：测量读数频率=999.82Hz，失真度=1.37%。

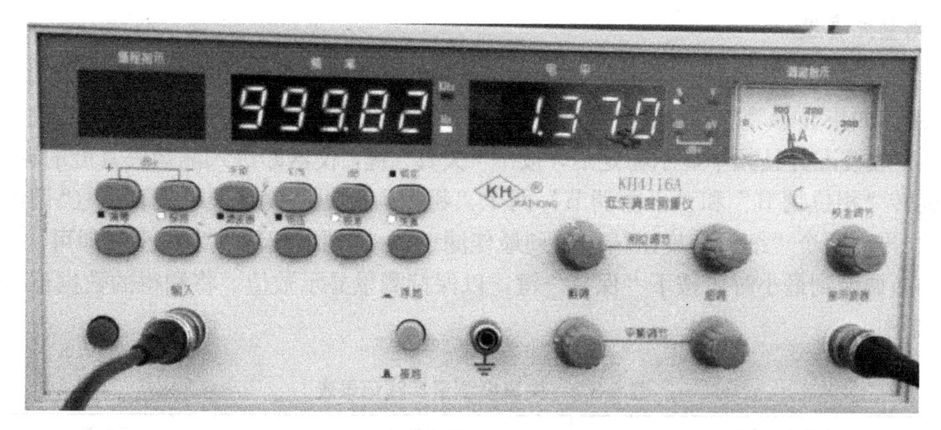

图 5.3.4 KH4116A 型失真度测量仪测量信号失真度结果显示

5.3.3 任务实施：失真度测试仪的使用

一、任务器材准备

（1）函数信号发生器＿＿＿＿＿台，型号＿＿＿＿＿＿＿＿＿＿；

（2）失真度测量仪＿＿＿＿＿＿台，型号＿＿＿＿＿＿＿＿＿＿；

（3）示波器＿＿＿＿＿＿＿＿＿台，型号＿＿＿＿＿＿＿＿＿＿。

二、任务内容

1. 认识失真度测量仪的面板旋钮及功能

按失真度测量仪的操作规程进行练习。

2. 测量电压

用信号发生器输出一定频率和幅度的正弦信号，接入失真度测量仪的输入端，则被测的信号电压和频率就会自动显示出来（自动测量状态）。将测得的数据记入实践记录表 5.3.1。

表 5.3.1 失真度仪的电压测量实践记录表

信号发生器输出（U_{P-P}=1V）	失真度仪显示的频率值	失真度仪显示的电压值	示波器显示的波形
f=1kHz 正弦信号			
f=10kH 正弦信号			

注意

当被测信号为数十伏的大信号时，建议使用手动预置到合适衰减挡位再送入信号。再按“手动”键，仪器又回到自动量程转换状态。

3. 测量失真度

（1）用信号发生器输出一定频率和幅度的正弦信号，接入失真度测量仪的输入端。按一下“校准”键，如果显示“OU”或“LU”，须调节“校准调节”旋钮，使显示为“CAL”。

（2）完成校准并且频率显示稳定后，按下“失真”键，仪器即进入测量失真度的调谐状态。先分别旋转“相位调节”和“平衡调节”两个“粗调”旋钮，找到最小失真点（“调谐指示”为最小），再用两个“细调”旋钮精确调到最佳滤谐处（“调谐指示”为最小）即可。

（3）当调谐到最小时可按下“保持”键，以保持测量显示数值。将测得的数据记入实践记录表5.3.2中。

表5.3.2 失真度测量实践记录表

信号发生器输出 （U_{P-P}=10V）	失真度仪 显示的失真度值	示波器 显示的波形
f=1kHz 正弦信号		
f=10kHz 正弦信号		

注意

在失真度测量过程中，禁止触动“校准”旋钮。改变输入信号后，仪器须重新校准。

三、任务总结及思考

（1）失真度测量仪中测量所得信号电压值为电压的什么参数，是峰值、有效值还是平均值？

（2）失真度测量仪测试过程中如何准确读取失真度系数值？

四、任务知识点习题

（1）某音频放大器对一纯正弦信号进行放大，对输出信号频谱进行分析，观察到的频谱如图5.3.5所示。已知谱线间隔恰为基波频率F，求该信号失真度。

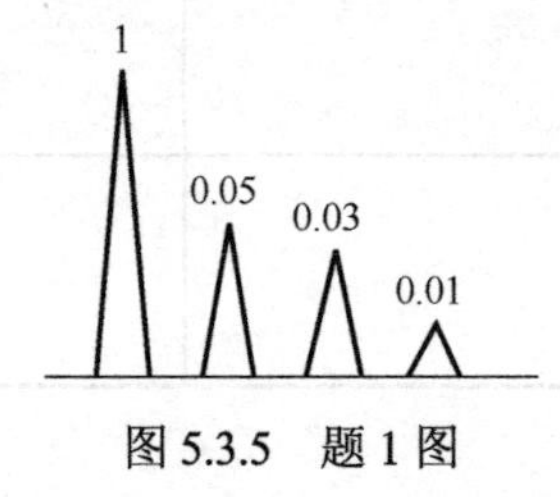

图5.3.5 题1图

（2）用某失真度仪在1kHz频率上测得某放大器输出信号的失真度为13.8%。如果不经换算，直接将测量值作为失真度定义值，试计算由此引起的理论误差。

（3）用某失真度仪测量功放的输出信号失真，在频率1kHz时失真度仪指示值为19.8%。求信号的失真度为多少？

5.4 任务三：信号频谱分析

任务目标

- 了解扫频外差式频谱分析仪的工作原理及组成框图；
- 了解频谱分析仪的主要工作性能；
- 了解频谱分析仪对信号进行频谱分析的方法。

5.4.1 测量知识：信号频谱分析技术

在研究信号时，可以把信号作为时间的函数进行分析即对信号进行时域分析，用电子示波器观察信号波形，是典型的时域分析方法。也可以把信号作为频率的函数进行分析即对信号进行频域分析。它们本质上是共通的。图 5.4.1 表明了信号的时域和频域之间的关系。图 5.4.1 中，电压 u 是基波和二次谐波之和。用示波器显示时，能观察到电压的时域特性 $u(t)$，就是该信号电压在时域平面的合成曲线即波形；用频谱分析仪分析时，可观察到信号所包含的频率分量，就是该信号电压在频域平面的频谱图。

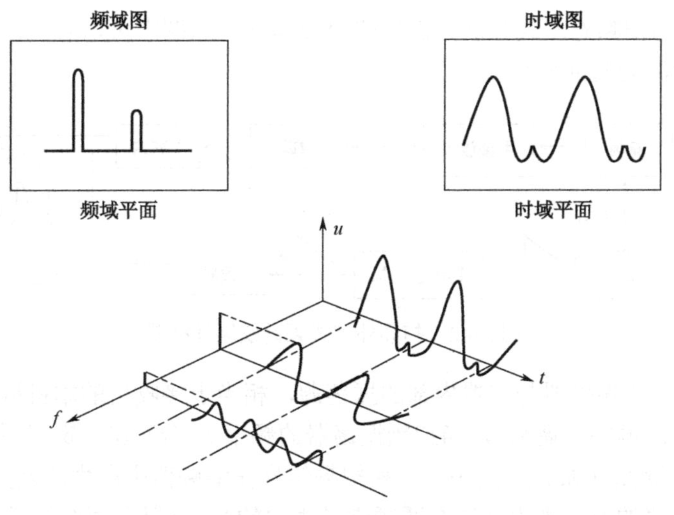

图 5.4.1 时域与频域的关系

频谱分析仪测量信号所含的各种频率分量（频谱分布）。这里所说的“谱”，是指按一定规律列出的图表或绘制的图像。而频谱是指对信号按频率顺序排列起来的各种成分，当只考虑其幅值时，称为幅度频谱，简称频谱。对于任意电信号的频谱所进行的研究，称为频谱分析。

在分析信号质量时，频谱分析仪和电子示波器可以从不同侧面反映信号的情况，各有其优缺点，因而可以相互配合使用。例如，当信号中所含各频率分量的相互间相位关系不同时，其波形是不同的，这用示波器很容易观察出来；但在频谱仪上显示的频谱却是一样的，反映不出各频率分量间相位变化。另一方面，当信号中各频率分量的幅度间比例关系略有不同时，其波形的变化是很不明显的，但在频谱上却有明显的反应。用示波器很难看出一个正弦信号的微小失真，但用频谱仪却可很容易地测出该信号的微小谐波分量。例如，13MHz 信号，一般情况下，可以用示波器判断 13MHz 电路信号的存在与否，以及信号的幅度是否正常，然而，却无法利用示波器确定 13MHz 电路信号的频率是否正常；用频率计可以确定 13MHz 电路信号的有无，以及信号的频率是否准确，但却无法用频率计判断信号的幅度是否正常。然而，使用频谱分析仪可迎刃而解，因为频谱分析仪既可检查信号的有无，又可判断信号的频率是否准确，还可以判断信号的幅度是否正常。同时它还可以判断信号，特别是 VCO 信号是否纯净。频谱分析仪在手机维修过程中是十分重要的。

用频谱分析仪分析信号，能同时显示出较宽范围的频谱，但只能给出幅度频谱或功率谱，不能直接给出相位信息。

一、扫频外差式频谱分析仪

频谱分析仪（简称频谱仪）是最重要的、精度较高的频域分析仪器，可用来测量信号电平、谐波失真、频率及频率响应、调制系数、频率稳定度及频谱纯度等。

频谱仪按其原理可分为数字式及模拟式两大类，目前以模拟式频谱仪应用最为广泛。模拟式频谱仪可分为顺序滤波式、扫频滤波式、扫频外差式等。前两种目前很少采用。所以，本项目只讨论以扫频技术为基础的所谓扫频外差式频谱仪。

扫频外差式频谱仪是按外差方式来选择所需频率分量的，其中频固定，通过改变本机振荡器的振荡频率达到选频的目的。

图 5.4.2 所示为扫频外差式频谱分析仪的原理框图。从图中可以看出，这种频谱仪主要由外差式接收机和示波器两部分组成。

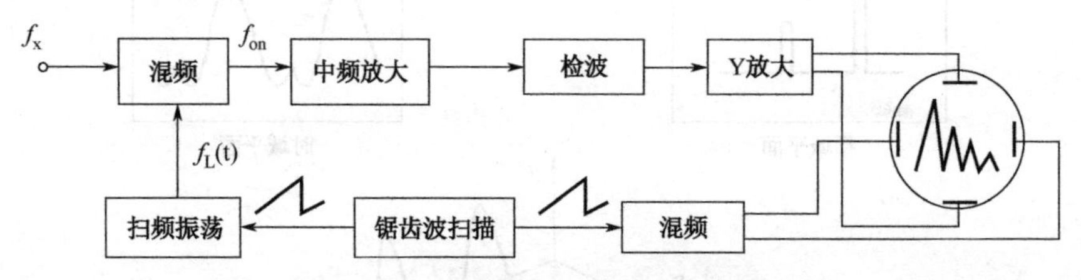

图 5.4.2　扫频外差式频谱仪原理框图

图 5.4.2 中，扫频振荡器是仪器内部的振荡源，相当于接收机的本机振荡器，但是它要受到锯齿波扫描电压的调制（调频），当扫频振荡器的频率 f_L（t）在一定范围内扫动时，输入信号中的各个频率分量 f_{xn}（如 f_{x1}、f_{x2}……）和扫频信号在混频器中产生的差频信号 $f_{on}=f_{xn}-f_L$（t）依次落入中频放大器的通频带内（这个通频带是固定的），获得中频增益后，经检波加到 Y 放大器放大后再送至示波管的 Y 偏转系统，使亮点在屏幕上垂直方向的偏移正比于该频率分量的幅值。由于示波器的扫描电压就是扫频振荡器的调制电压，所以水平轴已变成频率轴，因而在屏幕上显示出被测信号的频谱图。

应该指出的是：外差法是以扫频振荡信号同被测信号进行差频，因此被测信号中的各频率分量以扫频速度依次落入中放的带宽内。由于中放的窄带滤波器总有一定的通带宽度，故在屏幕上看到的谱线实际上是一个窄带滤波器的动态幅频特性曲线图形。为了得到高的分辨力，则希望中频滤波器的带宽要很窄。同样因为被测信号中的各频率分量是顺序依次通过中频滤波器、检波器送到显示器的，所以外差式扫频频谱仪分析法是一种顺序分析法（即在时间上有先后地测出被测信号中的各谱线成分），它不能得到实时频谱。

实际上频谱仪的组成结构要比图 5.4.2 复杂得多，其组成结构与选频电平表相类似。为了获得高的灵敏度和频率分辨力，要采用多次变频的方法，以便在几个中间频率上进行电压放大。为了使幅值坐标“对数化”，还应在 Y 通道的检波器和 Y 放大器之间，接入对数（lg）放大器。

二、频谱分析仪的主要工作特性

1. 扫频宽度与分析时间

扫频宽度又称分析谱宽，是指频谱仪在一次测量分析过程中（即一个扫描正程）显示的频率范围。为了观察被测信号频谱的全貌，需要较宽的扫频宽度；而为了分析频谱图中的细节，则需要窄带扫频。因此，频谱仪的扫频宽度，应该是可调的。每厘米相对应的扫频宽度，谓之频宽因数。

每完成一次频谱分析所需要的时间，称为分析时间。此即本机振荡的频率扫完整个扫频宽度所需要的时间，实际上就是扫描正程时间。

扫频宽度与分析时间之比称为扫频速度。

2. 频率分辨力

频率分辨力是指频谱仪能够分辨的最小谱线间隔。它表征了频谱仪能把频率相互靠近的信号区分开来的能力。

在频谱仪屏幕上看到的被测信号谱线，实际上是一个窄带滤波器的动态幅频特性曲线图形，因此分辨力取决于这个幅频特性的带宽。一般定义：幅频特性的 3dB 带宽为频谱仪的分辨力。但由于窄带滤波器幅频特性曲线形状与扫频速度有关，所以分辨力也与扫频速度有关。根据幅频特性的带宽和扫频速度这两个因素决定的分辨力，就有两种情况：

其一是：扫频速度为零时，静态幅频特性曲线的 3dB 带宽为静态分辨力；

其二是：在扫频工作时（扫频速度不为零），动态幅频特性曲线的 3dB 带宽为动态分辨力。一般，静态分辨力在仪器说明书中已给出，而动态分辨力则与使用有关。很明显，动态分辨力低于静态分辨力，而且扫频速度越快，动态分辨力越低（带宽越宽）。

如何获得高的动态分辨力，是正确使用频谱仪的一个重要问题。从上述可知，动态分辨力不仅取决于静态分辨力，还在很大程度上取决于扫频速度。所以在使用中要力求工作在最佳的配合状态，以便获得较高的动态分辨力。

3. 灵敏度和动态范围

频谱仪的灵敏度是指在最佳分辨带宽测量时显示微小信号的能力。一般定义，显示幅度为满度时输入信号的电平值，称为频谱仪的灵敏度。

灵敏度取决于仪器内部的噪声。尤其是在测量小信号时，信号谱线是显示在噪声频谱之上，为了从噪声频谱中看清楚信号谱线，一般信号电平应比内部噪声高出 10dB。另外，在扫频工作时，灵敏度还与扫频速度有关，扫频速度越快，动态幅频特性峰值越低（曲线越钝），导致灵敏度越低，并产生幅值误差。

频谱仪的动态范围是表征它同时显示大信号和小信号的真实频谱的能力。动态范围的上限受到非线性失真的制约，一般在 60dB 以上，有时可达 90dB。频谱仪的幅值显示方式有两种：

即线性的和对数的。为了在有限的屏幕高度范围内，获得较大的动态范围，一般采用对数式显示。

5.4.2 测量仪器：频谱分析仪

HM5010型频谱分析仪如图5.4.3所示，具有频谱宽、幅度分辨力高、动态范围大、频响好等特点，可用于无线电信号的分析和测量。

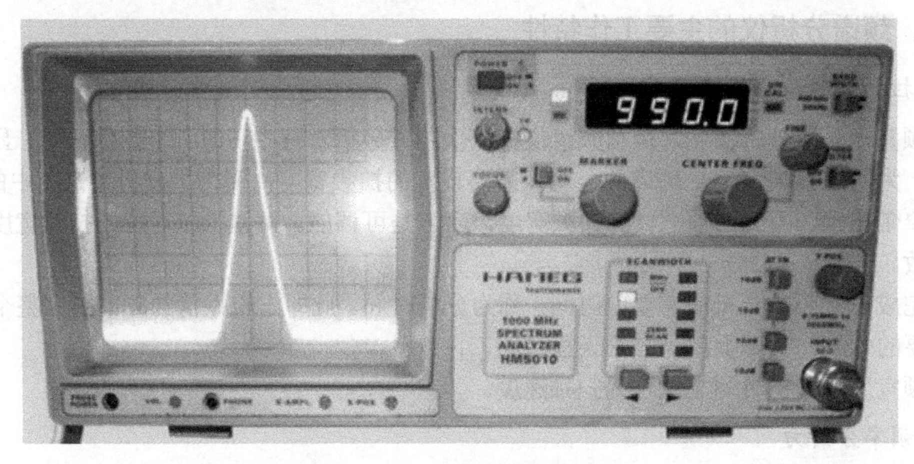

图5.4.3 HM5010型频谱分析仪

1. 仪器前面板图及其说明

HM5010型频谱分析仪前面板控制装置示意图如图5.4.4所示。各控制装置作用介绍如下。

（1）聚焦（FOCUS）旋钮：调节光迹清晰度。

（2）亮度（INTENS）旋钮：调节光迹亮度。

（3）电源（POWER）开关：控制电源通断。开关置于“开”位置，约10s后在屏幕上看到光迹。

（4）光迹旋转（Trace Rotation，TR）：调节光迹，使基线与水平轴平行。

（5）标志-开/关（MARKER-ON/OFF）：当标志按钮置于“关”（OFF）位置时，中心频率（CF）指示灯亮，显示器显示中心频率（中心频率是显示在CRT水平中心的频率）；当开关处于“开”（ON）位置，标志频率（MK）灯亮，显示器显示标志频率。标志在屏幕上显示为一个尖峰。标志频率可用“标志”（MARKER）旋钮进行调节并以一根谱线排列。

注意

在读取正确幅值前应关断标志！

（6）中心频率/标志频率（CF/MK）：当数字显示器显示中心频率时“CF”LED亮，显示标志频率时“MK”LED亮。

（7）数字显示器（Digital Display）：中心频率/标志频率显示器。7-段显示器，分辨力为100kHz。

（8）不校准（UNCAL）：如 LED 闪烁指示，则所显示的幅度不正确，此时给出的幅度读数偏低。当扫描频率范围（SCANWIDTH）和中频滤波器带宽（20kHz）或视频滤波器带宽（4kHz）相比过大时会出现这种情况。

（9）中心频率-粗调/细调（CENTER FREQUENCY-Coarse/Fine）：用两个旋钮设置中心频率。

（10）带宽（BANDWIDTH）：在 400kHz 和 20kHz 中频带宽中选择。如果选择 20kHz 带宽，可减小噪声电平，改善灵敏度，可以分辨相对密集的谱线。如扫描宽度设置于过宽的频率范围则会引起错误的幅度数值，“UNCAL”LED 将指示此情况。

（11）视频滤波器（VIDEO FILTER）：视频滤波器可用来减小屏幕上的噪声，它能使处于噪声中间或刚刚高于中间噪声电平的低电平谱线变为明显可见。滤波器带宽为 4kHz。

（12）Y 位置（Y-Position）：调节光迹的垂直位置。

（13）输入（INPUT）：频谱分析仪 BNC 50Ω 输入端。不衰减时最大允许输入电压为±DC25V 或+AC 10dBm。

仪器的最大动态范围为 70dB，超过参考电平的高输入电压，会引起信号压缩和互调，这些影响将导致错误显示。如输入电平超过参考电平，则必须增加输入电平衰减。

（14）衰减器（ATTENUATOR）：输入衰减器由 4 个 10dB 衰减器组成。选择的衰减系数，参考电平和基线电平（噪声电平）间的相互关系可参考表 5.4.1。

表 5.4.1　衰减系数、参考电平和基线电平的关系

衰减系数	参考电平	基线电平
0dB	−27dBm，10mV	−107dBm
10dB	−17dBm，31.6mV	−97dBm
20dB	−7dBm，0.1V	−87dBm
30dB	+3dBm，316mV	−77dBm
40dB	+13dBm，1V	−67dBm

（15）扫描宽度按钮< >（SCANWIDTH< >）：扫描宽度（SCANWIDTH）选择器，控制水平轴每格扫描宽度。可以依靠“>”按钮使 fre./div 增加，亦可依靠“<”按钮使之减小。在从 100kHz/div 至 100MHz/div 范围内以 1—2—5 步进完成转换。扫描宽度范围以 MHz/div 为单位显示，并参照网格线上每一水平格。中心频率由水平轴中间的垂直网络格线指示。如果中心频率和扫描宽度设置正确，则 X 轴具有 10 格的长度。如扫描宽度设置低于 100MHz，则仅显示整个频率范围的一部分。当扫描宽度设置为 100MHz/div 且中心频率设置为 500MHz，则显示的频率范围以每格 100MHz 延伸到右边，在 1000MHz（500MHz+5×100MHz）处结束。用类似的方法使频率减少到左边。在这种情况下，左边的网格线对应 0Hz。由于这些设置，可以看到参照为“零频”的谱线。显示在“零频点”左边的谱线称为映像（image）频率。在零扫模式中，频谱分析仪以一台可选择带宽的接收机工作。通过中心频率（CENTER FREQ.）旋钮选择频率，通过中频滤波器的谱线产生电平显示（即选频电压表功能），所选择的 MHz /div 设置由扫描宽度按钮上方的 LED 显示。

（16）X 位置（X-Position）。

（17）X 幅度（X-Amplitude）。

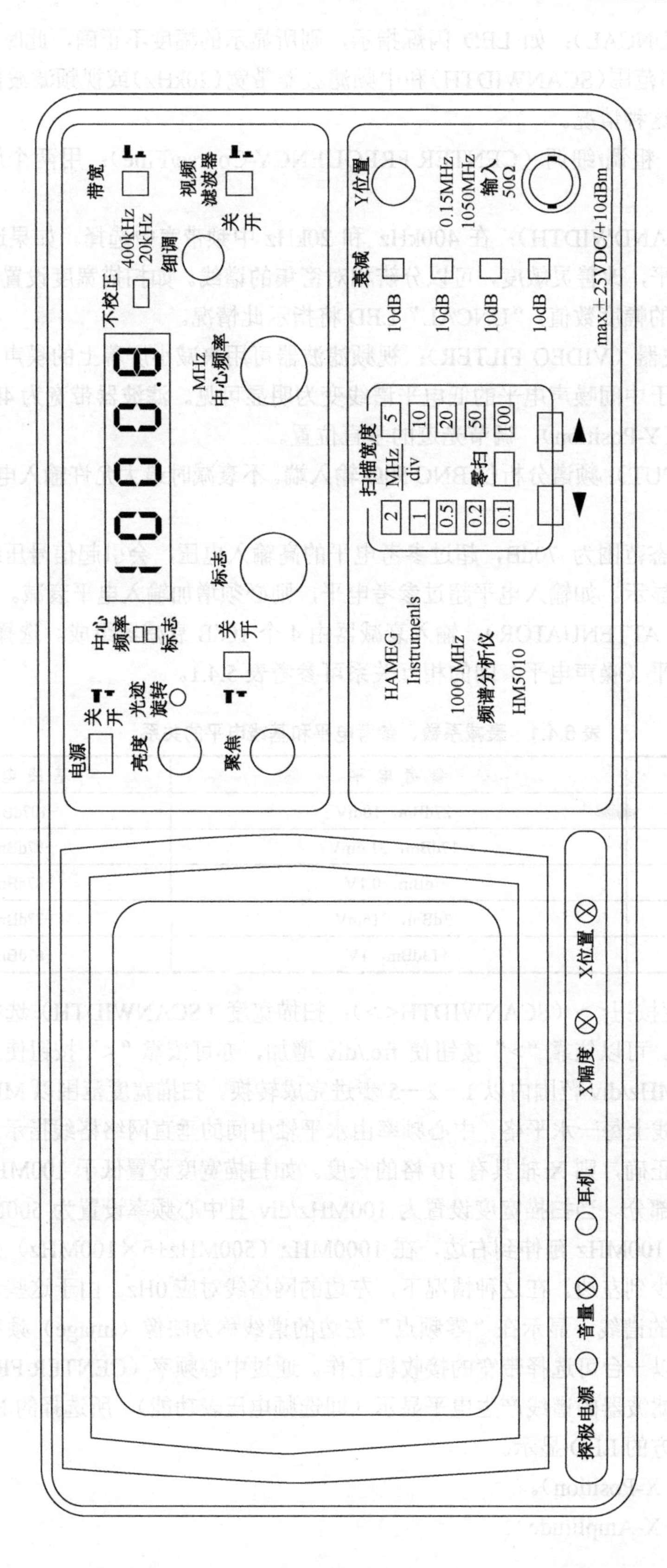

图 5.4.4 HM5010 型频谱分析仪前面板控制装置示意图

注意

只当校正仪器时才需要这些控制！在正常使用中不需要调节。如果需要调节这些控制中的任何一种，必须要有非常准确的射频（RF）发生器。

（18）耳机（Phone）（3.5mm 耳机连接器）：耳机插孔。用以连接耳机或阻抗大于 16Ω 的扬声器。

（19）音量（Volume）：设置耳机输出音量。

（20）探极电源（PROBE POWER）：输出端提供+6V 直流电源，供 HZ530 探极使用。

小知识

分贝（dB）和分贝毫瓦（dBm）

在使用频谱分析仪之前，有必要了解一下分贝（dB）和分贝毫瓦（dBm）的基本概念。

2. 分贝（dB）

分贝是增益的一种电量单位，常用来表示放大器的放大能力、衰减量等，表示的是一个相对量，分贝对功率、电压、电流的定义为

功率分贝数=10lg 功率放大倍数（dB）

电压分贝数=20lg 电压放大倍数（dB）

电流分贝数=20lg 电流放大倍数（dB）

例如：*A* 功率比 *B* 功率大一倍，那么，101g*A*/*B*=10lg 2=3dB，也就是说，*A* 功率比 *B* 功率大 3dB。

A 电压（电流）比 *B* 电压（电流）大一倍，那么，201g*A*/*B*=20lg 2=6dB，也就是说，*A* 电压（电流）比 *B* 电压（电流）大 6dB。

3. 分贝毫瓦（dBm）

分贝毫瓦（dBm）是一个表示功率绝对值的单位，计算公式为

分贝毫瓦=101g 功率相对于 1mw 的放大倍数（dBm）

例如，如果发射功率为 lmw，则按 dBm 进行折算后应为 10lglmw/1mw=0dBm。如果发射功率为 40mw，则 10lg40mw/1mw=46dBm。

5.4.3　任务实施：信号的频谱分析

一、任务器材准备

（1）频谱分析仪______台，型号______________；

（2）函数信号发生器______台，型号______________。

二、任务内容

1. 测量前准备

在确认 220V 交流电压正常的情况下开机，开机过程中注意频谱分析仪开机时的自检信息有没有报错，以初步测试频谱分析仪工作是否正常。大部分频谱分析仪都有自检功能键和选件

安装显示功能，自检除了可以在每次开机时显示外，很多机器还可以从菜单中调出。

对于 CRT 显示部件的频谱分析仪，开机时应注意观察屏幕亮度、聚焦、场幅、稳定度。如果要开机一段时间后才能清晰显示，则说明仪器显示部分可能有问题。

通电后，进一步确认所有按键、旋钮和电位器是否失效。如发现问题，可以调出机器的自检功能进行详细的自检和简单校准。

2. 测量信号频谱曲线

将信号发生器输出的频率为5MHz，幅度为0dBm的方波信号作为被测信号。调节频谱分析仪各旋钮和控键，直到屏幕上显示出信号频谱。观察并将信号频谱绘制在实践记录表5.4.2中。

表5.4.2　测量信号频谱曲线实践记录表

被测信号	信号频谱曲线
方波信号（5Mhz，0dBm）	

3. 测量正弦信号的频率和幅值

将信号发生器输出的频率为 5Mhz，幅度为-10dBm 的正弦信号作为被测信号，用频谱分析仪测量信号的频率和幅值，并将测得的数据记入实践记录表5.4.3中。

表5.4.3　测量正弦信号实践记录表

被测信号	频　率	幅　值
正弦信号（5MHz，-10dBm）		

注意

测试频谱分析仪的频谱显示功能和幅度测量准确度最好有比较精密的信号源。这样可以测试各频段和各种幅度信号，对比频率基准的准确度和信号幅度测量的准确度。

三、任务总结及思考

（1）简述频谱分析仪的主要特点。

（2）简要总结本实践仪器仪表的规范使用、注意事项及实践体会。

（3）实践过程中，仪器设备有无异常现象，分析说明产生异常现象的主要原因及解决措施。

四、任务知识点习题

（1）选择正确的答案，填充下列空格上的内容。

① 测量电路网络的幅频特性可采用的仪器是________；测量正弦电路网络输出信号失真

度可用的仪器是________；频谱分析是________的主要测试功能。

A．扫频仪　　　　　　　　　　　　　B．频谱分析仪

C．谐波失真度测量仪

② 外差扫频频谱分析仪测量显示的信号频谱谱线是_______。

A．实时频谱谱线　　　　　　　　　　B．非实时频谱谱线

C．基频信号幅频特性曲线

（2）简述扫频外差式频谱仪的工作原理。

5.5　项目总结

本项目对线性系统的频率特性、谐波失真度、信号频谱进行了测量分析。

线性系统的频率特性测量

典型测量仪器频率特性测试仪，亦称扫频仪。由扫描信号源、扫频信号源、X-Y 显示的示波器、频标形成电路及检波探头等组成，可用来测量线性网络幅频特性曲线。测量时，仪器将扫频信号加到被测网络，经该网络的幅频特性调制后再经检波探头检波取出其包络（即被测网络的幅频特性曲线）加到 Y 放大器；另一方面，扫频信号的调制信号也是示波器的扫描信号，因而使示波器的 X 轴成为频率轴；这样在荧光屏上就显示被测网络的幅频特性曲线。同时，在曲线上叠加有频率标记，可以直接读出曲线特殊位置所在频率。

谐波失真度测量

失真度测量仪是用来测量正弦波信号的谐波失真主要仪器。目前的失真度仪大都是根据基波抑制原理制成。测量一般分两步进行：先测量被测信号总有效值，并适当调节使示值为一规定基准电平值，与 100%的失真度相对应。此步骤称之为校准。然后使被测信号基波充分抑制，测出其谐波电压总有效值，并直接定度为谐波失真度测量值 D。

失真度测量仪亦可作电子电压表使用。

信号频谱分析

频谱分析仪是对信号进行频域分析的重要仪器。目前应用最广泛的是扫频外差式频谱仪，其工作原理是：当扫频振荡器的频率由低变高时，被测信号的各频率分量与本振信号（扫频信号）混频后的差频会依次落入中放通频带内，从而获得显示。可以用频谱仪测量信号电平、谐波失真度、频率及频率响应、频谱纯度、调制度等。

参 考 文 献

[1] 李明生．电子测量仪器．北京：高等教育出版社，2016
[2] 吴生有．电子测量仪器．西安：西安电子科技大学出版社，2008
[3] 孙忠献．电子测量．合肥：安徽科技出版社，2007
[4] 王成安，等．电子测量技术与实训简明教程．北京：科学出版社，2007
[5] 张悦．图解电子测量仪器使用快速入门．北京：机械工业出版社，2013
[6] 黄璟，金薇．电子测量与仪器．北京：电子工业出版社，2015
[7] 蔡杏山．零起步轻松学电子测量仪器．北京：人民邮电出版社，2010
[8] 周友兵．电子测量仪器应用．北京：机械工业出版社，2011
[9] 孙余凯，吴鸣山，项绮明．巧学巧用电子测量实用技术．北京：电子工业出版社，2009